普通高等教育“十三五”规划教材
广东省精品资源共享课配套教材
应用型本科院校规划教材

高等数学（含练习册）

（下册）

主　编　高　洁　唐春艳
副主编　李婷婷　祝颖润

广东省教育厅“创新强校工程”项目（转型背景下应用型本科院校大学数学实践教学研究+2016GXJK200）资助

科学出版社
北京

内 容 简 介

本书是根据编者多年的教学实践经验，参照最新制定的“工科类、经济管理类本科数学基础课程教学基本要求”，以及教育部最新颁布的《全国硕士研究生入学统一考试数学考试大纲》中有关高等数学部分的内容编写而成，分为上、下两册.

本书为下册，主要内容包括空间解析几何、多元函数微分学、重积分、曲线积分与曲面积分、无穷级数，书后附习题答案与提示、附录复数.

本书可作为普通高等学校非数学类专业本科一年级学生的教材，也可作为高年级学生考研辅导参考书使用.

图书在版编目(CIP)数据

高等数学：含练习册. 下册/高洁，唐春艳主编. —北京：科学出版社, 2018.8

普通高等教育“十三五”规划教材·广东省精品资源共享课配套教材·应用型本科院校规划教材

ISBN 978-7-03-057992-8

I. ①高… II. ①高… ②唐… III. ①高等数学-高等学校-教材 IV. ①O13

中国版本图书馆 CIP 数据核字(2018)第 130345 号

责任编辑：昌 盛 梁 清 孙翠勤 / 责任校对：彭珍珍

责任印制：师艳茹 / 封面设计：迷底书装

科 学 出 版 社 出版

北京东黄城根北街 16 号

邮政编码：100717

http: //www.sciencep.com

石家庄继文印刷有限公司 印刷

科学出版社发行 各地新华书店经销

*

2018 年 8 月第 一 版 开本：720 × 1000 1/16

2019 年 8 月第二次印刷 印张：18 1/2

字数：373 000

定价：42.00 元(含练习册)

(如有印装质量问题，我社负责调换)

前　言

当你开始阅读这本书时，你就成了这本书的创作者之一．你将和我们一起来审视它的意义与价值，而你的意见和体会显得尤为重要．合作已经开始了，这是我们早就期待的，因为我们相信那将是一个愉快的历程，你的热情参与会给我们留下美好的记忆．

随着综合国力的提高，我国的教育布局也开始逐步地从“宝塔式”走向“大众化”．教育部发展规划司提出了将大部分包括独立学院在内的地方本科院校转型为应用型本科院校．《国家中长期教育改革和发展规划纲要(2010—2020年)》明确提出了需优化人才培养结构，不断扩大应用型人才培养规模．应用型本科院校的主要任务和目标是培养应用型人才，而实践性教学是培养应用型人才的重要组成环节．我们为每一章编写了相应的数学模型与数学实验内容，以期达到理论知识与实践应用相统一的目的．信息时代的新方法在影响着教育的每一环节；经典的与创新的教材、教学模式、教学方法等各种教学组件都在寻找自己合适的位置．请相信，这些新形势与新思维我们都给予了足够的关注．本教材就是在这种寻觅和探索的思想指导下完成的．

取材时我们充分地考虑了你学习后续课程的需要，本教材涵盖了高等数学的经典内容，这也是教学大纲的要求．内容是经典的，但这绝不意味着处理方法也必须是经典的．与传统教材相比，无论是概念的引入，还是定理的证明与应用，我们都不惜花费相当大的篇幅用于与你所习惯的思维方式的衔接．始终在力争做到“浅入”而“深出”．本教材中的选修内容用*标出．

学习过程中，我们建议你对以下几点给予关注．

(1) 在大学的学习过程中，概念和计算同等重要．只有反复、认真地阅读教材，你才能真正掌握大学数学的基本概念．每章节的习题中都安排了简单的计算题，其目的是帮助你检查对基本算法的理解．在做习题时，你应先尝试独立完成习题，尽量不看答案，便于发现哪些知识还没有真正理解．

(2) 本教材本着紧密联系实际，服务专业课程的宗旨，精选了不少涉及基本数学知识、能体现数学建模精神、使你有兴趣学习，且在你今后学习专业课程时可能接触到的应用范例和数学建模问题，如作为变化率的导数在工程、经济、医药等领域中的应用，逻辑斯谛模型及其在人口预测、新产品的推广模型与经济增长预测方面的应用等．这些实际应用范例既为你理解数学抽象概念提供了认识基础，也有助于加强与后续专业课程的联系．

高等数学之“高等”，绝不仅“高等”于内容上．就其思想方法而言也与初等数学有着很大的区别. 顺利完成由初等数学到高等数学的过渡, 同时实现由“形象思维”到“抽象思维”的转变是我们对你的期盼, 这也是本教材的任务之一. 除了把知识介绍给你之外, 我们还希望在后续学习的能力与严谨思维方式的培养等方面对你有所帮助. 学完本教材之后, 即使你获得了很优异的成绩, 也不要认为已完成了学业. 掌握好基本理论与基本技能固然重要, 触摸到问题的本质与精髓却是更加艰深的任务. 我们会祝愿着你的知识有一天能升华到那种理想的境界.

毋庸置疑, 考入大学意味着你已迈进了一条希望之路. 但应清醒地认识到这仅仅是一个新的开始, 理想的真正实现还需要你继续付出辛勤的劳动. 改革、竞争、快节奏犹如大浪淘沙, 谁笑到最后谁笑得最好. 望你轻拂高考的征尘, 依旧紧束戎装, 去笑迎新的挑战. 记住, 机遇总是偏袒勤奋的人.

愿本教材助你成功, 祝你成功, 这是我们共同的心愿.

编　者

2018 年 6 月 26 日

于珠海观音山下

目　录

第 7 章　空间解析几何

7.1　向量及其线性运算

7.1.1　空间直角坐标系

类似于平面直角坐标系, 我们来建立空间直角坐标系. 过空间一个定点 O, 作三条互相垂直的数轴, 它们都以 O 为原点, 且具有相同的长度单位. 这三条数轴分别称为 x 轴、y 轴、z 轴, 统称为**坐标轴**. 它们的正向符合**右手螺旋规则**, 即以右手握住 z 轴, 当右手的四指从 x 轴正向以 $\frac{\pi}{2}$ 角度转向 y 轴正向时, 大拇指的指向就是 z 轴的正向, 如图 7.1 所示, 这样的三条坐标轴就构成了**空间直角坐标系**. 三条坐标轴中任意两条可以确定一个平面, 称为**坐标面**, 分别称为 xOy 面、yOz 面及 zOx 面. 它们把空间分割成八个部分, 称为八个**卦限**: 含有 x 轴、y 轴、z 轴的正半轴的部分称为第Ⅰ卦限, 位于 xOy 平面上方还有三个部分, 按逆时针方向, 依次分别称为第Ⅱ、Ⅲ、Ⅳ卦限. 位于第Ⅰ、Ⅱ、Ⅲ、Ⅳ卦限下方的四个部分依次分别称为第Ⅴ、Ⅵ、Ⅶ、Ⅷ卦限.

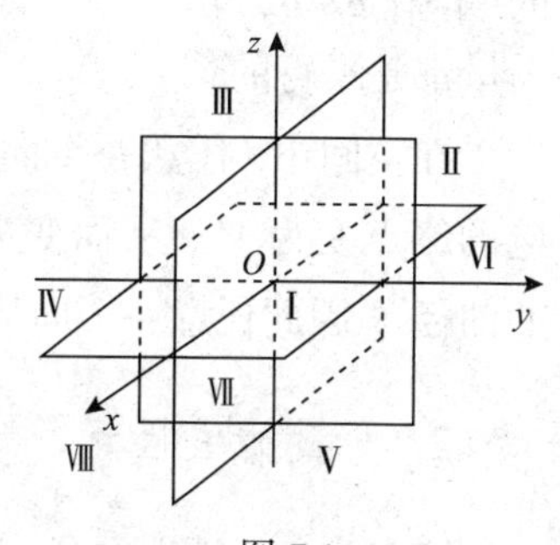

图 7.1

设 M 为空间的一点, 过点 M 作三个平面分别垂直于 x 轴、y 轴、z 轴, 并交于点 P,Q,R, 这三点在 x 轴、y 轴、z 轴上的坐标分别为 x,y,z, 则点 M 就唯一地确定了一个有序数组 (x,y,z); 反过来, 给定一个有序数组 (x,y,z), 在 x 轴上取坐标为 x 的点 P, 在 y 轴取坐标为 y 的点 Q, 在 z 轴上取坐标为 z 的点 R, 过点 P,Q,R 作三个平面分别垂直于 x 轴、y 轴、z 轴. 这三个平面的交点 M 是由有序数组 (x,y,z) 唯一确定的. 于是, 空间的点 M 与有序数组 (x,y,z) 建立了一一对应关系, 称有序数组 (x,y,z) 为**点 M 的坐标**, 并把点 M 记作 $M(x,y,z)$.

坐标面和坐标轴上的点具有一定的特征. 例如 xOy 面上的点的坐标为 $(x,y,0)$, z 轴上的点的坐标为 $(0,0,z)$, 原点 O 的坐标为 $(0,0,0)$.

空间两点 $M_1(x_1,y_1,z_1)$ 和 $M_2(x_2,y_2,z_2)$ 之间的**距离** d, 根据勾股定理可得

$$d=|M_1M_2|=\sqrt{(x_2-x_1)^2+(y_2-y_1)^2+(z_2-z_1)^2}\ .$$

7.1.2 向量及其线性运算

1. 向量的概念

我们把既有大小又有方向的量，称为**向量**，如速度、位移、加速度等.

我们可以用空间中的有向线段来表示向量，这里利用有向线段的长度来表示向量的大小，利用有向线段的方向来表示向量的方向. 以 P_1 为起点，P_2 为终点的向量记作 $\overrightarrow{P_1P_2}$，有时也用粗体字母 $\boldsymbol{a},\boldsymbol{b},\boldsymbol{v}$ 等来表示向量.

向量 $\boldsymbol{a}$ 的长度记作 $|\boldsymbol{a}|$，称作向量 $\boldsymbol{a}$ 的**模**. 模等于 1 的向量称为**单位向量**. 模等于 0 的向量称为**零向量**，记作 $\boldsymbol{0}$，零向量的始点和终点重合，它的方向可以看作是任意的. 如果向量 $\boldsymbol{a}$ 和 $\boldsymbol{b}$ 的模相等且方向相同，则称 $\boldsymbol{a}$ 和 $\boldsymbol{b}$ 是**相等**的，记作 $\boldsymbol{a}=\boldsymbol{b}$. 因此向量经过平移后仍与原向量相等，在数学中讨论的向量往往与起点无关，这种向量称为**自由向量**. 如果向量 $\boldsymbol{a}$ 和 $\boldsymbol{b}$ 的方向相同或者相反，则称 $\boldsymbol{a}$ 和 $\boldsymbol{b}$ 是**平行**的，记作 $\boldsymbol{a}/\!/\boldsymbol{b}$. 由于零向量的方向可以看作是任意的，因此可认为零向量与任何向量都是平行的.

在空间中，任意一个向量 $\overrightarrow{P_1P_2}$，都可以通过平移将其起点 P_1 移到原点 O，相应的终点变为 M，从而变为起点在坐标原点的向量 $\overrightarrow{OM}$（称为点 M 对于原点 O 的**向径**）. 因此任意一个向量 $\overrightarrow{P_1P_2}$ 与唯一的向径 $\overrightarrow{OM}$ 相对应.

2. 向量的线性运算

定义 1.1 给定向量 $\boldsymbol{a}$ 和 $\boldsymbol{b}$，将 $\boldsymbol{b}$ 的起点置于 $\boldsymbol{a}$ 的终点，则从 $\boldsymbol{a}$ 的起点向 $\boldsymbol{b}$ 的终点所引的向量称为 $\boldsymbol{a}$ 与 $\boldsymbol{b}$ 的和，记作 $\boldsymbol{a}+\boldsymbol{b}$，规定 $\boldsymbol{a}+\boldsymbol{0}=\boldsymbol{a}$，称此方法为**三角形法则**(图 7.2).

三角形法则与力学中的**平行四边形法则**是一致的. 后者是说，以 $\boldsymbol{a}$ 和 $\boldsymbol{b}$ 为相邻两边作平行四边形(图 7.3)，它的对角线即是向量 $\boldsymbol{a}+\boldsymbol{b}$（$\boldsymbol{a},\boldsymbol{b}$ 和 $\boldsymbol{a}+\boldsymbol{b}$ 有公共的起点）.

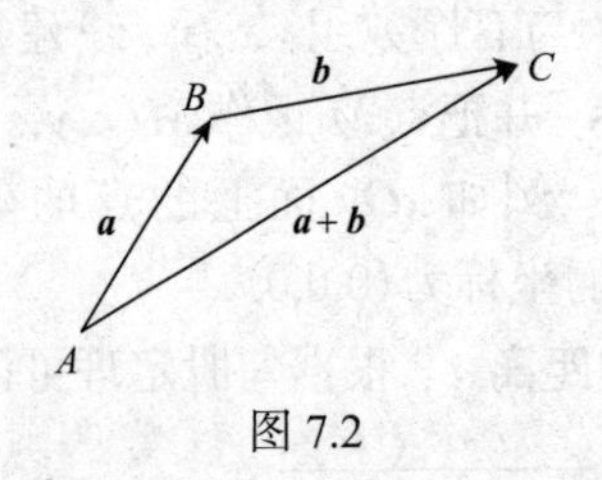

图 7.2

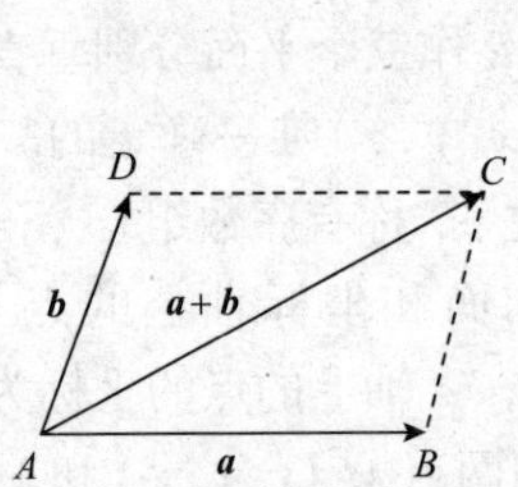

图 7.3

向量的加法符合下列运算规律:

(1) **交换律** $\boldsymbol{a}+\boldsymbol{b}=\boldsymbol{b}+\boldsymbol{a}$;

(2) **结合律** $(\boldsymbol{a}+\boldsymbol{b})+\boldsymbol{c}=\boldsymbol{a}+(\boldsymbol{b}+\boldsymbol{c})$.

定义 1.2 设向量$\boldsymbol{a}$,λ为实数. 称向量$\lambda\boldsymbol{a}$是λ与$\boldsymbol{a}$的**乘积**, 简称**数乘向量**, 它的模$|\lambda\boldsymbol{a}|=|\lambda||\boldsymbol{a}|$, 当$\lambda>0$时, $\lambda\boldsymbol{a}$的方向与$\boldsymbol{a}$的方向相同; 当$\lambda<0$时, $\lambda\boldsymbol{a}$的方向与$\boldsymbol{a}$的方向相反; 当$\lambda=0$时, $\lambda\boldsymbol{a}$为零向量.

向量与数的乘积符合下列运算规律:

(1) **结合律** $(\lambda\mu)\boldsymbol{a}=\lambda(\mu\boldsymbol{a})$;

(2) **分配律** $\lambda(\boldsymbol{a}+\boldsymbol{b})=\lambda\boldsymbol{a}+\lambda\boldsymbol{b}$, $(\lambda+\mu)\boldsymbol{a}=\lambda\boldsymbol{a}+\mu\boldsymbol{a}$.

借助加法和数乘运算来引进向量的减法. 对于向量$\boldsymbol{a}$, 向量$(-1)\boldsymbol{a}=-\boldsymbol{a}$的模与$\boldsymbol{a}$的模相等, 但方向相反, 称$-\boldsymbol{a}$为$\boldsymbol{a}$的负向量. 显然$\boldsymbol{a}+(-\boldsymbol{a})=\boldsymbol{0}$. 对于向量$\boldsymbol{a}=\overrightarrow{P_1P_2}$和$\boldsymbol{b}=\overrightarrow{P_1P_3}$, 规定向量$\boldsymbol{a}$与$\boldsymbol{b}$的差$\boldsymbol{a}-\boldsymbol{b}=\boldsymbol{a}+(-\boldsymbol{b})$. 如图 7.4 所示, 从$\boldsymbol{b}$的终点向$\boldsymbol{a}$的终点所引的向量$\overrightarrow{P_3P_2}$就是$\boldsymbol{a}-\boldsymbol{b}$.

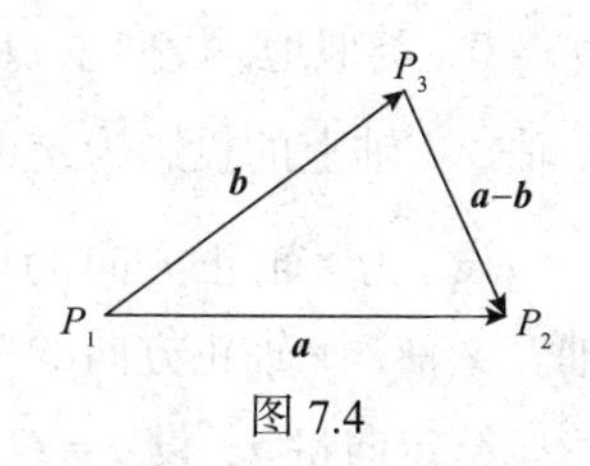

图 7.4

由于向量$\lambda\boldsymbol{a}$与$\boldsymbol{a}$平行, 因此我们常用向量与数的乘积来说明两个向量的平行关系, 即有以下定理:

定理 1.1 设向量$\boldsymbol{a}\neq\boldsymbol{0}$, 那么向量$\boldsymbol{b}$平行于$\boldsymbol{a}$的充分必要条件是: 存在唯一的实数$\lambda$, 使$\boldsymbol{b}=\lambda\boldsymbol{a}$.

证明 条件的充分性是显然的, 下面证明条件的必要性.

设$\boldsymbol{b}/\!/\boldsymbol{a}$, 取$|\lambda|=\dfrac{|\boldsymbol{b}|}{|\boldsymbol{a}|}$, 当$\boldsymbol{b}$与$\boldsymbol{a}$同向时取$\lambda=\dfrac{|\boldsymbol{b}|}{|\boldsymbol{a}|}$, 当$\boldsymbol{b}$与$\boldsymbol{a}$反向时取$\lambda=-\dfrac{|\boldsymbol{b}|}{|\boldsymbol{a}|}$, 因为$\boldsymbol{b}$与$\lambda\boldsymbol{a}$同向, 且$|\lambda\boldsymbol{a}|=|\lambda||\boldsymbol{a}|=\dfrac{|\boldsymbol{b}|}{|\boldsymbol{a}|}|\boldsymbol{a}|=|\boldsymbol{b}|$, 所以$\boldsymbol{b}=\lambda\boldsymbol{a}$.

再证数λ的唯一性. 设$\boldsymbol{b}=\lambda\boldsymbol{a}$, 又设$\boldsymbol{b}=\mu\boldsymbol{a}$, 两式相减, 得$(\lambda-\mu)\boldsymbol{a}=\boldsymbol{0}$.

因$|\boldsymbol{a}|\neq\boldsymbol{0}$, 故$|\lambda-\mu|=0$, 即$\lambda=\mu$. □

设$\boldsymbol{a}^0$表示与非零向量$\boldsymbol{a}$同向的单位向量, 那么按照向量与数的乘积的定义, 一个非零向量可以用它的模与它同向的单位向量的乘积来表示, 即$\boldsymbol{a}=|\boldsymbol{a}|\boldsymbol{a}^0$, 从而

$$\boldsymbol{a}^0=\frac{\boldsymbol{a}}{|\boldsymbol{a}|}.$$

这表示一个非零向量$\boldsymbol{a}$乘以它的模的倒数, 结果为与$\boldsymbol{a}$同方向的单位向量.

向量的加法和向量与数的乘法统称为向量的**线性运算**.

3. 向量及向量线性运算的坐标表示

首先我们利用图 7.5 讨论向量 $\boldsymbol{a}=\overrightarrow{OM}$ 与 x 轴之间的关系.

设向量 $\boldsymbol{a}=\overrightarrow{OM}$ 与 x 轴正方向夹角为 α，将点 M 向 x 轴上投影得点 P，即过点 M 作垂直于 x 轴的平面与 x 轴的交点为 P，则 x 轴上有向线段 $\overrightarrow{OP}$ 的值即为点 P 的坐标 a_x，称作向量 $\overrightarrow{OM}$ 在 x 轴上的投影，于是有 $a_x=\left|\overrightarrow{OM}\right|\cos\alpha$.

可以看出，当 $0<\alpha<\dfrac{\pi}{2}$ 时，$a_x>0$；当 $\alpha=\dfrac{\pi}{2}$ 时，$a_x=0$；当 $\dfrac{\pi}{2}<\alpha<\pi$ 时，$a_x<0$. 类似地，设向量 $\overrightarrow{OM}$ 与 y 轴、z 轴正方向的夹角为 β,γ，从而向量 $\overrightarrow{OM}$ 在 y 轴、z 轴上的投影为 $a_y=\left|\overrightarrow{OM}\right|\cos\beta$，$a_z=\left|\overrightarrow{OM}\right|\cos\gamma$.

设 $\boldsymbol{i}$ 为 x 轴正方向的单位向量，则有 $\overrightarrow{OP}=a_x\boldsymbol{i}$. 一般用 $\boldsymbol{i}$，$\boldsymbol{j}$，$\boldsymbol{k}$ 分别表示 x 轴、y 轴、z 轴正方向的单位向量，称它们为坐标系的坐标向量.

给定向量 $\boldsymbol{a}$，设 $\boldsymbol{a}=\overrightarrow{OM}$（图 7.6），通过点 $M(a_x,a_y,a_z)$ 作垂直于 x 轴、y 轴、z 轴的三个平面，则点 M 在 x 轴、y 轴、z 轴上的投影分别为 P,Q,R，则有 $\overrightarrow{OP}=a_x\boldsymbol{i}$，$\overrightarrow{OQ}=a_y\boldsymbol{j}$，$\overrightarrow{OR}=a_z\boldsymbol{k}$，再由平行四边形法则，便得

$$\overrightarrow{OM}=(\overrightarrow{OP}+\overrightarrow{OQ})+\overrightarrow{OR}=a_x\boldsymbol{i}+a_y\boldsymbol{j}+a_z\boldsymbol{k}.$$

上式称为向量 $\overrightarrow{OM}$ **按坐标向量的分解式**. 向量 $\boldsymbol{a}$ 对应的向径 OM 在三条坐标轴上的投影 $OP=a_x,OQ=a_y,OR=a_z$ 叫做向量 $\boldsymbol{a}$ 的坐标，并记作 $\boldsymbol{a}=\{a_x,a_y,a_z\}$，上式叫做向量 $\boldsymbol{a}$ 的坐标表达式. 从而向量 $\boldsymbol{a}=a_x\boldsymbol{i}+a_y\boldsymbol{j}+a_z\boldsymbol{k}=\{a_x,a_y,a_z\}$. 注意任一向量对应一个向径，且此向量的坐标与其向径终点的坐标一致.

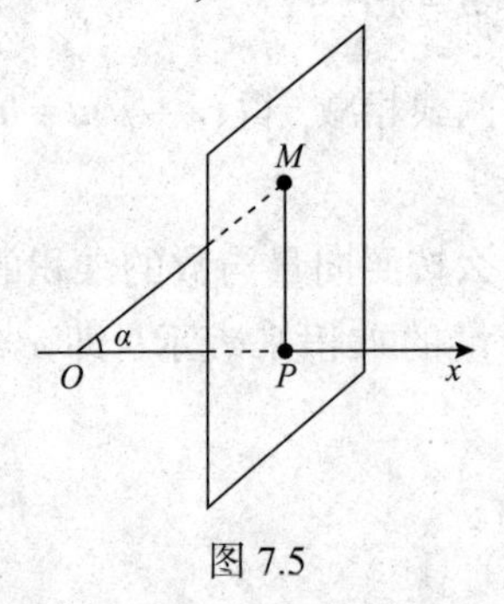

图 7.5

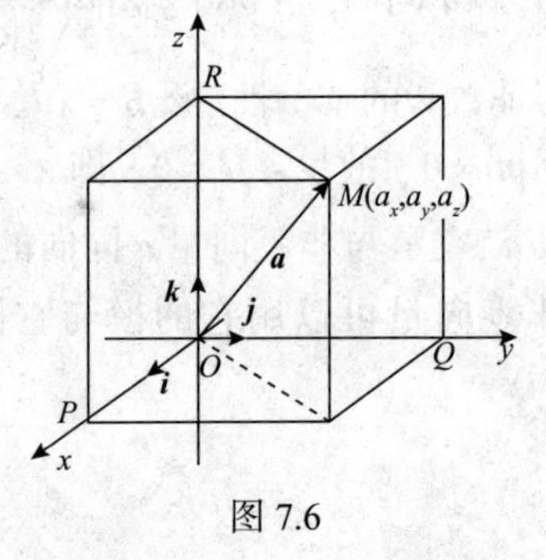

图 7.6

现在来考察如何借助向量坐标进行向量之间的线性运算. 利用向量的坐标，可得向量的加法、减法及向量与数的乘法的运算如下:

设两个向量 $\boldsymbol{a}=\{a_1,a_2,a_3\}$ 和 $\boldsymbol{b}=\{b_1,b_2,b_3\}$，即 $\boldsymbol{a}=a_1\boldsymbol{i}+a_2\boldsymbol{j}+a_3\boldsymbol{k}$，$\boldsymbol{b}=b_1\boldsymbol{i}+b_2\boldsymbol{j}+b_3\boldsymbol{k}$，利用向量加法及向量与数的乘法的运算规律，有

$$
\begin{aligned}
\boldsymbol{a}+\boldsymbol{b} &= (a_1\boldsymbol{i}+a_2\boldsymbol{j}+a_3\boldsymbol{k})+(b_1\boldsymbol{i}+b_2\boldsymbol{j}+b_3\boldsymbol{k}) \\
&= (a_1+b_1)\boldsymbol{i}+(a_2+b_2)\boldsymbol{j}+(a_3+b_3)\boldsymbol{k} \\
&= \{a_1+b_1, a_2+b_2, a_3+b_3\}.
\end{aligned}
$$

类似地，$\boldsymbol{a}-\boldsymbol{b}=\{a_1-b_1, a_2-b_2, a_3-b_3\}$，$\lambda\boldsymbol{a}=\{\lambda a_1, \lambda a_2, \lambda a_3\}$.

而对于一般情况下，起点为 $P_1(x_1, y_1, z_1)$ 而终点为 $P_2(x_2, y_2, z_2)$ 的向量 $\overrightarrow{P_1P_2}$（图 7.7），根据向量减法，类似地有 $\overrightarrow{P_1P_2}=\overrightarrow{OP_2}-\overrightarrow{OP_1}=\{x_2-x_1, y_2-y_1, z_2-z_1\}$.

4. 向量的模与方向余弦的坐标表示式

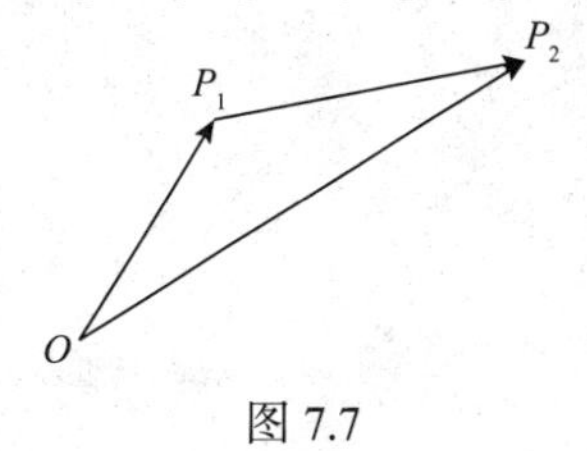

图 7.7

向量可以用它的模和方向来表示，也可以用它的坐标来表示. 为了应用上的方便，有必要找出这两种表示法之间的联系，就是说要找出向量的坐标与向量的模、方向之间的联系.

首先定义两个向量之间夹角，设有两个非零向量 $\boldsymbol{a}$，$\boldsymbol{b}$，设 $\boldsymbol{a}=\overrightarrow{OA}$，$\boldsymbol{b}=\overrightarrow{OB}$，规定不超过 π 的 $\angle AOB$（设 $\varphi=\angle AOB$，$0\leqslant\varphi\leqslant\pi$）称为向量 $\boldsymbol{a}$ 与 $\boldsymbol{b}$ 的夹角（图 7.8），记作 $(\widehat{\boldsymbol{a},\boldsymbol{b}})$ 或 $(\widehat{\boldsymbol{b},\boldsymbol{a}})$，即 $(\widehat{\boldsymbol{a},\boldsymbol{b}})=\varphi$. 如果向量 $\boldsymbol{a}$ 与 $\boldsymbol{b}$ 中有一个是零向量，规定它们的夹角可在 0 与 π 之间任意取值. 类似地可以规定向量与一轴的夹角或空间两轴的夹角.

对于非零向量 $\boldsymbol{a}=\overrightarrow{OM}$，我们可以用它与三条坐标轴正方向的夹角 α, β, γ（$0\leqslant\alpha,\beta,\gamma\leqslant\pi$）来表示它的方向（图 7.9），称夹角 α, β, γ 为非零**向量 $\boldsymbol{a}$ 的方向角**.

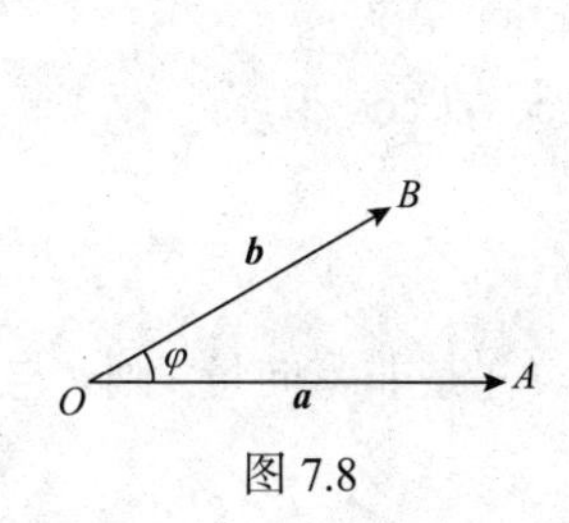

图 7.8

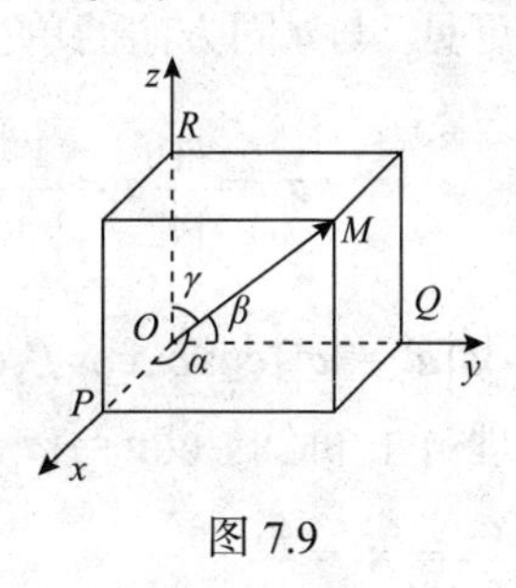

图 7.9

由向量在坐标轴上投影的定义可得

$$
\begin{cases}
a_x=\left|\overrightarrow{OM}\right|\cos\alpha=|\boldsymbol{a}|\cos\alpha, \\
a_y=\left|\overrightarrow{OM}\right|\cos\beta=|\boldsymbol{a}|\cos\beta, \\
a_z=\left|\overrightarrow{OM}\right|\cos\gamma=|\boldsymbol{a}|\cos\gamma.
\end{cases}
$$

上式中出现的$\cos\alpha,\cos\beta,\cos\gamma$叫做向量$\boldsymbol{a}$的方向余弦. 通常也用向量的方向余弦来表示向量的方向.

通过图 7.9 可以看出, 因为$OP=a_x,OQ=a_y,OR=a_z$, 故向量$\boldsymbol{a}$的模为

$$|\boldsymbol{a}|=\left|\overrightarrow{OM}\right|=\sqrt{a_x^2+a_y^2+a_z^2}. \tag{1}$$

根据前面讨论可知, 当$\sqrt{a_x^2+a_y^2+a_z^2}\neq 0$时, 可得

$$\begin{cases}\cos\alpha=\dfrac{a_x}{\sqrt{a_x^2+a_y^2+a_z^2}},\\ \cos\beta=\dfrac{a_y}{\sqrt{a_x^2+a_y^2+a_z^2}},\\ \cos\gamma=\dfrac{a_z}{\sqrt{a_x^2+a_y^2+a_z^2}}.\end{cases} \tag{2}$$

(1)式和(2)式是用向量的坐标表示向量的模和方向余弦的公式.

把公式(2)的三个等式两边分别平方后相加, 便得到

$$\cos^2\alpha+\cos^2\beta+\cos^2\gamma=1,$$

这就是说, 任一非零向量的方向余弦的平方和等于 1.

由此可见, 与$\boldsymbol{a}$同方向的单位向量为

$$\boldsymbol{a}^0=\frac{1}{|\boldsymbol{a}|}\boldsymbol{a}=\frac{1}{|\boldsymbol{a}|}\{a_x,a_y,a_z\}=\{\cos\alpha,\cos\beta,\cos\gamma\}.$$

此时, $\boldsymbol{a}=|\boldsymbol{a}|\boldsymbol{a}^0=|\boldsymbol{a}|\{\cos\alpha,\cos\beta,\cos\gamma\}$.

由定理 1.1 可知, 设$\boldsymbol{a}=\{a_1,a_2,a_3\}$和$\boldsymbol{b}=\{b_1,b_2,b_3\}$是非零向量, 则$\boldsymbol{a}$与$\boldsymbol{b}$平行当且仅当$\dfrac{a_1}{b_1}=\dfrac{a_2}{b_2}=\dfrac{a_3}{b_3}$.

注 当分母b_1,b_2,b_3中某一项为零时, 可以理解为对应项的分子也为零. 比如说当$b_1=0,b_2\neq 0,b_3\neq 0$时, 可以将上面的等式理解为$\begin{cases}a_1=0,\\ \dfrac{a_2}{b_2}=\dfrac{a_3}{b_3}.\end{cases}$

当b_1,b_2,b_3有两个为零, 例如$b_1=b_2=0,b_3\neq 0$这时上式可理解为$\begin{cases}a_1=0,\\ a_2=0.\end{cases}$

例 1.1　已知点 $A(1,1,2),B(1,0,3)$，求与 $\overrightarrow{AB}$ 同方向的单位向量.

解　因为 $\overrightarrow{AB}=\{1-1,0-1,3-2\}=\{0,-1,1\}$，于是 $\left|\overrightarrow{AB}\right|=\sqrt{0^2+(-1)^2+1^2}=\sqrt{2}$，所以与 $\overrightarrow{AB}$ 同方向的单位向量

$$\boldsymbol{a}^0=\frac{\overrightarrow{AB}}{\left|\overrightarrow{AB}\right|}=\frac{1}{\sqrt{2}}\{0,-1,1\}=\left\{0,\frac{-1}{\sqrt{2}},\frac{1}{\sqrt{2}}\right\}.$$

例 1.2　已知点 $M_1(2,2,\sqrt{2})$ 和 $M_2(1,3,0)$，计算向量 $\overrightarrow{M_1M_2}$ 的模、方向余弦和方向角.

解　$\overrightarrow{M_1M_2}=\{1-2,3-2,0-\sqrt{2}\}=\{-1,1,-\sqrt{2}\}$，$\left|\overrightarrow{M_1M_2}\right|=\sqrt{(-1)^2+1^2+(-\sqrt{2})^2}=\sqrt{1+1+2}=2$．可求得方向余弦为 $\cos\alpha=-\frac{1}{2},\cos\beta=\frac{1}{2},\cos\gamma=-\frac{\sqrt{2}}{2}$，又由于 $0\leqslant\alpha,\beta,\gamma\leqslant\pi$，从而 $\alpha=\frac{2}{3}\pi,\beta=\frac{\pi}{3},\gamma=\frac{3}{4}\pi$.

习题 7.1 解答

习题 7.1

1. 在坐标面 yOz,zOx 上的点和 x 轴，y 轴上的点的坐标各有什么特征？指出下列各点的位置:

$$A(3,4,0);\quad B(0,4,3);\quad C(3,0,0);\quad D(0,-1,0).$$

2. 如图 7.10, 设 $ABCD$-$EFGH$ 是一个平行六面体, 在下列各对向量中, 指出哪些相等, 哪些互为负向量:

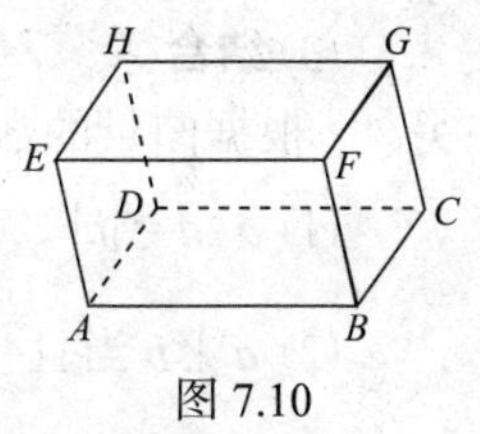

图 7.10

(1) $\overrightarrow{AB},\overrightarrow{CD}$；　(2) $\overrightarrow{AE},\overrightarrow{CG}$；　(3) $\overrightarrow{AC},\overrightarrow{EG}$；

(4) $\overrightarrow{AD},\overrightarrow{GF}$；　(5) $\overrightarrow{BE},\overrightarrow{CH}$.

3. 设 $\boldsymbol{u}=\boldsymbol{a}-\boldsymbol{b}+2\boldsymbol{c},\boldsymbol{v}=\boldsymbol{a}+3\boldsymbol{b}-\boldsymbol{c}$，试利用 $\boldsymbol{a},\boldsymbol{b},\boldsymbol{c}$ 求 $2\boldsymbol{u}-3\boldsymbol{v}$.

4. 已知两点 $M_1(0,1,2)$ 和 $M_2(1,-1,0)$，试用坐标表示式表示向量 $\overrightarrow{M_1M_2}$ 及 $-2\overrightarrow{M_2M_1}$.

5. 已知两点 $M_1(4,\sqrt{2},1)$ 和 $M_2(3,0,2)$，计算向量 $\overrightarrow{M_1M_2}$ 的模, 方向余弦和方向角.

6. 设 $\boldsymbol{m}=3\boldsymbol{i}+5\boldsymbol{j}+8\boldsymbol{k},\boldsymbol{n}=2\boldsymbol{i}-4\boldsymbol{j}-7\boldsymbol{k}$ 和 $\boldsymbol{p}=5\boldsymbol{i}+\boldsymbol{j}-4\boldsymbol{k}$，求向量 $\boldsymbol{a}=4\boldsymbol{m}+3\boldsymbol{n}-\boldsymbol{p}$ 在 x 轴、y 轴及 z 轴上的投影.

7. 分别求出向量 $\boldsymbol{a}=\boldsymbol{i}+\boldsymbol{j}+\boldsymbol{k},\boldsymbol{b}=2\boldsymbol{i}-3\boldsymbol{j}+5\boldsymbol{k}$ 及 $\boldsymbol{c}=-2\boldsymbol{i}+\boldsymbol{j}+2\boldsymbol{k}$ 的模, 并分别用单位向量 $\boldsymbol{a}^0,\boldsymbol{b}^0,\boldsymbol{c}^0$ 表达向量 $\boldsymbol{a},\boldsymbol{b},\boldsymbol{c}$.

8. 求平行于向量 $\boldsymbol{a}=\{6,7,-6\}$ 的单位向量.

9. 若 $\boldsymbol{a}=\{1,2,3\},\boldsymbol{b}=\{2,4,k\}$，试求 k 值, 使其满足

(1) $\boldsymbol{a}/\!/\boldsymbol{b}$；

(2) $3|\boldsymbol{a}|=|\boldsymbol{b}|$.

10. 已知点 $P(-2,1,3)$，求向径 $\overrightarrow{OP}$ 的方向余弦. 若一向径的两个方向角均是 60°，求第三个方向角.

7.2 数量积和向量积

7.2.1 数量积

在物理学中，如果某物体在外力 $\boldsymbol{F}$ 的作用下沿直线移动，位移向量为 $\boldsymbol{S}$，则力 $\boldsymbol{F}$ 所做的功 W 为 $W=|\boldsymbol{F}|\cdot|\boldsymbol{S}|\cos\theta$，其中 θ 是 $\boldsymbol{F}$ 与 $\boldsymbol{S}$ 的夹角 $(0\leqslant\theta\leqslant\pi)$（图 7.11）.

定义 2.1 对于向量 $\boldsymbol{a}$ 与 $\boldsymbol{b}$，定义 $\boldsymbol{a}$ 与 $\boldsymbol{b}$ 的**数量积**（图 7.12）为

$$\boldsymbol{a}\cdot\boldsymbol{b}=|\boldsymbol{a}|\cdot|\boldsymbol{b}|\cos\theta.$$

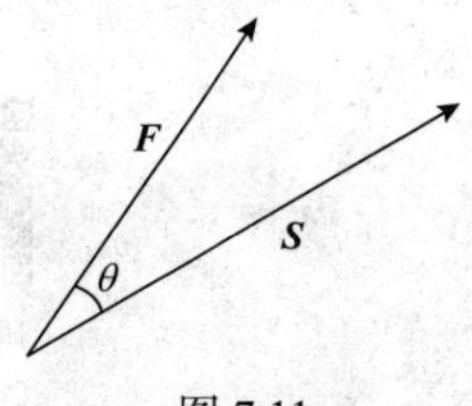

图 7.11

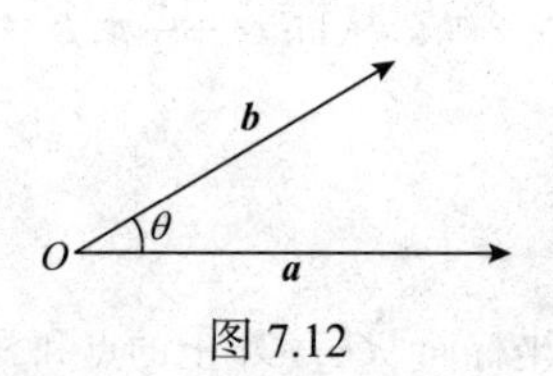

图 7.12

根据向量的数量积的定义，容易验证如下运算律:

(1) **交换律** $\boldsymbol{a}\cdot\boldsymbol{b}=\boldsymbol{b}\cdot\boldsymbol{a}$;

(2) **分配律** $(\boldsymbol{a}+\boldsymbol{b})\cdot\boldsymbol{c}=\boldsymbol{a}\cdot\boldsymbol{c}+\boldsymbol{b}\cdot\boldsymbol{c}$;

(3) **结合律** $\lambda(\boldsymbol{a}\cdot\boldsymbol{b})=(\lambda\boldsymbol{a})\cdot\boldsymbol{b}$ （λ 为实数）.

另外，根据向量的数量积定义，可以验证以下性质成立.

(1) $\boldsymbol{a}\cdot\boldsymbol{a}=|\boldsymbol{a}|^2$;

(2) $\boldsymbol{a}\perp\boldsymbol{b}$ 当且仅当 $\boldsymbol{a}\cdot\boldsymbol{b}=0$，这里如果向量 $\boldsymbol{a}$ 与 $\boldsymbol{b}$ 的夹角 $\theta=\dfrac{\pi}{2}$，则称向量 $\boldsymbol{a}$ 与 $\boldsymbol{b}$ 互相垂直，记作 $\boldsymbol{a}\perp\boldsymbol{b}$.

对于坐标向量，易证明下面结论成立:

$$\boldsymbol{i}\cdot\boldsymbol{i}=\boldsymbol{j}\cdot\boldsymbol{j}=\boldsymbol{k}\cdot\boldsymbol{k}=\boldsymbol{i}\cdot\boldsymbol{i}=1,\quad \boldsymbol{i}\cdot\boldsymbol{j}=\boldsymbol{j}\cdot\boldsymbol{i}=0,$$

$$\boldsymbol{j}\cdot\boldsymbol{k}=\boldsymbol{k}\cdot\boldsymbol{j}=0,\quad \boldsymbol{k}\cdot\boldsymbol{i}=\boldsymbol{i}\cdot\boldsymbol{k}=0,$$

从而可以得到以下性质:

设 $\boldsymbol{a}=(a_x,a_y,a_z),\boldsymbol{b}=(b_x,b_y,b_z)$，

(3) $\boldsymbol{a}\cdot\boldsymbol{b}=(a_x\boldsymbol{i}+a_y\boldsymbol{j}+a_z\boldsymbol{k})\cdot(b_x\boldsymbol{i}+b_y\boldsymbol{j}+b_z\boldsymbol{k})=a_xb_x+a_yb_y+a_zb_z$.

例 2.1　已知三点 $M(1,1,1)$，$A(2,2,1)$ 和 $B(2,1,2)$，求 $\angle AMB$.

解　作向量 $\overrightarrow{MA}$ 及 $\overrightarrow{MB}$，$\angle AMB$ 就是向量 $\overrightarrow{MA}$ 与 $\overrightarrow{MB}$ 的夹角. 这里，$\overrightarrow{MA}=\{1,1,0\}$, $\overrightarrow{MB}=\{1,0,1\}$，从而

$$\overrightarrow{MA}\cdot\overrightarrow{MB}=1\times1+1\times0+0\times1=1,$$

$$\left|\overrightarrow{MA}\right|=\sqrt{1^2+1^2+0^2}=\sqrt{2},\quad \left|\overrightarrow{MB}\right|=\sqrt{1^2+0^2+1^2}=\sqrt{2},$$

代入两向量夹角余弦的表达式, 得

$$\cos\angle AMB=\frac{\overrightarrow{MA}\cdot\overrightarrow{MB}}{\left|\overrightarrow{MA}\right|\left|\overrightarrow{MB}\right|}=\frac{1}{\sqrt{2}\cdot\sqrt{2}}=\frac{1}{2}.$$

由此得 $\angle AMB=\dfrac{\pi}{3}$.

7.2.2　向量积

在力学中, 在研究物体的转动时, 引进了力矩的概念. 可以用数学的语言表述成如下的定义.

定义 2.2　向量 $\boldsymbol{a}$ 和 $\boldsymbol{b}$ 的**向量积** $\boldsymbol{a}\times\boldsymbol{b}$ 为一个向量 $\boldsymbol{c}$：

(1) $|\boldsymbol{c}|=|\boldsymbol{a}||\boldsymbol{b}|\sin\theta,\theta$ 为 $\boldsymbol{a}$ 与 $\boldsymbol{b}$ 的夹角 $(0\leqslant\theta\leqslant\pi)$；

(2) $\boldsymbol{c}\perp\boldsymbol{a},\boldsymbol{c}\perp\boldsymbol{b}$；

(3) $\boldsymbol{a},\boldsymbol{b},\boldsymbol{c}$ 服从右手规则(图 7.13).

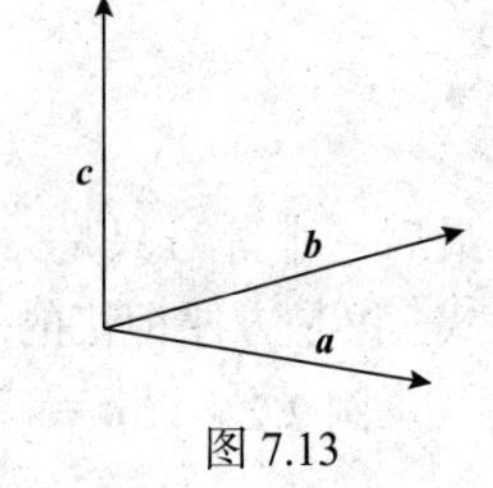

图 7.13

向量积具有如下性质:

(1) $\boldsymbol{a}\times\boldsymbol{a}=\boldsymbol{0}$.

这是因为夹角 $\theta=0$，所以 $|\boldsymbol{a}\times\boldsymbol{a}|=|\boldsymbol{a}|^2\sin\theta=0$.

(2) 对于两个非零向量 $\boldsymbol{a},\boldsymbol{b}$, 如果 $\boldsymbol{a}\times\boldsymbol{b}=\boldsymbol{0}$，那么 $\boldsymbol{a}/\!/\boldsymbol{b}$；反之, 如果 $\boldsymbol{a}/\!/\boldsymbol{b}$，那么 $\boldsymbol{a}\times\boldsymbol{b}=\boldsymbol{0}$.

这是因为如果 $\boldsymbol{a}\times\boldsymbol{b}=\boldsymbol{0}$，由于 $|\boldsymbol{a}|\neq0,|\boldsymbol{b}|\neq0$，故必有 $\sin\theta=0$，于是 $\theta=0$ 或 π，即 $\boldsymbol{a}/\!/\boldsymbol{b}$；反之, 如果 $\boldsymbol{a}/\!/\boldsymbol{b}$，那么 $\theta=0$ 或 π，于是 $\sin\theta=0$，从而 $|\boldsymbol{a}\times\boldsymbol{b}|=0$，即 $\boldsymbol{a}\times\boldsymbol{b}=\boldsymbol{0}$.

由于可以认为零向量与任何向量都平行, 因此上述结论可叙述为: 向量 $\boldsymbol{a}/\!/\boldsymbol{b}$ 的充分必要条件是 $\boldsymbol{a}\times\boldsymbol{b}=\boldsymbol{0}$.

向量积符合下列运算规律:

(1) $\boldsymbol{b}\times\boldsymbol{a}=-\boldsymbol{a}\times\boldsymbol{b}$；

这是因为按右手规则从 $\boldsymbol{b}$ 转向 $\boldsymbol{a}$ 定出的方向恰好与按右手法则从 $\boldsymbol{a}$ 转向 $\boldsymbol{b}$ 定出的方向相反. 它表明交换律对向量积不成立.

(2) **分配律** $(\boldsymbol{a}+\boldsymbol{b})\times\boldsymbol{c}=\boldsymbol{a}\times\boldsymbol{c}+\boldsymbol{b}\times\boldsymbol{c}$；

(3) **结合律** $(\lambda\boldsymbol{a})\times\boldsymbol{b}=\boldsymbol{a}\times(\lambda\boldsymbol{b})=\lambda(\boldsymbol{a}\times\boldsymbol{b})$.

对于坐标向量, 易验证下列结论:

$$\boldsymbol{i}\times\boldsymbol{i}=\boldsymbol{j}\times\boldsymbol{j}=\boldsymbol{k}\times\boldsymbol{k}=\boldsymbol{0},\quad \boldsymbol{i}\times\boldsymbol{j}=\boldsymbol{k},\quad \boldsymbol{j}\times\boldsymbol{i}=-\boldsymbol{k},$$

$$\boldsymbol{j}\times\boldsymbol{k}=\boldsymbol{i},\quad \boldsymbol{k}\times\boldsymbol{j}=-\boldsymbol{i},\quad \boldsymbol{k}\times\boldsymbol{i}=\boldsymbol{j},\quad \boldsymbol{i}\times\boldsymbol{k}=-\boldsymbol{j}.$$

一般地, 设 $\boldsymbol{a}=\{a_x,a_y,a_z\}=a_x\boldsymbol{i}+a_y\boldsymbol{j}+a_z\boldsymbol{k}$, $\boldsymbol{b}=\{b_x,b_y,b_z\}=b_x\boldsymbol{i}+b_y\boldsymbol{j}+b_z\boldsymbol{k}$, 则

$$\begin{aligned}
\boldsymbol{a}\times\boldsymbol{b}&=(a_x\boldsymbol{i}+a_y\boldsymbol{j}+a_z\boldsymbol{k})\times(b_x\boldsymbol{i}+b_y\boldsymbol{j}+b_z\boldsymbol{k})\\
&=a_xb_x(\boldsymbol{i}\times\boldsymbol{i})+a_yb_x(\boldsymbol{j}\times\boldsymbol{i})+a_zb_x(\boldsymbol{k}\times\boldsymbol{i})\\
&\quad+a_xb_y(\boldsymbol{i}\times\boldsymbol{j})+a_yb_y(\boldsymbol{j}\times\boldsymbol{j})+a_zb_y(\boldsymbol{k}\times\boldsymbol{j})\\
&\quad+a_xb_z(\boldsymbol{i}\times\boldsymbol{k})+a_yb_z(\boldsymbol{j}\times\boldsymbol{k})+a_zb_z(\boldsymbol{k}\times\boldsymbol{k})\\
&=(a_yb_z-a_zb_y)\boldsymbol{i}-(a_xb_z-a_zb_x)\boldsymbol{j}+(a_xb_y-a_yb_x)\boldsymbol{k}\\
&=\begin{vmatrix}a_y&a_z\\b_y&b_z\end{vmatrix}\boldsymbol{i}-\begin{vmatrix}a_x&a_z\\b_x&b_z\end{vmatrix}\boldsymbol{j}+\begin{vmatrix}a_x&a_y\\b_x&b_y\end{vmatrix}\boldsymbol{k}\\
&=\begin{vmatrix}\boldsymbol{i}&\boldsymbol{j}&\boldsymbol{k}\\a_x&a_y&a_z\\b_x&b_y&b_z\end{vmatrix}.
\end{aligned}$$

最后一个等号只是一个简便记法, 其中的三阶“行列式”也不是通常意义下的行列式, 仅是方便记忆的一种符号.

例 2.2 设 $\boldsymbol{a}=\{2,1,-1\}$, $\boldsymbol{b}=\{1,-1,2\}$, 求 $\boldsymbol{a}\times\boldsymbol{b}$.

解 $\boldsymbol{a}\times\boldsymbol{b}=\begin{vmatrix}\boldsymbol{i}&\boldsymbol{j}&\boldsymbol{k}\\2&1&-1\\1&-1&2\end{vmatrix}=\begin{vmatrix}1&-1\\-1&2\end{vmatrix}\boldsymbol{i}-\begin{vmatrix}2&-1\\1&2\end{vmatrix}\boldsymbol{j}+\begin{vmatrix}2&1\\1&-1\end{vmatrix}\boldsymbol{k}=\boldsymbol{i}-5\boldsymbol{j}-3\boldsymbol{k}.$

例 2.3 计算以向量 $\boldsymbol{a}=\{8,4,1\}$ 和 $\boldsymbol{b}=\{2,-2,1\}$ 为边的平行四边形面积.

解 以 $\boldsymbol{a}$ 和 $\boldsymbol{b}$ 为边的平行四边形面积

$$S=|\boldsymbol{a}||\boldsymbol{b}|\sin\theta,$$

这恰好是向量 $\boldsymbol{a}\times\boldsymbol{b}$ 的模, 即 $S=|\boldsymbol{a}\times\boldsymbol{b}|$. 现在来计算

$$\boldsymbol{a}\times\boldsymbol{b}=\begin{vmatrix}\boldsymbol{i}&\boldsymbol{j}&\boldsymbol{k}\\8&4&1\\2&-2&1\end{vmatrix}=6\boldsymbol{i}-6\boldsymbol{j}-24\boldsymbol{k}.$$

于是所求平行四边形的面积为

$$S=|6\boldsymbol{i}-6\boldsymbol{j}-24\boldsymbol{k}|=\sqrt{6^2+6^2+24^2}=18\sqrt{2}.$$

例 2.4　求垂直于由点 $A(0,-2,1)$, $B(1,-1,-2)$ 和 $C(-1,1,0)$ 所确定平面的单位向量.

解　向量 $\overrightarrow{AB}=\{1,1,-3\}$，$\overrightarrow{AC}=\{-1,3,-1\}$. 由于向量 $\overrightarrow{AB}\times\overrightarrow{AC}$ 垂直于平面 ABC，只需求出与向量 $\overrightarrow{AB}\times\overrightarrow{AC}$ 同向或反向的单位向量即为所求单位向量 $\boldsymbol{e}$.

$$\begin{aligned}\overrightarrow{AB}\times\overrightarrow{AC}&=\begin{vmatrix}\boldsymbol{i}&\boldsymbol{j}&\boldsymbol{k}\\1&1&-3\\-1&3&-1\end{vmatrix}\\&=\begin{vmatrix}1&-3\\3&-1\end{vmatrix}\boldsymbol{i}-\begin{vmatrix}1&-3\\-1&-1\end{vmatrix}\boldsymbol{j}+\begin{vmatrix}1&1\\-1&3\end{vmatrix}\boldsymbol{k}\\&=8\boldsymbol{i}+4\boldsymbol{j}+4\boldsymbol{k}.\end{aligned}$$

并且 $\left|\overrightarrow{AB}\times\overrightarrow{AC}\right|=\sqrt{8^2+4^2+4^2}=4\sqrt{6}$，从而

$$\boldsymbol{e}=\pm\frac{1}{4\sqrt{6}}\{8,4,4\}=\pm\frac{1}{\sqrt{6}}\{2,1,1\}.$$

习题 7.2

习题 7.2 解答

(A)

1. 设 $\boldsymbol{a}=3\boldsymbol{i}-\boldsymbol{j}-2\boldsymbol{k},\boldsymbol{b}=\boldsymbol{i}+2\boldsymbol{j}-\boldsymbol{k}$，求:

(1) $\boldsymbol{a}\cdot\boldsymbol{b}$ 及 $\boldsymbol{a}\times\boldsymbol{b}$；　(2) $(-2\boldsymbol{a})\cdot 3\boldsymbol{b}$ 及 $\boldsymbol{a}\times 2\boldsymbol{b}$；　(3) $\boldsymbol{a},\boldsymbol{b}$ 夹角的余弦.

2. 设 $\boldsymbol{a},\boldsymbol{b},\boldsymbol{c}$ 为单位向量, 且满足 $\boldsymbol{a}+\boldsymbol{b}+\boldsymbol{c}=\boldsymbol{0}$，求 $\boldsymbol{a}\cdot\boldsymbol{b}+\boldsymbol{b}\cdot\boldsymbol{c}+\boldsymbol{c}\cdot\boldsymbol{a}$.

3. (1)求两个平行单位向量的数量积和向量积;

(2)求向量 $\boldsymbol{a}=\boldsymbol{i}+\boldsymbol{k}$ 与 $\boldsymbol{b}=\boldsymbol{i}-\boldsymbol{k}$ 的数量积和向量积.

4. 已知 $M_1(1,-1,2)$, $M_2(3,3,1)$ 和 $M_3(3,1,3)$. 求与 $\overrightarrow{M_1M_2}$，$\overrightarrow{M_2M_3}$ 同时垂直的单位向量.

5. 已知 $\overrightarrow{AB}=\boldsymbol{a}-2\boldsymbol{b},\overrightarrow{AD}=\boldsymbol{a}-3\boldsymbol{b}$，其中 $|\boldsymbol{a}|=5$，$|\boldsymbol{b}|=4$，$\boldsymbol{a}$ 与 $\boldsymbol{b}$ 的夹角是 $\frac{\pi}{6}$，求平行四边形 $ABCD$ 的面积.

6. 已知 $\overrightarrow{OA}=\boldsymbol{i}+3\boldsymbol{k}$，$\overrightarrow{OB}=\boldsymbol{j}+3\boldsymbol{k}$，求 $\triangle OAB$ 的面积.

7. 设 $\boldsymbol{a}=\{3,5,-2\}$, $\boldsymbol{b}=\{2,1,4\}$，问 λ 与 μ 有怎样的关系，才能使得 $\lambda\boldsymbol{a}+\mu\boldsymbol{b}$ 与 z 轴垂直?

(B)

1. 设 $\boldsymbol{a},\boldsymbol{b},\boldsymbol{c}$ 为三个两两不平行的向量, 且 $\boldsymbol{b}\times\boldsymbol{c}=\boldsymbol{c}\times\boldsymbol{a}=\boldsymbol{a}\times\boldsymbol{b}$，证明：$\boldsymbol{a}+\boldsymbol{b}+\boldsymbol{c}=\boldsymbol{0}$.

2. 试用向量证明不等式

$$\sqrt{a_1^2+a_2^2+a_3^2}\sqrt{b_1^2+b_2^2+b_3^2}\geqslant|a_1b_1+a_2b_2+a_3b_3|,$$

其中 a_1,a_2,a_3,b_1,b_2,b_3 为任意实数, 并指出等号成立的条件.

3. 设 $\boldsymbol{a}$ 和 $\boldsymbol{b}$ 是不平行的向量. 证明向量 $\boldsymbol{c}=\boldsymbol{a}-\dfrac{\boldsymbol{a}\cdot\boldsymbol{b}}{|\boldsymbol{b}|^2}\boldsymbol{b}$ 与 $\boldsymbol{b}$ 垂直.

4. 设 P 和 Q 是圆上某直径的两端点, R 为圆上其他任意一点, 证明 PR 与 QR 成直角.

5. 设 $|\boldsymbol{a}|=3,|\boldsymbol{b}|=5$, 求数 λ, 使得 $\boldsymbol{a}+\lambda\boldsymbol{b}$ 与 $\boldsymbol{a}-\lambda\boldsymbol{b}$ 垂直.

7.3 平面和直线

利用向量理论可以建立平面的方程和直线的方程, 再利用这样的方程还可以研究与平面或直线有关的问题.

7.3.1 平面的方程

已知点 $M_0(x_0,y_0,z_0)$ 及向量 $\boldsymbol{n}=\{A,B,C\}$, 过点 M_0 可作唯一的平面 π 垂直于向量 $\boldsymbol{n}$, 称 $\boldsymbol{n}$ 为平面 π 的**法向量**.

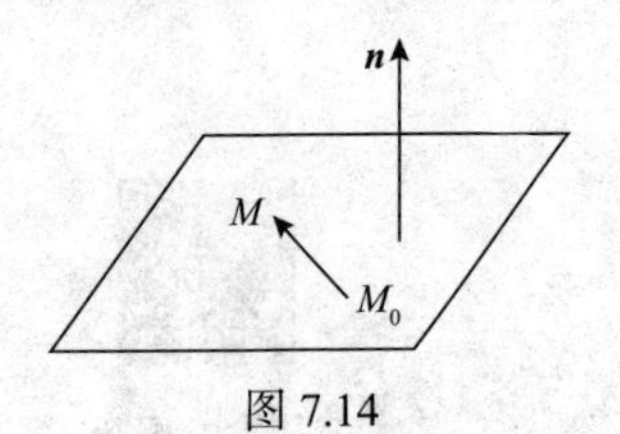

图 7.14

设点 $M(x,y,z)$ 是平面 π 上的任意点, 则位于平面 π 上的向量 $\overrightarrow{M_0M}=\{x-x_0,y-y_0,z-z_0\}$ 必与 $\boldsymbol{n}$ 垂直(图 7.14), 于是 $\boldsymbol{n}\cdot\overrightarrow{M_0M}=\boldsymbol{0}$, 即

$$A(x-x_0)+B(y-y_0)+C(z-z_0)=0. \tag{1}$$

这表明平面 π 上的任意点 M 的坐标 (x,y,z) 满足方程(1), 方程(1)称作平面 π 的**点法式方程**.

例 3.1 求过点 (1,1,1) 且垂直于向量 $\boldsymbol{n}=\{1,2,3\}$ 的平面方程.

解 由平面的点法式方程可知 $(x-1)+2(y-1)+3(z-1)=0$, 即 $x+2y+3z=6$.

例 3.2 求过点 $M_1(-2,1,1)$, $M_2(0,2,3)$ 和 $M_3(1,0,-1)$ 的平面的方程.

解 $\overrightarrow{M_1M_2}=\{2,1,2\}$, $\overrightarrow{M_1M_3}=\{3,-1,-2\}$, 可取 $\boldsymbol{n}=\overrightarrow{M_1M_2}\times\overrightarrow{M_1M_3}$,

$$\begin{aligned}\overrightarrow{M_1M_2}\times\overrightarrow{M_1M_3}&=\begin{vmatrix}\boldsymbol{i}&\boldsymbol{j}&\boldsymbol{k}\\2&1&2\\3&-1&-2\end{vmatrix}\\&=\begin{vmatrix}1&2\\-1&-2\end{vmatrix}\boldsymbol{i}-\begin{vmatrix}2&2\\3&-2\end{vmatrix}\boldsymbol{j}+\begin{vmatrix}2&1\\3&-1\end{vmatrix}\boldsymbol{k}\\&=0\boldsymbol{i}+10\boldsymbol{j}-5\boldsymbol{k},\end{aligned}$$

所求平面π通过点$M_1(-2,1,1)$且以$\boldsymbol{n}=\{0,10,-5\}$为法向量，于是平面方程为

$$10(y-1)-5(z-1)=0,$$

即$2y-z-1=0$.

在方程(1)中，令$D=-Ax_0-By_0-Cz_0$，平面的方程(1)也可表示成一般形式

$$Ax+By+Cz+D=0, \tag{2}$$

可见满足三元一次方程(2)的点(x,y,z)确定一个平面，其中x,y,z的系数决定的向量$\boldsymbol{n}=\{A,B,C\}$是该平面的法向量，称方程(2)为平面的**一般方程**.

例 3.3　设一个平面与x轴、y轴、z轴的交点分别为$P(a,0,0)$，$Q(0,b,0)$，$R(0,0,c)$，求这个平面的方程(设$a\neq 0$，$b\neq 0$，$c\neq 0$).

解　设该平面的方程为

$$Ax+By+Cz+D=0.$$

因为P,Q,R三点在平面上，故满足此方程，从而$Aa+D=0,\ Bb+D=0,\ Cc+D=0$，即

$$A=-\frac{D}{a},\quad B=-\frac{D}{b},\quad C=-\frac{D}{c}.$$

因此该平面方程为

$$\frac{x}{a}+\frac{y}{b}+\frac{z}{c}=1.$$

利用平面方程(2)，可以了解平面的某些特点.

当$D=0$时，方程(2)成为$Ax+By+Cz=0$，它表示一个通过原点的平面.

当$A=0$时，法向量$\boldsymbol{n}=\{0,B,C\}$垂直于x轴，所以方程$By+Cz+D=0$表示一个平行于x轴的平面.

当$A=B=0$时，法向量$\boldsymbol{n}=\{0,0,C\}$垂直于x轴和y轴，所以方程$Cz+D=0$表示一个平行于xOy坐标面的平面.

平面方程(2)还可以用来考察两个平面之间的关系. 设两个平面π_1和π_2的方程分别为

$$\pi_1:\ A_1x+B_1y+C_1z+D_1=0,\quad \pi_2:\ A_2x+B_2y+C_2z+D_2=0,$$

它们的法向量分别为$\boldsymbol{n}_1=\{A_1,B_1,C_1\}$和$\boldsymbol{n}_2=\{A_2,B_2,C_2\}$，根据两向量垂直和平行的条件，可得如下结论:

(1) π_1和π_2垂直的充分必要条件是$A_1A_2+B_1B_2+C_1C_2=0$;

(2) π_1和π_2平行的充分必要条件是$\dfrac{A_1}{A_2}=\dfrac{B_1}{B_2}=\dfrac{C_1}{C_2}\neq\dfrac{D_1}{D_2}$.

7.3.2　直线的方程

平行于直线 L 的非零向量 $\boldsymbol{s}=\{m,n,p\}$ 称为直线 L 的**方向向量**(图 7.15). 过已知定点 $M_0(x_0,y_0,z_0)$，以 $\boldsymbol{s}=\{m,n,p\}$ 为方向向量可唯一地确定一条直线 L. 下面来建立这条直线的方程.

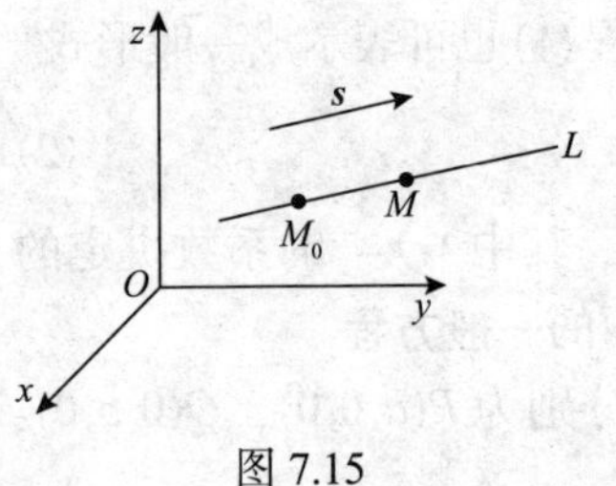

图 7.15

设点 $M(x,y,z)$ 是直线 L 上的任意点，则 $\overrightarrow{M_0M}\,/\!/\,\boldsymbol{s}$，从而

$$\frac{x-x_0}{m}=\frac{y-y_0}{n}=\frac{z-z_0}{p},\tag{3}$$

方程组(3)称为直线 L 的**点向式方程**.

注　(3)式中的分母 m,n,p 中的某一项为零时，对应项的分子也等于零. 比如说当 $m=0,n\neq 0,p\neq 0$ 时，(3)式可以理解为 $\begin{cases}x=x_0,\\ \dfrac{y-y_0}{n}=\dfrac{z-z_0}{p}.\end{cases}$

例 3.4　求过点 $M_0(1,2,0)$ 且与平面 $x-2y+3z+1=0$ 垂直的直线方程.

解　取 $\boldsymbol{s}=\boldsymbol{n}=\{1,-2,3\}$，则直线方程为

$$\frac{x-1}{1}=\frac{y-2}{-2}=\frac{z-0}{3}.$$

例 3.5　求过点 $M_1(1,3,0)$ 与点 $M_2(3,0,-2)$ 的直线方程.

解　取 $\boldsymbol{s}=\overrightarrow{M_1M_2}=\{2,-3,-2\}$，则直线方程为

$$\frac{x-1}{2}=\frac{y-3}{-3}=\frac{z-0}{-2}.$$

设

$$\frac{x-x_0}{m}=\frac{y-y_0}{n}=\frac{z-z_0}{p}=t,$$

则有

$$\begin{cases}x=x_0+mt,\\ y=y_0+nt,\\ z=z_0+pt.\end{cases}\tag{4}$$

称方程组(4)为直线 L 的**参数方程**.

两个不平行的平面

$$\pi_1:\ A_1x+B_1y+C_1z+D_1=0,\ \pi_2:\ A_2x+B_2y+C_2z+D_2=0$$

的交线 L 是一条直线, 因此称方程组

$$\begin{cases}A_1x+B_1y+C_1z+D_1=0,\\A_2x+B_2y+C_2z+D_2=0\end{cases}\tag{5}$$

为直线 L 的**一般方程**.

给定了直线 L 的方程(5), 可知向量 $\boldsymbol{n}_1=\{A_1,B_1,C_1\}$ 和 $\boldsymbol{n}_2=\{A_2,B_2,C_2\}$ 垂直于 L, 从而也垂直于 L 的方向向量. 因此, 可取 L 的方向向量 $\boldsymbol{s}=\boldsymbol{n}_1\times\boldsymbol{n}_2$.

例 3.6　用点向式方程和参数方程表示直线

$$L:\ \begin{cases}3x+2y+4z-11=0,\\2x+y-3z-1=0.\end{cases}$$

解　先在 L 上找一点 $M_0(x_0,y_0,z_0)$. 令 $z_0=0$, 代入方程求得点 $M_0(-9,19,0)$, 则点 M_0 在直线 L 上. 再求 L 的方向向量

$$\boldsymbol{s}=\boldsymbol{n}_1\times\boldsymbol{n}_2=\begin{vmatrix}\boldsymbol{i}&\boldsymbol{j}&\boldsymbol{k}\\3&2&4\\2&1&-3\end{vmatrix}=-10\boldsymbol{i}+17\boldsymbol{j}-\boldsymbol{k},$$

所以 L 的点向式方程为

$$\frac{x+9}{-10}=\frac{y-19}{17}=\frac{z}{-1}.$$

L 的参数方程为

$$\begin{cases}x=-9-10t,\\y=19+17t,\\z=-t.\end{cases}$$

例 3.7　求直线 L: $\dfrac{x-2}{-1}=\dfrac{y-3}{1}=\dfrac{z}{2}$ 与平面 π: $2x+y+z=1$ 的交点.

解　直线 L 的参数方程为 $x=2-t$, $y=3+t$, $z=2t$. 为使 L 上点 $M(x,y,z)$ 位于 π 上, 只需解方程 $2(2-t)+(3+t)+2t=1$. 可得 $t=-6$, 代入参数方程便得到交点 $M_0(8,-3,-12)$.

依据直线的方向向量, 还可以考察两条直线的关系.

设直线 L_1 和 L_2 的方向向量分别为 $\boldsymbol{s}_1=\{m_1,n_1,p_1\}$ 和 $\boldsymbol{s}_2=\{m_2,n_2,p_2\}$，可得如下结论:

(1) $L_1 /\!/ L_2$ 的充分必要条件是 $\dfrac{m_1}{m_2}=\dfrac{n_1}{n_2}=\dfrac{p_1}{p_2}$;

(2) $L_1 \perp L_2$ 的充分必要条件是 $m_1m_2+n_1n_2+p_1p_2=0$.

例 3.8 设 $P_0(x_0,y_0,z_0)$ 是平面 π : $Ax+By+Cz+D=0$ 外一点, 求点 P_0 到这个平面的距离.

解 过点 P_0 作平面 π 的垂线与平面相交于点 $P(x,y,z)$, 则

$$\overrightarrow{P_0P}=\{x-x_0,y-y_0,z-z_0\} /\!/ \boldsymbol{n}=\{A,B,C\},$$

从而过点 P_0 垂直于 π 的直线方程为 $x-x_0=At$，$y-y_0=Bt$，$z-z_0=Ct$. 因为点 $P(x,y,z)$ 在平面上, 所以

$$A(x_0+At)+B(y_0+Bt)+C(z_0+Ct)+D=0.$$

于是

$$t=-\frac{Ax_0+By_0+Cz_0+D}{A^2+B^2+C^2},$$

由此可得, 点 P_0 到平面 π 的距离

$$\begin{aligned}d&=\left|\overrightarrow{P_0P}\right|=\sqrt{(x-x_0)^2+(y-y_0)^2+(z-z_0)^2}\\&=\sqrt{A^2+B^2+C^2}\,|t|=\sqrt{A^2+B^2+C^2}\,\frac{|Ax_0+By_0+Cz_0+D|}{A^2+B^2+C^2}\\&=\frac{|Ax_0+By_0+Cz_0+D|}{\sqrt{A^2+B^2+C^2}}.\end{aligned}$$

例如, 求点 $(1,-4,-3)$ 到平面 $2x-3y+6z+1=0$ 的距离, 利用上述公式, 所求距离为

$$d=\frac{|2\times1+(-3)\times(-4)+6\times(-3)+1|}{\sqrt{2^2+3^2+6^2}}=\frac{|-3|}{7}=\frac{3}{7}.$$

习题 7.3

习题 7.3 解答

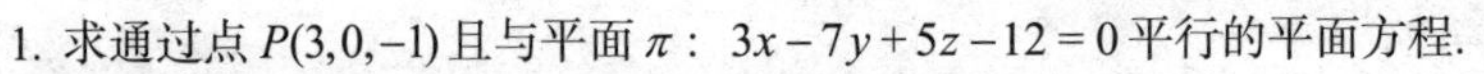
1. 求通过点 $P(3,0,-1)$ 且与平面 π： $3x-7y+5z-12=0$ 平行的平面方程.

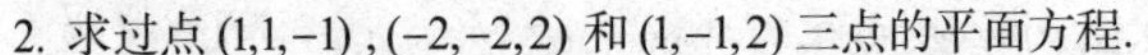
2. 求过点 $(1,1,-1)$, $(-2,-2,2)$ 和 $(1,-1,2)$ 三点的平面方程.

3. 判别下列各对平面的相关位置:

(1) $x+3y+6z+2=0$ 与 $\frac{1}{3}x+y+2z+1=0$;

(2) $2x-2y+z-5=0$ 与 $x-y-4z-1=0$.

4. 给出通过点 $P(-2,0,4)$ 并且沿着向量 $\boldsymbol{a}=\{2,1,3\}$ 的方向的直线的坐标表达式.

5. 求过两点 $M_0(3,-2,1)$ 和 $M_1(-1,0,2)$ 的直线方程.

6. 求过点 $(4,-1,3)$ 且平行于直线 $\frac{x-3}{2}=\frac{y}{1}=\frac{z-1}{5}$ 的直线方程.

7. 用点向式方程和参数方程表示直线 $\begin{cases}x-y+z=1,\\2x+y+z=4.\end{cases}$

8. 求过点 $(2,0,-3)$ 且与直线 $\begin{cases}x-2y+4z-7=0,\\3x+5y-2z+1=0\end{cases}$ 垂直的平面方程.

9. 证明直线 $\begin{cases}x+2y-z-7=0,\\-2x+y+z-7=0\end{cases}$ 与 $\begin{cases}3x+6y-3z-8=0,\\2x-y-z=0\end{cases}$ 平行.

10. 求过点 $(0,2,4)$ 且与两平面 $x+2z=1$ 和 $y-3z=2$ 平行的直线方程.

11. 求点 $P(3,-1,2)$ 到直线 $\begin{cases}x+y-z+1=0,\\2x-y+z-4=0\end{cases}$ 的距离.

7.4 空间中的曲面和曲线

7.4.1 曲面方程及常见的曲面

在空间直角坐标系中, 平面是最简单的一种曲面, 它的方程是三元一次方程. 对于一般的曲面 S, 对应于一个三元方程

$$F(x,y,z)=0 \tag{1}$$

与曲面相联系, 曲面 S 上的点的坐标都满足此方程, 不在曲面 S 上的点 (x,y,z) 不满足此方程, 这样的方程称作曲面 S 的方程. 本节将介绍几种常见的曲面及其方程.

1. 柱面

给定一条直线 E 和一条曲线 C, 当动直线 L 平行于定直线 E 且沿曲线 C 移动时形成的轨迹称为**柱面**(图 7.16). C 和 L 分别称为**柱面的准线**和**母线**.

一般地, 假如曲面 S 的方程为

$$F(x,y)=0, \tag{2}$$

方程中不显含 z, 我们来考察曲面 S 的形状.

方程(2)的特点：如果$(x_0,y_0,0)$满足方程(2)，则对任意的z，(x_0,y_0,z)也满足方程(2). 注意过点$(x_0,y_0,0)$且平行于z轴的直线上的点的坐标恰好就是(x_0,y_0,z). 在几何上，可以解释为：如果$(x_0,y_0,0)$在曲面S上，则过点$(x_0,y_0,0)$且平行于z轴的直线也在曲面S上. 可见这样的曲面S必是一个柱面.

由于方程(2)在xOy坐标面上的直角坐标系xOy中表示一条曲线C的方程，C上的点的坐标满足方程(2). 所以C就是柱面S的准线. 由此可知，在空间直角坐标中，方程(2)表示一个母线平行于z轴的柱面S；在平面直角坐标系中，方程(2)则表示一条曲线，是柱面S的准线. 例如在空间直角坐标系中，$x=y^2$表示抛物柱面(图 7.17).

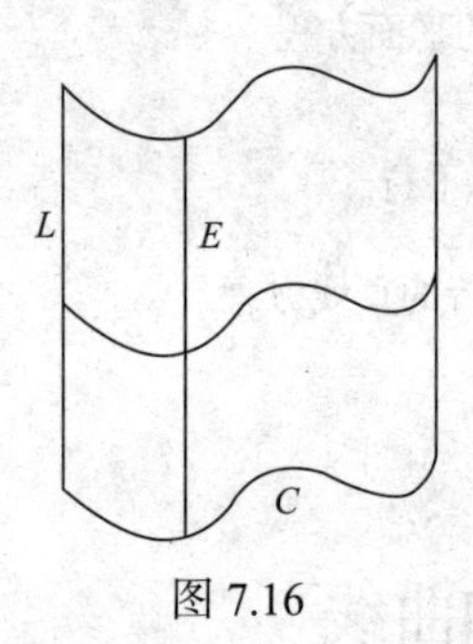

图 7.16

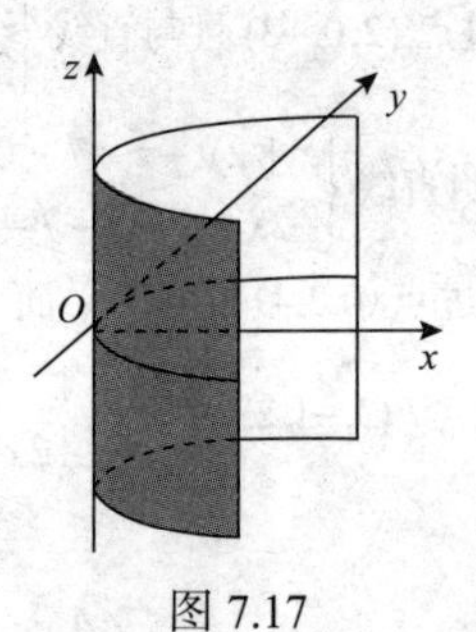

图 7.17

同理可知方程$G(y,z)=0$，$H(x,z)=0$分别表示母线平行于x轴、y轴的柱面. 可见，缺少某个坐标的二元方程表示柱面，缺少哪个坐标，该柱面的母线就平行于哪个坐标轴.

例 4.1 方程$\dfrac{x^2}{a^2}+\dfrac{z^2}{c^2}=1$表示准线为$zOx$平面上的椭圆，母线平行于$y$轴的椭圆柱面(图 7.18).

例 4.2 方程$x+y=1$表示母线平行于z轴的柱面，准线为xOy平面上的一条直线，因而该柱面即为平行于z轴的平面(图 7.19).

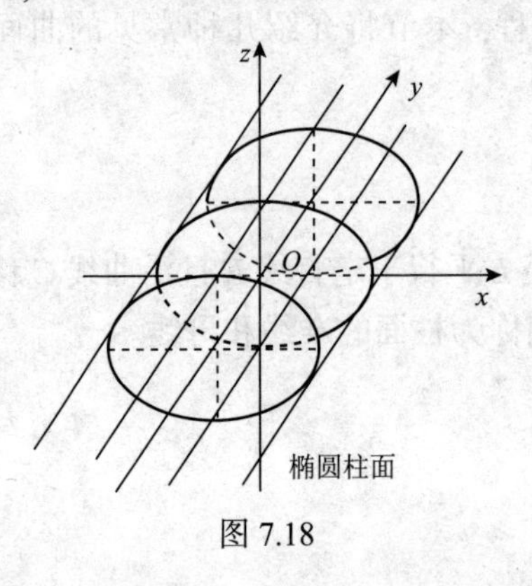

图 7.18

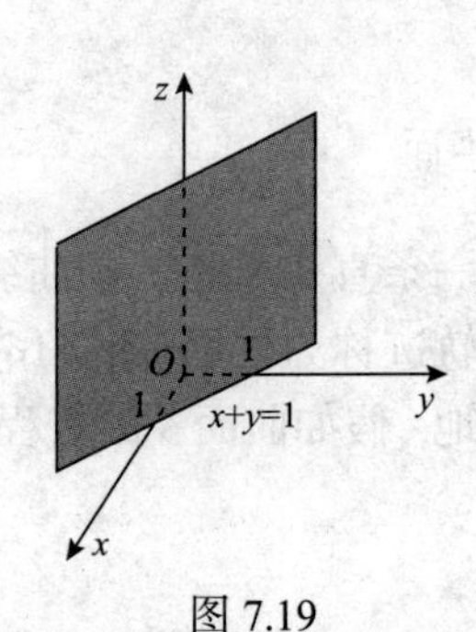

图 7.19

2. 旋转曲面

将平面上的一条已知曲线绕这个平面上某一条定直线旋转一周而成的曲面称为**旋转曲面**. 该定直线称为旋转曲面的旋转轴, 已知曲线称为旋转曲面的母线. 例如空间中的曲线$\begin{cases} x=1, \\ y=0 \end{cases}$是平行于 z 轴的直线, 若绕 z 轴旋转一圈, 显然得到的曲面就是圆柱面.

设有 xOy 平面上的曲线 L: $f(x,y)=0$, 下面建立曲线 L 绕 x 轴旋转而得的旋转曲面的方程.

设 $M(x,y,z)$ 为旋转曲面上任一点, 它是由平面曲线 L 上某一点 $M_1(x_1,y_1,0)$ 绕 x 轴旋转而得到. 从而点 M 的横坐标与点 M_1 的横坐标相等, 即

$$x=x_1, \tag{3}$$

且点 M 到 x 轴的距离等于点 M_1 到 x 轴的距离, 即 $|MA|=|M_1A|$. 其中点 A 的坐标为 $(x_1,0,0)$, 故 $|MA|=\sqrt{y^2+z^2}$, $|M_1A|=|y_1|$, 从而 $\sqrt{y^2+z^2}=|y_1|$, 因此

$$y_1=\pm\sqrt{y^2+z^2}. \tag{4}$$

又因为点 $M_1(x_1,y_1,0)$ 在曲线 L 上, 故它的坐标满足方程 $f(x,y)=0$, 即

$$f(x_1,y_1)=0, \tag{5}$$

将(3), (4)式代入(5)式中可得

$$f(x,\pm\sqrt{y^2+z^2})=0,$$

这就是我们要求的旋转曲面的方程(图 7.20).

可以将以上结论总结如下:

求一条 xOy 平面上的曲线 L: $f(x,y)=0$ 绕 x 轴旋转所得曲面方程, 只要将这个方程里面的 x 保持不变, y 换为 $\pm\sqrt{y^2+z^2}$, 即得旋转曲面方程 $f(x,\pm\sqrt{y^2+z^2})=0$. 同理, 曲线 L 绕 y 轴旋转所成的旋转曲面的方程为 $f(\pm\sqrt{x^2+z^2},y)=0$.

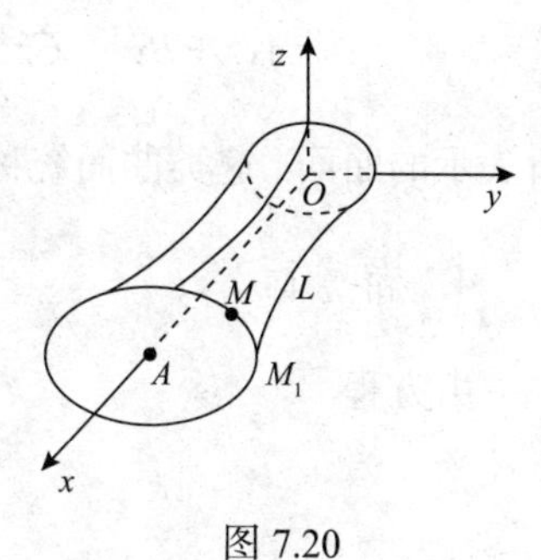

图 7.20

例 4.3　直线 L 绕另一条与 L 相交的直线旋转一周, 所得旋转曲面叫做圆锥面. 两直线的交点叫做圆锥面的顶点, 两直线的夹角 $\alpha\left(0<\alpha<\dfrac{\pi}{2}\right)$ 叫做圆锥面的半顶角. 试建立顶点在坐标原点 O, 旋转轴为 z

轴, 半顶角为 α 的圆锥面的方程(图 7.21).

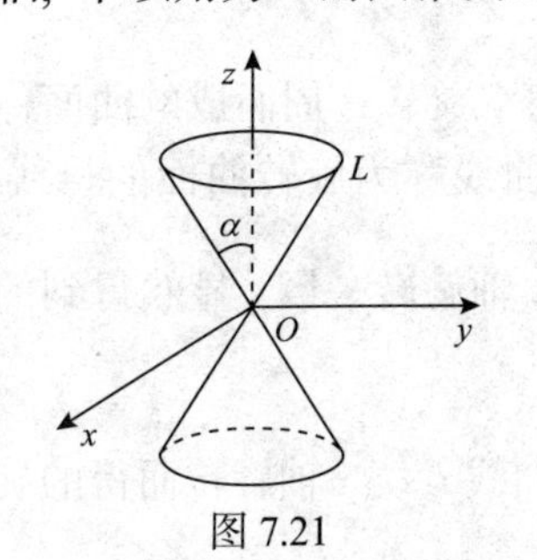

图 7.21

解　在 yOz 坐标面上, 直线 L 的方程为 $z = y\cot\alpha$, 因为旋转轴为 z 轴, 所以可得旋转曲面的方程为 $z = \pm\sqrt{x^2+y^2}\cot\alpha$ 或 $z^2 = a^2(x^2+y^2)$, 其中 $a = \cot\alpha$.

3. 球面

以点 $M_0(x_0,y_0,z_0)$ 为球心, 以 R 为半径作一个球面 S, 设 M 为 S 上任意点, 则 $\left|\overrightarrow{M_0M}\right| = R$. 从而

$$\sqrt{(x-x_0)^2+(y-y_0)^2+(z-z_0)^2} = R \quad 或 \quad (x-x_0)^2+(y-y_0)^2+(z-z_0)^2 = R^2.$$

这就是球面上的点所满足的方程, 它可表示成更一般的形式

$$x^2+y^2+z^2+Dx+Ey+Fz+G=0. \tag{6}$$

例 4.4　求球面 $x^2+y^2+z^2-2x-4y+8z+17=0$ 的球心和半径.

解　原方程可改写成 $(x-1)^2+(y-2)^2+(z+4)^2=4$, 所以球心为 $M_0(1,2,-4)$, 半径为 $R=2$.

我们采用所谓的截痕法来考察曲面的形状, 这种方法是用坐标面或平行于坐标面的平面与曲面相截, 根据相截所得的交线来了解曲面的形状. 我们只限于考察二次方程

$$Ax^2+By^2+Cz^2+Dxy+Eyz+Fxz+Gx+Hy+Iz+J=0 \tag{7}$$

所表示的曲面. 这类曲面统称为二次曲面.

4. 椭球面

由方程

$$\frac{x^2}{a^2}+\frac{y^2}{b^2}+\frac{z^2}{c^2}=1 \tag{8}$$

所表示的曲面称为**椭球面**. a,b,c 称为**椭球面的半轴**.

我们用截痕法来考察方程所表示的曲面的形状. xOy 坐标面的方程为 $z=0$, 所以 xOy 面与椭球面的交线为

$$\begin{cases} \dfrac{x^2}{a^2}+\dfrac{y^2}{b^2}=1, \\ z=0. \end{cases}$$

这是 xOy 面上的椭圆. 类似地, 椭球面与 yOz 面和 zOx 面的交线也是椭圆. 根据所得截痕, 可画出该曲面的图像, 如图 7.22.

当 $a=b=c$ 时, 方程 (8) 成为 $x^2+y^2+z^2=a^2$. 这表示一个以原点为球心以 a 为半径的球面.

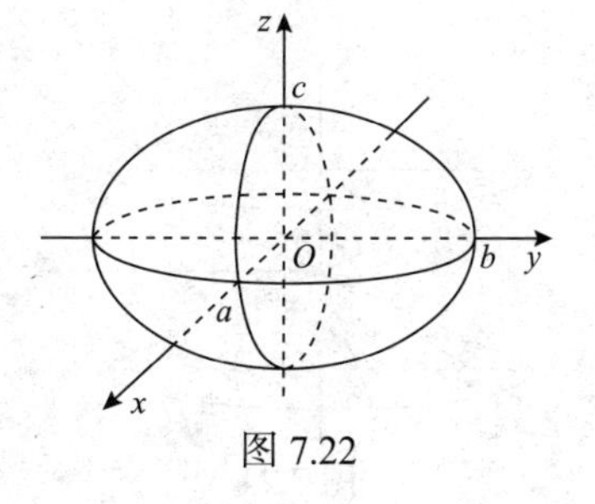

图 7.22

5. 椭圆抛物面

由方程

$$z=\frac{x^2}{a^2}+\frac{y^2}{b^2} \tag{9}$$

所表示的曲面称为**椭圆抛物面**.

用 xOy 平面 $z=0$ 与曲面相截, 仅相交一点为原点 $O(0,0,0)$. 平面 $z=z_1(z_1<0)$ 与曲面 π 不相交, 这表示曲面位于 xOy 面的上方. 用平面 $z=z_1(z_1>0)$ 与曲面相截, 得交线

$$\begin{cases} \dfrac{x^2}{a^2z_1}+\dfrac{y^2}{b^2z_1}=1, \\ z=z_1. \end{cases}$$

这是一个椭圆.

用 yOz 平面 $x=0$ 与曲面相截, 得交线

$$\begin{cases} y^2=b^2z, \\ x=0. \end{cases}$$

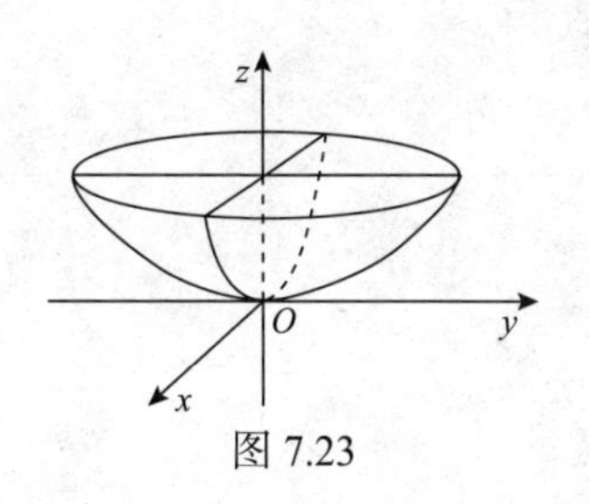

图 7.23

这是一条抛物线. 同样用 zOx 面 $y=0$ 与曲面相截, 所得交线也是一个抛物线. 根据所得截痕, 可得该曲面的图像, 如图 7.23 所示.

当 $a=b$ 时, $z=\dfrac{x^2}{a^2}+\dfrac{y^2}{a^2}$ 称为旋转抛物面.

6. 锥面

由方程

$$z^2=\frac{x^2}{a^2}+\frac{y^2}{b^2} \tag{10}$$

所表示的曲面称为**锥面**.

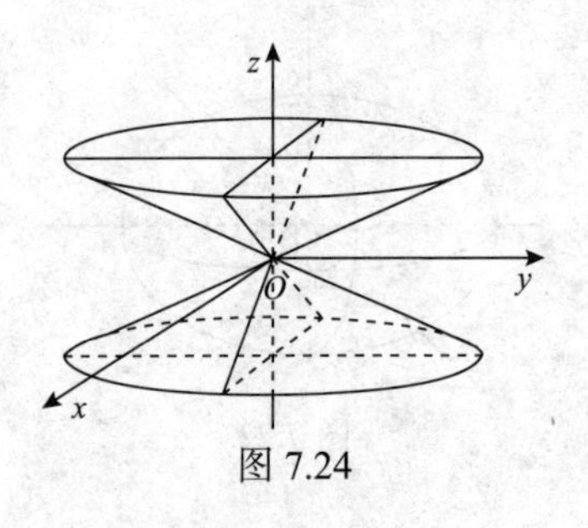

图 7.24

曲面与 xOy 平面相交于原点；曲面与平面 $z=z_1$ 相交为椭圆；曲面与 yOz 平面的交线为两条直线 $\begin{cases} y=\pm bz, \\ x=0, \end{cases}$ 同样，曲面与 zOx 平面的交线也相交于两条直线. 根据所得截痕，可得该曲面的图像，如图 7.24 所示.

当 $a=b$ 时，$z^2=\frac{x^2}{a^2}+\frac{y^2}{a^2}$ 称为圆锥面.

7.4.2　空间曲线

直线是最简单的曲线. 正如两个不平行的平面相交生成一条直线一样，两个曲面的交线就是一条曲线. 设两曲面的方程分别为 $F(x,y,z)=0$ 和 $G(x,y,z)=0$，它们的交线 C 上的点的坐标便满足方程组

$$\begin{cases} F(x,y,z)=0, \\ G(x,y,z)=0, \end{cases}$$

称这个方程组为曲线 C 的方程. 在用截痕法考察曲面形状时，已经多次用到曲面与平面相交所生成的曲线.

类似于直线的参数方程，将曲线 C 上的点的坐标表示成参数 t 的函数

$$\begin{cases} x=f(t), \\ y=g(t), \\ z=h(t), \end{cases}$$

称此方程组为曲线 C 的参数方程.

例 4.5　考察参数方程

$$\begin{cases} x=a\cos\theta, \\ y=a\sin\theta, \quad (0\leqslant\theta<+\infty) \\ z=b\theta \end{cases}$$

所表示的曲线 C，其中 a,b 都是正数.

解　当 $\theta=0$ 时，对应曲线 C 的始点 $(a,0,0)$，当 θ 增大时，(x,y) 沿 xOy 平面

上的圆周 $x = a\cos\theta, y = a\sin\theta$ 移动，而 z 成比例地增大，这样生成的曲线称为螺旋线，见图 7.25.

在多元微积分应用中，常常遇到一条空间曲线 C 在给定平面 π 上的投影问题. 以该空间曲线 C 作为准线，以垂直给定平面 π 的直线 L 作为母线，确定一个柱面，那么该柱面与给定平面 π 的交线就是空间曲线 C 在给定平面 π 上的投影曲线 C'. 通常取定平面为坐标面，如图 7.26 所示.

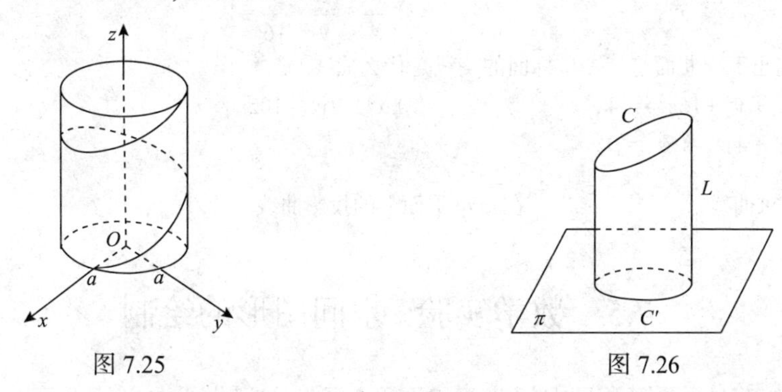

图 7.25　　　　图 7.26

定理 4.1　若已知空间曲线 C 的方程为 $\begin{cases} F(x,y,z)=0, \\ G(x,y,z)=0, \end{cases}$ 则从两方程中消去 z，即得到以曲线 C 为准线，母线垂直于 xOy 平面的柱面的方程.

例 4.6　设由上半球面 $z=\sqrt{4-x^2-y^2}$ 和锥面 $z=\sqrt{3(x^2+y^2)}$ 相交所得的曲线 C 在 xOy 平面上的投影.

解　曲线 $C:\begin{cases} z=\sqrt{4-x^2-y^2}, \\ z=\sqrt{3(x^2+y^2)}, \end{cases}$ 从方程组中消去 z，得到柱面方程，$x^2+y^2=1$，显然曲线 C 在 xOy 平面上的投影曲线为 $\begin{cases} x^2+y^2=1, \\ z=0, \end{cases}$ 即是 xOy 平面上的以 O 为圆心的单位圆.

例 4.7　求两球面 $x^2+y^2+z^2=a^2$ 和 $x^2+y^2+(z-a)^2=a^2$（$a>0$）的交线 C 在 xOy 坐标面上的投影曲线.

解　可得交线 $C:\begin{cases} x^2+y^2+z^2=a^2, \\ x^2+y^2+(z-a)^2=a^2, \end{cases}$ 将这两个方程相减得到 $2az-a^2=0$ 即 $z=\dfrac{a}{2}$，代入第一个方程得柱面方程 $x^2+y^2=\dfrac{3a^2}{4}$. 从而交线 L 在 xOy 坐标面上的投影曲线为 $\begin{cases} x^2+y^2=\dfrac{3a^2}{4}, \\ z=0, \end{cases}$ 即是 xOy 平面上的以 O 为圆心以 $\dfrac{\sqrt{3}}{2}a$ 为半径的圆.

习题 7.4

1. 画出下列方程所表示的空间曲面的图像:

(1) $4x^2+9y^2=36$；　　(2) $y^2-z^2=4$；

(3) $x^2=4z$；　　(4) $x^2+y^2+z^2-6x+8y+2z+10=0$；

(5) $z=\sqrt{1-x^2-y^2}$；　　(6) $z=-(x^2+y^2)$；

(7) $z=\sqrt{x^2+y^2}$；　　(8) $\frac{x^2}{4}+\frac{y^2}{9}+\frac{z^2}{16}=1$.

2. 指出下列曲面与三个坐标面的交线是什么曲线?

(1) $x^2+y^2+16z^2=64$；　　(2) $x^2-9y^2=10z$；

(3) $x^2+4y^2-16z^2=0$.

3. 试求曲线$\begin{cases}x^2+y^2+z^2=4,\\ x^2+y^2=2z\end{cases}$在 xOy 平面上的投影曲线.

7.5　数学实验: 空间图形的绘制

实验目的　了解常见空间曲面的图形, 了解空间曲线在坐标平面上的投影曲线及投影柱面方程. 掌握用 MATLAB 画空间图形的基本方法.

基本原理　MATLAB 中的库函数

[X,Y]=meshgrid(x,y)

将向量 $x(1\times m), y(1\times n)$ 转换为三维网格数据矩阵 $X(n\times m), Y(n\times m)$. 三维网格曲面命令为 mesh(x,y,z,c),mesh(x,y,z),mesh(z,c) 或 mesh(z), 这四种命令格式都可以绘制三维网格曲线. 当 $x(n\times m), y(n\times m)$ 为矩阵时, 且 x 矩阵的所有行向量相同, y 矩阵的所有列向量相同时, mesh 命令将自动执行 meshgrid(x,y), 将 x, y 转换为三维网格数据矩阵. z 和 c 分别为 $(m\times n)$ 维矩阵, c 表示网格曲面的颜色分布, 若省略, 则网格曲面的颜色与 z 方向上的高度值成正比. 若 x, y 均省略, 则三维网格数据矩阵取值为 $x=1:n$, $y=1:m$.

subplot(m,n,p) 将当前绘图窗口分割成 m 行 n 列区域, 并指定第 p 个编号区别于以前绘图区域. 区域的编号原则是“先上后下, 先左后右”. MATLAB 允许每个编号区域可以以不同的坐标系单独绘图. m, n 和 p 前面的逗号可以省略.

实验内容

1. 作出马鞍面 $z=x^2-2y^2$ 与平面 $z=10, z=-20, x=0$ 等相交的图形.

编写如下 M 函数:

```
function sy501%定义函数
[x,y]=meshgrid(-10:0.2:10,-10:0.2:10);
z=x. ^2-2*y. ^2;
```

```
subplot(121);
mesh(x,y,z);
title('请将窗口最大化');
xlabel('X轴'):ylabel('Y轴'):zlabel('Z轴');%轴标注
subplot(122);
mesh(x,y,z);
hold on;%保持当前图形及轴系的所有特性
mesh(x,y,10*ones(size(x)));
xlabel('按任一键继续…'); pause
subplot(121);
mesh(x,y,z); hold on;
mesh(x,y,-20*ones(size(x)),zeros(size(z)));
pause
subplot(122);
hold off;%解除hold on命令
mesh(x,y,z); hold on;
mesh(zeros(size(x)),y,z);
```

在命令窗口运行 sy501:

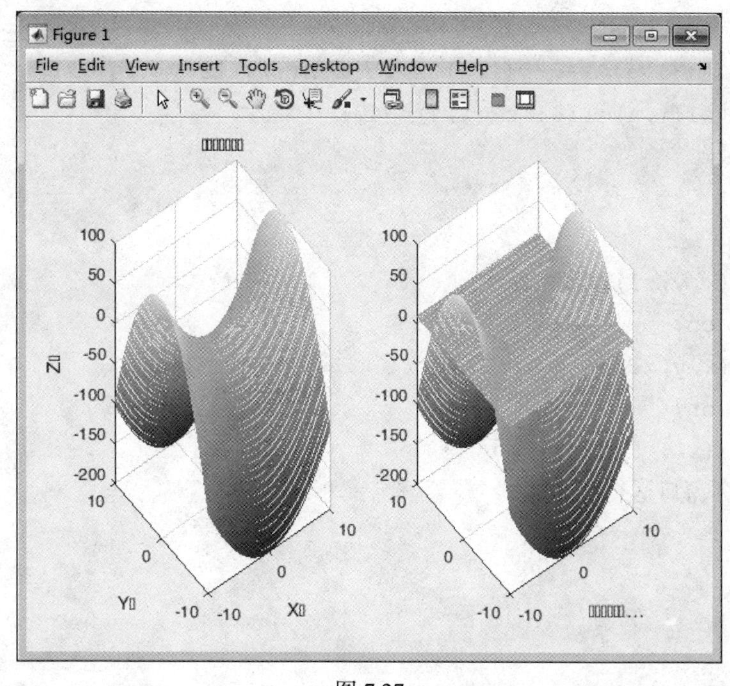

图 7.27

2. 绘制空间曲线$\begin{cases} z = x^2 + 2y^2, \\ z = 75 - 2x^2 - y^2 \end{cases}$在 xOy 面上的投影柱面.

```
function sy502
[x,y]=meshgrid(-6:0.3:6, -6:0.3:6);
z1=x. ^2+2*y. ^2;
z2=75-2*x. ^2-y. ^2;
t=0:pi/30:2*pi;
x1=5*cos(t): y1=5*sin(t);
z3=x1. ^2+2*y1. ^2;
subplot(121);
mesh(x,y,z1);
hold on;
mesh(x,y,z2)
hold on;
plot3(x1,y1,z3);
subplot(122);
[m,n]=size(x);
for i=1:m
  for j=1:n
    if(x(i,j)^2+2*y(i,j)^2>75-2*x(i,j)^2-y(i,j)^2)
      z1(i,j)=110: z2(i,j)=-40;
    end
  end
end
mesh(x,y,z1);
hold on;
mesh(x,y,z2);
hold on;
plot3(x1,y1,z3);
```

在命令窗口运行 sy502:

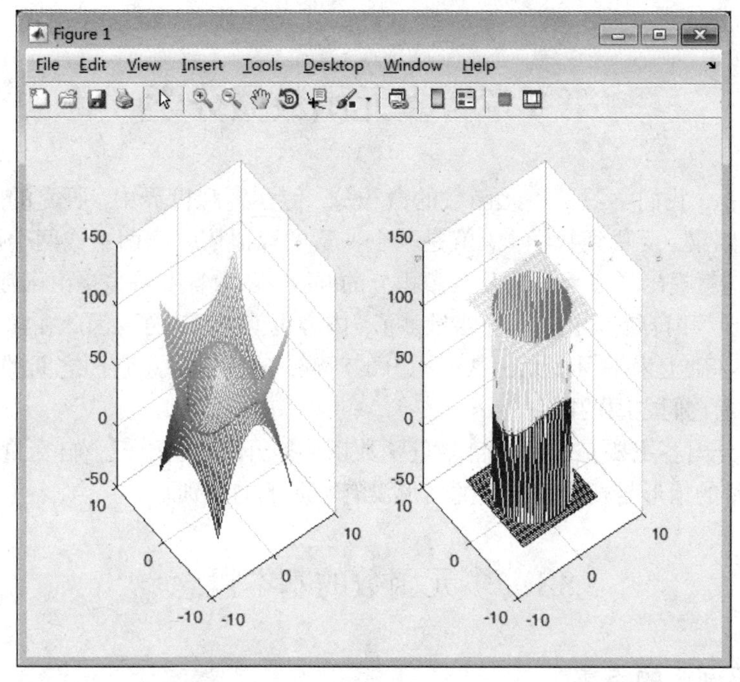
Figure 1
File Edit View Insert Tools Desktop Window Help
150
100
50
0
-50
10
0
-10
-10
0
10
150
100
50
0
-50
10
0
-10
-10
0
10

图 7.28

第 8 章　多元函数微分学

前几章，我们学习了一元函数的微积分，但在客观世界中，研究的问题往往涉及多个因素，反映到数学上，就是一个变量的取值依赖于两个或两个以上的变量情形，这就提出了多元函数及其微积分的问题，从内容上看也是由函数的极限、连续、可导等内容展开的，因为变量多了，内容也就更复杂了. 因此在掌握一元函数微积分基础上来学习多元函数微积分的时候，应该既注意它们之间的联系，同时也要注意它们之间的区别.

这部分内容主要是以两个自变量函数情形展开的，至于三个自变量，甚至于 n 个自变量的情形与两个自变量的情形没有本质上的差别.

8.1　多元函数的基本概念

8.1.1　平面上的点集

我们知道 xOy 平面上的点 P 可以用一对有顺序的实数组表示，即 $P(x,y)$，其中 x,y 分别称为点 P 的横坐标和纵坐标，全平面上的点集记为 $\mathbf{R}^2$，同样在 $\mathbf{R}^2$ 中可以引入邻域的概念.

设 $P_0(x_0,y_0)\in\mathbf{R}^2$，$\delta$ 是某个正数，则点集

$$E=\left\{(x,y)\left|\sqrt{(x-x_0)^2+(y-y_0)^2}<\delta\right.\right\},$$

称为 P_0 点的 δ 邻域，记为 $U(P_0,\delta)$. 而点集

$$E=\left\{(x,y)\left|0<\sqrt{(x-x_0)^2+(y-y_0)^2}<\delta\right.\right\},$$

称为 P_0 点的去心 δ 邻域，记为 $\mathring{U}(P_0,\delta)$. 事实上 E 是以 P_0 为圆心，δ 为半径的不含圆周的圆盘.

设集合 $E\subset\mathbf{R}^2$，$P_0\in E$，如果存在 $\delta>0$，使得 $U(P_0,\delta)\subset E$，则称 P_0 是 E 的一个内点（图 8.1)，如果 E 中每个点都是 E 的内点，则称 E 是开集，例如 $E=\left\{(x,y)\left|\sqrt{x^2+y^2}<\delta\right.\right\}$ 是一开集. 若对 E 中任意两点总可以用一条折线把它们连接起来，并且使该折线全部含在 E 内，则称集合 E 是连通的，而连通的开集称

为区域.

设 $P_0 \in \mathbf{R}^2$，若对任意小的正数 δ，$U(P_0,\delta)$ 内既含有 E 中的点，也含有不是 E 中的点，则称 P_0 是 E 的一个界点(图 8.2). E 的界点可能属于 E 也可能不属于 E，E 的全体界点称为 E 的边界，记为 ∂E. 区域连同它的边界称为闭区域. 称集合 E 是有界的，如果存在一个充分大的正数 R，使得 $E \subset U(O,R)$，其中 O 是坐标系的原点，否则就称集合 E 是无界的. 若存在 P_0 的某邻域 $U(P_0)$，使得 $U(P_0) \cap E = \varnothing$，则称 P_0 是集合 E 的一个外点.

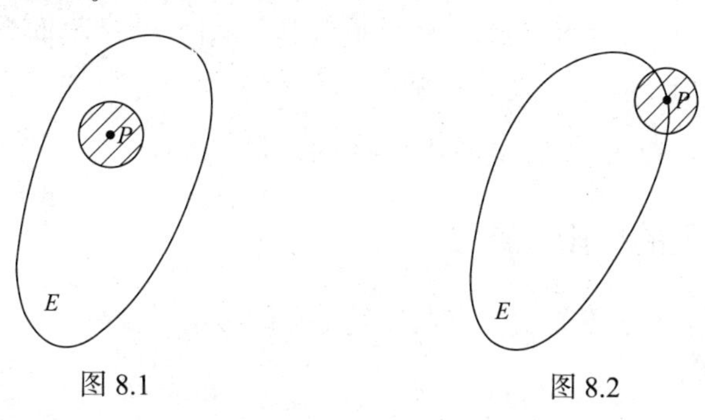

图 8.1　　　图 8.2

8.1.2　二元函数的概念

在许多自然现象中，经常会遇到多个变量之间的依赖关系，举例如下：

例 1.1　三角形的面积 S 是由它的底边长度 a 和该边上的高 h 确定的，即 $S=\frac{1}{2}ah$，这里 S 随着 a,h 的变化而变化的，当 a,h 在一定的范围内（$a>0$，$h>0$）取定一对值时，按上面的等式关系，S 有唯一一个确定的值与之对应.

例 1.2　一定量的理想气体的压强 P，体积 V 和绝对温度 T 之间的依赖关系是 $P=\frac{RT}{V}$，其中 R 是常数. 这里的 P 随着 V,T 的变化而变化，当 V,T 在一定的范围内（$V>0$，$T>0$）每取定一对值时，按上面的等式关系，P 有唯一一个确定的值与之对应.

上面两个例子所代表的具体意义尽管不同，但抽象出它们的共性就得到二元函数的概念.

定义 1.1　设 D 是非空的平面点集，$\mathbf{R}$ 是实数集，f 是一个对应法则，如果对 D 中的每一点 $P(x,y)$，通过 f 在 $\mathbf{R}$ 中有唯一的实数 z 与之对应，我们就称 f 是定义在 D 上的一个二元函数，记为

$$z=f(P),P\in D \quad \text{或} \quad z=f(x,y),\ (x,y)\in D.$$

其中 x,y 称为自变量，z 称为因变量，点集 D 称为函数的定义域，$R(f)=\{f(P)|P\in D\}$

称为函数的值域.

类似地我们可以定义 n 元函数. 这只要把平面点集 D 改为 n 维空间中的点集就可以了, 我们简记 n 元函数为 $u=f(x_1,x_2,\cdots,x_n)$，二元及二元以上的函数统称为多元函数.

对于二元函数 $z=f(x,y)$，可以在空间直角坐标系中表示它的图形, 设其定义域 D 是 xOy 平面上某一区域, 对于 D 中任意一点 $P(x,y)$，在空间直角坐标系中作出一点 $M(x,y,f(x,y))$ 与它对应, 当点 $P(x,y)$ 在 D 中变动时, 点 $M(x,y,f(x,y))$ 就在空间中变动, 一般来说, 它的轨迹是一块曲面, 这块曲面就称为二元函数 $z=f(x,y)$ 的图形. 例如, 二元函数 $z=\sqrt{R^2-x^2-y^2}$，$D=\left\{(x,y)\middle|x^2+y^2\leqslant R^2\right\}$ 所确定的图形是以 O 为球心, 以 R 为半径的上半个球面.

8.1.3 二元函数的极限与连续

类似于一元函数, 下面我们定义二元函数的极限.

定义 1.2 设函数 $z=f(x,y)$ 在点 $P_0(x_0,y_0)$ 的某个去心邻域 $\mathring{U}(P_0)$ 内有定义, $P(x,y)$ 是该邻域内任意一点, 如果点 P 以任何方式趋于 P_0 时, 函数的对应值 $f(x,y)$ 趋近于某一个确定的常数 A，我们就说二元函数 $z=f(x,y)$ 在 P_0 点以 A 为极限, 记为

$$\lim_{P\to P_0}f(P)=A \quad 或 \quad \lim_{x\to x_0,y\to y_0}f(x,y)=A.$$

如果用 ρ 表示动点 P 与 P_0 之间的距离, 即 $\rho=\sqrt{(x-x_0)^2+(y-y_0)^2}$，则用“$\varepsilon$-$\delta$”语言来描述二元函数 $z=f(x,y)$ 在 $P_0(x_0,y_0)$ 点以 A 为极限的定义如下:

如果对任意给定的(无论怎么小的)正数 ε，总存在正数 δ，使得适合不等式

$$0<\rho=\sqrt{(x-x_0)^2+(y-y_0)^2}<\delta$$

的一切 (x,y)，总有

$$\left|f(x,y)-A\right|<\varepsilon.$$

这里要求 $\rho>0$ 是保证 $(x,y)\neq(x_0,y_0)$. 但是求二元函数的极限是一个很困难的问题, 下面举几个求极限的例子.

例 1.3 求 $\lim\limits_{x\to 0,y\to 0}(x^2+y^2)\sin\dfrac{1}{x^2y}$.

解 由于 $0\leqslant\left|(x^2+y^2)\sin\dfrac{1}{x^2y}\right|\leqslant x^2+y^2$，而当 $x\to 0,y\to 0$ 时, 有 $x^2+y^2\to 0$，

所以有

$$\lim_{x\to 0, y\to 0}(x^2+y^2)\sin\frac{1}{x^2 y}=0.$$

例 1.4　求 $\lim\limits_{x\to 0, y\to 1}\dfrac{\sin(xy)}{x}$.

解　由于 $\lim\limits_{x\to 0, y\to 1}\dfrac{\sin(xy)}{xy}\xlongequal{令u=xy}\lim\limits_{u\to 0}\dfrac{\sin u}{u}=1$，因此

$$\lim_{x\to 0, y\to 1}\frac{\sin xy}{x}=\lim_{x\to 0, y\to 1}\left(\frac{\sin(xy)}{xy}y\right)=\lim_{x\to 0, y\to 1}\frac{\sin(xy)}{xy}\lim_{x\to 0, y\to 1}y=1.$$

在二元函数极限定义中，由于动点 P 在平面上可以沿任何一条曲线(或射线)趋近 P_0，且要求函数的极限存在且相等，这就给求二元函数的极限带来了困难，但是如果动点 P 沿某一条曲线(或射线)趋近 P_0 时，函数的极限不存在，或动点 P 沿某两条曲线趋近 P_0 时函数极限存在但不等，则函数在 P_0 点的极限不存在.

例 1.5　考察函数 $f(x,y)=\dfrac{xy}{x^2+y^2}$ 在点 $(0,0)$ 处的极限.

解　显然，当动点 $P(x,y)$ 沿 x 轴或 y 轴趋于点 $(0,0)$ 时，有 $\lim\limits_{x\to 0, y\to 0}f(x,0)=\lim\limits_{x\to 0, y\to 0}f(0,y)=0$，但 $f(x,y)$ 在点 $(0,0)$ 处极限并不存在，因为当动点 $P(x,y)$ 沿直线 $y=kx$ 趋于点 $(0,0)$ 时，有

$$\lim_{y=kx, x\to 0}\frac{xy}{x^2+y^2}=\lim_{x\to 0}\frac{kx^2}{x^2+k^2x^2}=\frac{k}{1+k^2},$$

显然它是随着 k 的不同而改变的，由极限定义可知，函数 $f(x,y)$ 在点 $(0,0)$ 的极限是不存在的.

定义 1.3　设函数 $z=f(x,y)$ 在 $P_0(x_0,y_0)$ 某邻域内有定义，如果函数 $f(x,y)$ 在点 P_0 极限存在且等于 $f(x_0,y_0)$，即

$$\lim_{x\to x_0, y\to y_0}f(x,y)=f(x_0,y_0),$$

则称函数 $f(x,y)$ 在 P_0 点连续. 如果函数 $f(x,y)$ 在区域 D 内每点都连续，那么就称函数 $f(x,y)$ 在区域 D 内连续.

与闭区间上一元连续函数性质类似，在有界闭区域 D 上连续的二元函数 $f(x,y)$ 也有如下的性质：

性质 1(最值定理)　在有界闭区域 D 上连续的二元函数 $f(x,y)$，在闭区域 D

上一定能取得最大值和最小值. 也就是说, 在 D 上存在点 P_1 和 P_2, 使 $f(P_1)$ 为最大值, $f(P_2)$ 为最小值.

性质 2(介值定理) 设 M,m 分别是二元连续函数 $f(x,y)$ 在有界闭区域 D 上的最大值和最小值, 如果实数 μ 满足 $m \leqslant \mu \leqslant M$, 则在 D 上总存在点 $P_0(x_0,y_0)$, 使得 $f(P_0)=\mu$.

由于一元函数的极限四则运算对多元函数也同样适用, 因此连续的二元函数的和、差、积仍是连续函数, 在分母不为零处, 连续函数的商也是连续函数. 把由不同自变量组成的一元基本初等函数, 经过有限次四则运算和复合运算得到的函数统称为多元初等函数. 与一元初等函数类似, 有以下的结论:一切多元初等函数在其定义区域内都是连续的.

例 1.6 求极限 $\lim\limits_{x\to 0, y\to 1}\left[\ln(y-x)+\dfrac{y}{\sqrt{1-x^2}}\right]$.

解 $\lim\limits_{x\to 0, y\to 1}\left[\ln(y-x)+\dfrac{y}{\sqrt{1-x^2}}\right]=\left[\ln(1-0)+\dfrac{1}{\sqrt{1-0^2}}\right]=1$.

习题 8.1

(A)

习题 8.1 解答

1. 求下列函数的定义域:

(1) $z=\sqrt{x-\sqrt{y}}$;

(2) $z=\ln(y-x^2-1)$;

(3) $z=\dfrac{1}{\sqrt{x^2+y^2-1}}$;

(4) $u=\dfrac{1}{\sqrt{x}}+\dfrac{1}{\sqrt{y}}+\dfrac{1}{\sqrt{z}}$.

2. 求下列各极限:

(1) $\lim\limits_{x\to 0, y\to 0}\dfrac{\sin(x^2y)}{y}$;

(2) $\lim\limits_{x\to 0, y\to 0}\dfrac{3-\sqrt{xy+9}}{xy}$;

(3) $\lim\limits_{x\to \infty, y\to 1}\left(1+\dfrac{1}{x}\right)^{\frac{x^2}{x+y}}$;

(4) $\lim\limits_{x\to 0, y\to 1}\dfrac{\ln(x+\mathrm{e}^y)}{\sqrt{x^2+y^2}}$;

(5) $\lim\limits_{x\to 0, y\to 0}\left(x\sin\dfrac{1}{y}+y\sin\dfrac{1}{x}\right)$.

(B)

证明函数 $f(x,y)=\dfrac{x+y}{\sqrt{x^2+y^2}}$ 在 $(0,0)$ 点极限不存在.

8.2 偏 导 数

8.2.1 偏导数的定义及计算方法

通过研究一元函数变化率引进了导数的概念，对于多元函数同样要研究它的变化率，但由于多元函数的自变量不止一个，因此，我们首先考虑函数关于一个自变量的变化率，而把其他自变量看作常量，给出下面的定义.

定义 2.1 设函数 $z = f(x, y)$ 在点 $P_0(x_0, y_0)$ 某邻域内有定义，当 y 固定在 y_0，而 x 在 x_0 处有增量 Δx 时，相应地，函数有关于 x 的偏增量

$$\Delta z_x = f(x_0 + \Delta x, y_0) - f(x_0, y_0),$$

如果极限

$$\lim_{\Delta x \to 0} \frac{f(x_0 + \Delta x, y_0) - f(x_0, y_0)}{\Delta x}$$

存在，则称此极限为函数 $z = f(x, y)$ 在点 $P_0(x_0, y_0)$ 处对 x 的**偏导数**，记为

$$\left.\frac{\partial z}{\partial x}\right|_{\substack{x=x_0\\y=y_0}}, \quad \left.\frac{\partial f}{\partial x}\right|_{\substack{x=x_0\\y=y_0}}, \quad \left.z_x\right|_{\substack{x=x_0\\y=y_0}} \quad 或 \quad f_x(x_0, y_0).$$

类似地，函数 $z = f(x, y)$ 在点 (x_0, y_0) 处对 y 的偏导数为极限

$$\lim_{\Delta y \to 0} \frac{f(x_0, y_0 + \Delta y) - f(x_0, y_0)}{\Delta y},$$

记为

$$\left.\frac{\partial z}{\partial y}\right|_{\substack{x=x_0\\y=y_0}}, \quad \left.\frac{\partial f}{\partial y}\right|_{\substack{x=x_0\\y=y_0}}, \quad \left.z_y\right|_{\substack{x=x_0\\y=y_0}} \quad 或 \quad f_y(x_0, y_0).$$

如果函数 $z = f(x, y)$ 在区域 D 内每一点 (x, y) 处对 x 的偏导数都存在，那么这个偏导数就是 x, y 的函数，它被称作函数 $z = f(x, y)$ 对自变量 x 的偏导函数，记作

$$\frac{\partial z}{\partial x}, \quad \frac{\partial f}{\partial x}, \quad z_x \quad 或 \quad f_x(x, y).$$

类似地，可以定义函数 $z=f(x,y)$ 对自变量 y 的偏导函数，并记作

$$\frac{\partial z}{\partial y},\quad \frac{\partial f}{\partial y},\quad z_y \quad 或 \quad f_y(x,y).$$

因此由偏导函数的定义可知，函数 $z=f(x,y)$ 在点 (x_0,y_0) 处对 x 的偏导数 $f_x(x_0,y_0)$，显然就是偏导函数 $f_x(x,y)$ 在点 (x_0,y_0) 的函数值，$f_y(x_0,y_0)$ 就是偏导函数 $f_y(x,y)$ 在点 (x_0,y_0) 的函数值，以后在不至于混淆情况下，也把偏导函数简称为偏导数.

实际上，在求 $z=f(x,y)$ 的偏导数时，如果求对 x 的偏导数就把 $f(x,y)$ 中的 y 看作常量而对 x 求导数；如果求对 y 的偏导数就把 x 看作常量而对 y 求导数. 至于二元以上的函数，例如 $u=f(x,y,z)$，求 $f_x(x,y,z)$ 时，只要把 y 和 z 同时看作常量而对 x 求导即可，也可以用类似的方法求 $f_y(x,y,z)$ 和 $f_z(x,y,z)$.

例 2.1 求 $z=x^2+xy+y^2$ 在点 $(1,1)$ 处的偏导数.

解 把 y 看作常量，对 x 求导得 $\frac{\partial z}{\partial x}=2x+y$，把 x 看作常量对 y 求导得 $\frac{\partial z}{\partial y}=x+2y$，将 $(1,1)$ 代入上面的结果就得到

$$\left.\frac{\partial z}{\partial x}\right|_{\substack{x=1\\y=1}}=3,\quad \left.\frac{\partial z}{\partial y}\right|_{\substack{x=1\\y=1}}=3.$$

例 2.2 求三元函数 $u=\sin(x^2+y-2e^z)$ 的偏导数.

解 把 y 和 z 同时看作常量对变量 x 求导得

$$\frac{\partial u}{\partial x}=2x\cos(x^2+y-2e^z);$$

把 x,z 看作常量对变量 y 求导得

$$\frac{\partial u}{\partial y}=\cos(x^2+y-2e^z);$$

把 x,y 看作常量对变量 z 求导得

$$\frac{\partial u}{\partial z}=-2e^z\cos(x^2+y-2e^z).$$

例 2.3 设 $z=x^y$（$x>0,x\neq 1$），求证

$$\frac{x}{y}\frac{\partial z}{\partial x}+\frac{1}{\ln x}\frac{\partial z}{\partial y}=2z.$$

证明　因为 $\dfrac{\partial z}{\partial x}=yx^{y-1}$，$\dfrac{\partial z}{\partial y}=x^y\ln x$，所以

$$\frac{x}{y}\frac{\partial z}{\partial x}+\frac{1}{\ln x}\frac{\partial z}{\partial y}=\frac{x}{y}yx^{y-1}+\frac{1}{\ln x}x^y\ln x=x^y+x^y=2z.$$

二元函数 $z=f(x,y)$ 在点 (x_0,y_0) 的偏导数有下述几何意义.

设 $M_0(x_0,y_0,f(x_0,y_0))$ 为曲面 $z=f(x,y)$ 上的一点，过 M_0 作平面 $y=y_0$，截此曲面得一曲线

$$c:\begin{cases}y=y_0,\\ z=f(x,y_0),\end{cases}$$

它是 $y=y_0$ 平面上的一条曲线，则导数 $\left.\dfrac{\mathrm{d}}{\mathrm{d}x}f(x,y_0)\right|_{x=x_0}$，即偏导数 $f_x(x_0,y_0)$ 就是这条曲线在点 M_0 处的切线 M_0T_x 对 x 轴的斜率(图 8.3). 同样，偏导数 $f_y(x_0,y_0)$ 的几何意义是曲面被平面 $x=x_0$ 所截得的曲线在点 M_0 处的切线 M_0T_y 对 y 轴的斜率.

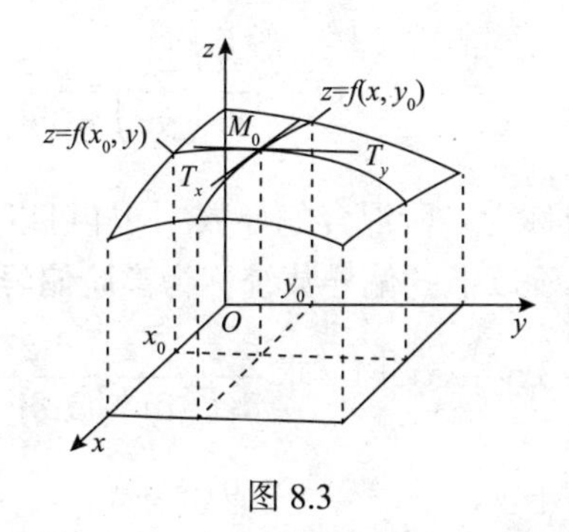

图 8.3

例 2.4　已知理想气体的状态方程 $pV=RT$（R 为常数)，求证

$$\frac{\partial p}{\partial V}\cdot\frac{\partial V}{\partial T}\cdot\frac{\partial T}{\partial p}=-1.$$

证明　这里的状态方程是三个变量，依次将其中一个变量写成另外两个变量的函数，则

$$p=\frac{RT}{V},\quad \frac{\partial p}{\partial V}=-\frac{RT}{V^2};$$

$$V=\frac{RT}{p},\quad \frac{\partial V}{\partial T}=\frac{R}{p};$$

$$T=\frac{pV}{R},\quad \frac{\partial T}{\partial p}=\frac{V}{R},$$

所以 $\frac{\partial p}{\partial V}\cdot\frac{\partial V}{\partial T}\cdot\frac{\partial T}{\partial p}=-\frac{RT}{V^2}\cdot\frac{R}{p}\cdot\frac{V}{R}=-\frac{RT}{pV}=-1$. □

这是热力学中的一个重要公式, 同时, 从这个公式看出, 偏导数的记号是一个整体记号, 不能看作分子与分母之商. 这一点与一元函数的导数的记号 $\frac{\mathrm{d}y}{\mathrm{d}x}$ 不同.

8.2.2 高阶偏导数

设函数 $z=f(x,y)$ 在区域 D 内存在偏导数 $f_x(x,y)$ 和 $f_y(x,y)$, 那么它们都是区域 D 内的二元函数, 如果这两个函数依然存在着偏导数, 则称它们是函数 $z=f(x,y)$ 的**二阶偏导数**, 按照对变量求导的不同次序, 有下列四个二阶偏导数

$$\frac{\partial}{\partial x}\left(\frac{\partial z}{\partial x}\right)=\frac{\partial^2 z}{\partial x^2}=f_{xx}(x,y),\quad \frac{\partial}{\partial y}\left(\frac{\partial z}{\partial x}\right)=\frac{\partial^2 z}{\partial x\partial y}=f_{xy}(x,y)\ ,$$

$$\frac{\partial}{\partial x}\left(\frac{\partial z}{\partial y}\right)=\frac{\partial^2 z}{\partial y\partial x}=f_{yx}(x,y),\quad \frac{\partial}{\partial y}\left(\frac{\partial z}{\partial y}\right)=\frac{\partial^2 z}{\partial y^2}=f_{yy}(x,y),$$

其中第二、三两个偏导数称为二阶混合偏导数, 同样可以定义三阶、四阶、…, 以及 n 阶偏导数. 二阶及二阶以上的偏导数统称为**高阶偏导数**.

例 2.5 设 $z=x^3y^2-3xy^3-xy+1$, 求 $\frac{\partial^2 z}{\partial x^2},\frac{\partial^2 z}{\partial y^2},\frac{\partial^2 z}{\partial x\partial y}$ 及 $\frac{\partial^2 z}{\partial y\partial x}$.

解 $\frac{\partial z}{\partial x}=3x^2y^2-3y^3-y$, $\frac{\partial z}{\partial y}=2x^3y-9xy^2-x$,

$\frac{\partial^2 z}{\partial x^2}=6xy^2$, $\frac{\partial^2 z}{\partial y\partial x}=6x^2y-9y^2-1$,

$\frac{\partial^2 z}{\partial x\partial y}=6x^2y-9y^2-1$, $\frac{\partial^2 z}{\partial y^2}=2x^3-18xy$.

我们从上例中看到函数的两个二阶混合偏导数相等, 即 $f_{xy}(x,y)=f_{yx}(x,y)$, 其实并非偶然, 事实上我们可以证明函数 $f(x,y)$ 的两个二阶混合偏导数 $f_{xy}(x,y)$ 及 $f_{yx}(x,y)$ 在区域 D 内连续, 就能保证在 D 内这两个二阶混合偏导数相等, 即二阶混合偏导数在连续的条件下与求导的先后次序无关. 今后, 我们总是假定二阶混合偏导数是连续的.

*8.2.3　偏导数的应用

1. 边际产量(又称边际生产率)

设生产函数 $Q=f(K,L)$，式中 K 为资本，L 为劳动，Q 为总产量. 如果资本 K 投入保持不变，总产量 Q 随投入劳动 L 的变化而变化，则偏导数 $\dfrac{\partial Q}{\partial L}=Q_L$ 就是劳动 L 的**边际产量**；若劳动 L 投入保持不变，总产量 Q 随另一投入资本 K 的变化而变化，则偏导数 $\dfrac{\partial Q}{\partial K}=Q_K$ 就是资本 K 的**边际产量**.

例 2.6　边际产量　设某产品的生产函数为 $Q=4K^{\frac{3}{4}}L^{\frac{1}{4}}$，则资本 K 的边际产量为 $Q_K=3K^{-\frac{1}{4}}L^{\frac{1}{4}}$，而劳动 L 的边际产量为 $Q=K^{\frac{3}{4}}L^{-\frac{3}{4}}$.

2. 商业中的多产品理论

到目前为止，我们只研究过生产一种产品的厂商理论，实际上有生产多种产品的厂商. 为简单起见，假设某厂商只生产两种产品.

1) 多产品成本

设某厂商生产两种产品，这两种产品的联合成本 $C=C(x,y)$，式中 x,y 表示两种产品的数量，C 表示两种产品的**联合成本(总成本)**. 两个偏导数

$$\frac{\partial C}{\partial x}=C_x(x,y),\quad \frac{\partial C}{\partial y}=C_y(x,y)$$

是关于两种产品的**边际成本**.

边际成本

$$C_x(100,50)=500\ (\text{元}),\quad C_y(100,50)=200\ (\text{元})$$

的经济意义解释如下：前一式是指，当产品 II 的产量保持在 50 个单位不变时，产品 I 的产量由 100 个单位再多生产 1 个单位产品的成本为 500 元；后一式是指，当产品 I 的产量保持在 100 个单位时，产品 II 的产量由 50 个单位再多生产 1 个单位产品的成本为 200 元.

2) 多产品收益

若某公司将两种产品的价格分别定为 p_1 与 p_2，并假定公司卖完了所有产品，则公司的总收益为

$$R(x,y)=p_1x+p_2y,$$

式中 x, y 为两种产品的数量. 两个偏导数

$$\frac{\partial R}{\partial x}=R_x(x,y),\quad \frac{\partial R}{\partial y}=R_y(x,y)$$

是关于两种产品的**边际收益**.

边际收益

$$R_x(x,y)=p_1,\quad R_y(x,y)=p_2$$

的经济意义是: 边际收益恰好是公司给两种产品所定的价格.

3) 多产品利润

若公司生产产品 I 和产品 II 的数量分别为 x, y，则公司所创造的利润为

$$P(x,y)=R(x,y)-C(x,y)=p_1x+p_2y-C(x,y),$$

其中 p_1 与 p_2 分别为产品 I 和产品 II 的价格. 两个偏导数

$$\frac{\partial P}{\partial x}=P_x(x,y),\quad \frac{\partial P}{\partial y}=P_y(x,y)$$

是关于两种产品的**边际利润**.

边际利润的经济解释是

$P_x(x,y)\approx$ 每多卖 1 个单位的产品 I 所得利润;

$P_y(x,y)\approx$ 每多卖 1 个单位的产品 II 所得利润.

例 2.7（多产品厂商） 假设某厂商生产两种型号的电视机的周成本函数为

$$C(r,s)=20r^2+10rs+10s^2+300000,$$

其中 C 以元计，r 为每周生产 R 型电视机的数目，s 为每周生产 S 型电视机的数目. 已知厂商价格为

R 型电视机的价格 $p_1=5000$（元/台），

S 型电视机的价格 $p_2=8000$（元/台），

每周生产 R 型电视机 50 台，S 型电视机 70 台. 试求:

(1) 周成本与边际成本;

(2) 周收益与边际收益;

(3) 周利润与边际利润.

解 (1) 周成本与边际成本: 每周生产 R 型电视机 50 台、S 型电视机 70 台的成本为

$$C(50,70)=20\times 50^2+10\times 50\times 70+10\times 70^2+300000=434000(\text{元}).$$

边际成本为

$$C_r(r,s)=40r+10s,\quad C_s(r,s)=10r+20s.$$

当 $r=50, s=70$ 时，边际成本为

$$C_r(50,70)=40\times 50+10\times 70=2700\ (\text{元}),$$

$$C_s(50,70)=10\times 50+20\times 70=1900\ (\text{元}).$$

这就是说，在S型保持 70 台不变的情况下，厂商生产下一台R 型电视机的成本是 2700 元；在R 型保持 50 台不变时，厂商生产下一台S型电视机的成本是 1900 元.

(2) 周收益与边际收益：厂商的周收益为

$$R(r,s)=5000r+8000s,$$

而

$$R(50,70)=5000\times 50+8000\times 70=810000\ (\text{元}).$$

边际收益为

$$R_r(r,s)=5000\ (\text{元}),\quad R_s(r,s)=8000\ (\text{元}).$$

这两值恰好是R 型和S 型电视机的价格.

(3) 周利润与边际利润：

$$\begin{aligned}P(r,s)&=R(r,s)-C(r,s)\\&=5000r+8000s-(20r^2+10rs+10s^2+300000).\end{aligned}$$

在每周生产 50 台R 型、70 台S 型的情况下，厂商的周利润为

$$P(50,70)=810000-434000=376000\ (\text{元}).$$

边际利润为

$$P_r(r,s)=5000-40r-10s,$$

$$P_s(r,s)=8000-10r-20s.$$

当 $r=50, s=70$ 时，边际利润为

$$P_r(50,70)=5000-40\times50-10\times70=2300\text{（元）},$$

$$P_s(50,70)=8000-10\times50-20\times70=6100\text{（元）}.$$

这就表明：在S型保持70台不变时，厂商在销售50台R型的基础上再多卖一台R型所得利润为2300元；同样地，在R型保持50台不变时，厂商在销售70台S型的基础上再多卖一台S型所得利润为6100元.

习题 8.2

（A）

习题 8.2 解答

1. 求下列函数偏导数:

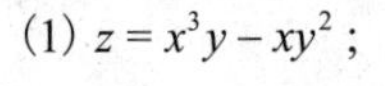

（1）$z=x^3y-xy^2$；　　（2）$z=xy+\dfrac{y}{x}$；

（3）$z=(1+xy)^x$；　　（4）$z=\arctan\dfrac{y}{x}$；

（5）$z=x\cos(x+y)$；　　（6）$z=\ln(x+y^2)$；

（7）$u=x^{\frac{y}{z}}$；　　（8）$z=\ln\tan\dfrac{y}{x}$.

2. 求下列函数的高阶偏导数:

（1）$z=x\ln(x-y)$，求$\dfrac{\partial^2 z}{\partial x^2},\dfrac{\partial^2 z}{\partial x\partial y}$；　　（2）$z=\arctan\dfrac{x}{y}$，求$\dfrac{\partial^2 z}{\partial x^2},\dfrac{\partial^2 z}{\partial x\partial y}$；

（3）$z=x^y$，求$\dfrac{\partial^2 z}{\partial x^2},\dfrac{\partial^2 z}{\partial y^2}$.

3. 设$f(x,y,z)=xy^2+yz^2+zx^2$，求$f_{xx}(0,0,1)$，$f_{yz}(0,1,0)$.

4.（边际成本）设某厂商生产x单位产品A与y单位产品B的成本为$C(x,y)=50x+100y+x^2+xy+y^2+10000$，试求$C_x(10,20)$与$C_y(10,20)$，并解释所得结果的经济意义.

5.（边际收益）某厂商生产x单位产品A与y单位产品B的收益为$R(x,y)=50x+100y-0.01x^2-0.01y^2$，试求$R_x(10,20)$与$R_y(10,20)$，并解释所得结果.

6.（边际利润）某厂商生产x单位产品A与y单位产品B的利润为

$$P(x,y)=10x+20y-x^2+xy-0.5y^2-10000,$$

试求$P_x(10,20)$与$P_y(10,20)$，并解释所得结果.

7.（边际产量）某产品的C-D生产函数为$f(K,L)=40K^{2/3}L^{1/3}$，式中K表示投入资本，L表示投入劳动. 试求使得资本K的边际产量等于劳动L的边际产量的点(K,L).

（B）

验证$u=\sqrt{x^2+y^2+z^2}$满足$\dfrac{\partial^2 u}{\partial x^2}+\dfrac{\partial^2 u}{\partial y^2}+\dfrac{\partial^2 u}{\partial z^2}=\dfrac{2}{u}$.

8.3 全 微 分

在近似计算中，有时需要我们求多元函数的函数值近似值或函数值的增量的近似值，例如，求函数 $z=x^2+y^2$ 在点 $P_0(x_0,y_0)$ 关于自变量 x 的增量 Δx 和自变量 y 的增量 Δy，相应的函数值的增量

$$\begin{aligned}\Delta z&=(x_0+\Delta x)^2+(y_0+\Delta y)^2-(x_0^2+y_0^2)\\&=2x_0\Delta x+2y_0\Delta y+\Delta x^2+\Delta y^2.\end{aligned}$$

如果记 $\rho=\sqrt{\Delta x^2+\Delta y^2}$，则函数值的增量可分成两部分:一部分是 $2x_0\Delta x+2y_0\Delta y$ 为 $\Delta x,\Delta y$ 的线性部分，另一部分 $\Delta x^2+\Delta y^2$ 是 ρ 的高阶无穷小(当 $\Delta x\to 0,\Delta y\to 0$ 时). 于是函数值的增量又可以写成 $\Delta z=2x_0\Delta x+2y_0\Delta y+o(\rho)$. 从而当 $|\Delta x|,|\Delta y|$ 充分小时，可以有近似等式: $\Delta z\approx 2x_0\Delta x+2y_0\Delta y$. 为此引入如下定义:

定义 3.1　如果函数 $z=f(x,y)$ 在点 $P_0(x_0,y_0)$ 的某邻域内有定义，且在 P_0 点的全增量

$$\Delta z=f(x_0+\Delta x,y_0+\Delta y)-f(x_0,y_0)=A\Delta x+B\Delta y+o(\rho),\tag{1}$$

其中 A,B 不依赖于 $\Delta x,\Delta y$，而仅与点 P_0 有关，$\rho=\sqrt{\Delta x^2+\Delta y^2}$，则称函数 $z=f(x,y)$ 在点 P_0 处可微，并称 $A\Delta x+B\Delta y$ 为函数 $z=f(x,y)$ 在 P_0 点的**全微分**，记作 $\mathrm{d}z$，即 $\mathrm{d}z=A\Delta x+B\Delta y$.

如果函数 $z=f(x,y)$ 在 P_0 可微，从(1)式中得到 $\lim\limits_{\rho\to 0}\Delta z=0$，即函数 $z=f(x,y)$ 在 P_0 点连续，这一点与一元函数有相同的结论；但多元函数的可导与可微之间的关系和一元函数不同，而有以下定理成立:

定理 3.1(必要条件)　若函数 $z=f(x,y)$ 在 $P_0(x_0,y_0)$ 处可微，则该函数在点 P_0 处的两个偏导数 $f_x(x_0,y_0),f_y(x_0,y_0)$ 都存在，并且 $A=f_x(x_0,y_0),B=f_y(x_0,y_0)$.

证明　由于函数 $f(x,y)$ 在点 (x_0,y_0) 可微，因此有(1)式成立. 在(1)式中令 $\Delta y=0$，便有 $\rho=\sqrt{\Delta x^2+\Delta y^2}=|\Delta x|$，于是

$$\Delta z_x=f(x_0+\Delta x,y_0)-f(x_0,y_0)=A\Delta x+o(|\Delta x|),$$

两边同时除以 Δx，并令 $\Delta x\to 0$ 取极限，就有

$$\lim_{\Delta x\to 0}\frac{f(x_0+\Delta x,y_0)-f(x_0,y_0)}{\Delta x}=\lim_{\Delta x\to 0}\frac{A\Delta x+o(|\Delta x|)}{\Delta x}=A,$$

因此 $f_x(x_0,y_0)$ 存在, 且等于 A. 同样可以证明 $f_y(x_0,y_0)$ 存在且等于 B. □

因此, 二元函数 $z=f(x,y)$ 在点 $P_0(x_0,y_0)$ 的全微分可以唯一表示为

$$\mathrm{d}z\big|_{(x_0,y_0)}=f_x(x_0,y_0)\Delta x+f_y(x_0,y_0)\Delta y.$$

由于自变量的增量等于自变量的微分, 即 $\Delta x=\mathrm{d}x$, $\Delta y=\mathrm{d}y$, 因此, 函数 $z=f(x,y)$ 在 (x_0,y_0) 的全微分可以记为

$$\mathrm{d}z=f_x(x_0,y_0)\mathrm{d}x+f_y(x_0,y_0)\mathrm{d}y.$$

定理 3.1 指出, 对多元函数而言, 可导仅是可微的必要条件, 也就是说, 一个多元函数在 P_0 点两个偏导数存在, 但在该点却未必可微. 这一点也是多元函数与一元函数的区别之一.

例 3.1　考察函数

$$f(x,y)=\begin{cases}\dfrac{xy}{\sqrt{x^2+y^2}}, & x^2+y^2\neq 0,\\ 0, & x^2+y^2=0\end{cases}$$

在点 $(0,0)$ 处的可微性.

解　由偏导数的定义得

$$f_x(0,0)=\lim_{\Delta x\to 0}\frac{f(\Delta x,0)-f(0,0)}{\Delta x}=\lim_{\Delta x\to 0}\frac{0-0}{\Delta x}=0,$$

同理有 $f_y(0,0)=0$. 若 $f(x,y)$ 在 $(0,0)$ 点可微, 则

$$\Delta z-\mathrm{d}z=f(0+\Delta x,0+\Delta y)-f(0,0)-(f_x(0,0)\Delta x+f_y(0,0)\Delta y)=\frac{\Delta x\Delta y}{\sqrt{\Delta x^2+\Delta y^2}},$$

其应该是 $\rho=\sqrt{\Delta x^2+\Delta y^2}$ 的高阶无穷小量, 但极限

$$\lim_{\rho\to 0}\frac{\Delta z-\mathrm{d}z}{\rho}=\lim_{\Delta x\to 0,\Delta y\to 0}\frac{\Delta x\Delta y}{\Delta x^2+\Delta y^2}$$

不存在(见本章例 1.5). 因此更谈不上是零, 由可微的定义知, 函数 $f(x,y)$ 在 $(0,0)$ 点处不可微.

定理 3.2(可微的充分条件)　若函数 $z=f(x,y)$ 的偏导数 $f_x(x,y), f_y(x,y)$ 在点 $P_0(x_0,y_0)$ 处连续, 则函数 $f(x,y)$ 在 $P_0(x_0,y_0)$ 点可微.

证明　利用加一项减一项的办法将Δz写作

$$\begin{aligned}\Delta z &= f(x_0+\Delta x, y_0+\Delta y) - f(x_0, y_0)\\ &= [f(x_0+\Delta x, y_0+\Delta y) - f(x_0, y_0+\Delta y)] + [f(x_0, y_0+\Delta y) - f(x_0, y_0)],\end{aligned}$$

其中第一个括号内看作$y=y_0+\Delta y$时函数关于x的增量;而第二个括号内看作$x=x_0$时，函数关于y的增量，由于偏导数$f_x(x,y), f_y(x,y)$在P_0点连续，因此，可以对它们分别用一元函数的微分中值定理，可得到

$$\Delta z = f_x(x_0+\theta_1\Delta x, y_0+\Delta y)\Delta x + f_y(x_0, y_0+\theta_2\Delta y)\Delta y \quad (0<\theta_1,\theta_2<1), \tag{2}$$

由于f_x与f_y在点(x_0, y_0)连续，因而有

$$f_x(x_0+\theta_1\Delta x, y_0+\Delta y) = f_x(x_0, y_0) + \alpha, \tag{3}$$

$$f_y(x_0, y_0+\theta_2\Delta y) = f_y(x_0, y_0) + \beta, \tag{4}$$

这里，当$(\Delta x, \Delta y)\to(0,0)$时，$\alpha\to 0, \beta\to 0$，将(3)，(4)式代入(2)式中便得到

$$\Delta z = f_x(x_0, y_0)\Delta x + f_y(x_0, y_0)\Delta y + \alpha\Delta x + \beta\Delta y,$$

容易看出

$$\left|\frac{\alpha\cdot\Delta x+\beta\cdot\Delta y}{\rho}\right| = \left|\frac{\alpha\cdot\Delta x+\beta\cdot\Delta y}{\sqrt{\Delta x^2+\Delta y^2}}\right| \leqslant |\alpha|+|\beta|,$$

它是随着$(\Delta x, \Delta y)\to(0,0)$时而趋于零，由定义 3.1 可知，$z=f(x,y)$在点$(x_0, y_0)$处可微.　□

如果函数$z=f(x,y)$在区域D内每一点都可微，则称函数$z=f(x,y)$在D内可微，因此函数$z=f(x,y)$的全微分可以记为

$$\mathrm{d}z = \frac{\partial z}{\partial x}\mathrm{d}x + \frac{\partial z}{\partial y}\mathrm{d}y,$$

它是关于$x, y, \mathrm{d}x, \mathrm{d}y$的函数.

例 3.2　计算$z = y\mathrm{e}^{xy} + x^2$的全微分.

解　因为$\frac{\partial z}{\partial x} = y^2\mathrm{e}^{xy} + 2x, \frac{\partial z}{\partial y} = (1+xy)\mathrm{e}^{xy}$，所以

$$\mathrm{d}z = (y^2\mathrm{e}^{xy} + 2x)\mathrm{d}x + (1+xy)\mathrm{e}^{xy}\mathrm{d}y.$$

例 3.3　计算 $z = \mathrm{e}^{xy}$ 在点 $(1, 2)$ 处的全微分.

解　因为

$$f_x(x,y) = y\mathrm{e}^{xy}, \quad f_y(x,y) = x\mathrm{e}^{xy}, \quad f_x(1,2) = 2\mathrm{e}^2, \quad f_y(1,2) = \mathrm{e}^2,$$

所以可得 $\mathrm{d}z = 2\mathrm{e}^2\mathrm{d}x + \mathrm{e}^2\mathrm{d}y$.

例 3.4　计算函数 $u = x^2 + \sin(xy) + \mathrm{e}^z$ 的全微分.

解　因为 $\dfrac{\partial u}{\partial x} = 2x + y\cos(xy)$，$\dfrac{\partial u}{\partial y} = x\cos(xy)$，$\dfrac{\partial u}{\partial z} = \mathrm{e}^z$，所以

$$\mathrm{d}u = (2x + y\cos(xy))\mathrm{d}x + (x\cos(xy))\mathrm{d}y + \mathrm{e}^z\mathrm{d}z.$$

例 3.5　计算 $\sqrt{(1.02)^3 + (1.97)^3}$ 的近似值.

解　记 $f(x,y) = \sqrt{x^3 + y^3}$，则

$$f_x(1,2) = \frac{3}{2}\frac{x^2}{\sqrt{x^3 + y^3}}\bigg|_{(1,2)} = \frac{1}{2}, \quad f_y(1,2) = \frac{3}{2}\frac{y^2}{\sqrt{x^3 + y^3}}\bigg|_{(1,2)} = 2,$$

由公式(1)可得

$$\Delta z = f(x_0 + \Delta x, y_0 + \Delta y) - f(x_0, y_0) \approx f_x(x_0, y_0)\Delta x + f_y(x_0, y_0)\Delta y.$$

即用微分来近似计算函数值的增量，于是也有

$$f(x_0 + \Delta x, y_0 + \Delta y) \approx f(x_0, y_0) + f_x(x_0, y_0)\Delta x + f_y(x_0, y_0)\Delta y,$$

因此

$$\begin{aligned}\sqrt{(1.02)^3 + (1.97)^3} &\approx f(1,2) + f_x(1,2) \times 0.02 + f_y(1,2) \times (-0.03) \\ &= 2.95.\end{aligned}$$

习题 8.3

(A)

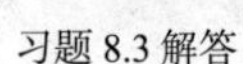
习题 8.3 解答

1. 求下列函数的全微分：

(1) $z = xy + \dfrac{y}{x}$；　　(2) $z = \mathrm{e}^{xy}$；

(3) $z = \dfrac{y}{\sqrt{x^2 + y^2}}$；　　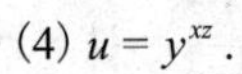(4) $u = y^{xz}$.

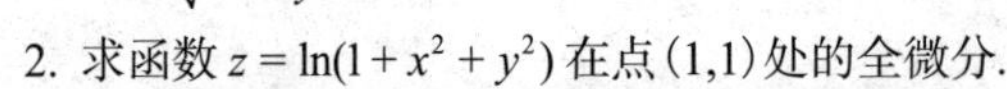
2. 求函数 $z = \ln(1 + x^2 + y^2)$ 在点 $(1,1)$ 处的全微分.

3. 求函数 $z = \arctan\dfrac{y}{x}$ 在点 $(1,1)$ 处关于 $\Delta x = 0.1, \Delta y = 0.2$ 时的全增量和全微分.

(B)

计算 $(1.97)^{1.05}$ 的近似值（$\ln 2 \approx 0.693$）.

8.4　多元复合函数的求导法则

8.4.1　复合函数求导法则

将一元函数的复合函数求导法, 推广到多元函数的情形, 给出多元复合函数的求导公式, 对于二元函数有如下公式.

设 $z = f(u,v)$, 而 u,v 又是自变量 x,y 的函数

$$u = \varphi(x,y), \quad v = \psi(x,y),$$

此时, 若 $\varphi(x,y),\psi(x,y)$ 在点 (x,y) 关于 x 和 y 的偏导数存在, 而 $f(u,v)$ 在相应于 (x,y) 的点 (u,v) 处可微, 则有以下公式成立:

$$\frac{\partial z}{\partial x} = \frac{\partial z}{\partial u} \cdot \frac{\partial u}{\partial x} + \frac{\partial z}{\partial v} \cdot \frac{\partial v}{\partial x} \tag{1}$$

及

$$\frac{\partial z}{\partial y} = \frac{\partial z}{\partial u} \cdot \frac{\partial u}{\partial y} + \frac{\partial z}{\partial v} \cdot \frac{\partial v}{\partial y}, \tag{2}$$

称此公式为求复合函数偏导数的**链锁法则**(也称**链式法则**).

为了便于记忆, 也为了计算时不遗漏中间变量, 可以先作出函数关系的**树形图**. 例如, 函数 $z = f(u,v)$ 通过中间变量 $u = \varphi(x,y), v = \psi(x,y)$ 成为 x,y 的函数, 如图 8.4 所示.

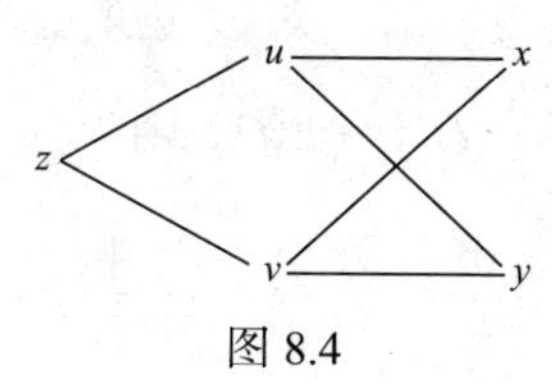

图 8.4

我们先来证明第一个公式(1). 若给 x 的增量 Δx, 相应地就有 u 及 v 的改变量

$$\Delta u = \varphi(x+\Delta x, y) - \varphi(x,y); \quad \Delta v = \psi(x+\Delta x, y) - \psi(x,y).$$

由于 $f(u,v)$ 可微, 所以有

$$\Delta z=\frac{\partial z}{\partial u}\Delta u+\frac{\partial z}{\partial v}\Delta v+o(\sqrt{\Delta u^2+\Delta v^2}),$$

上式两端同除以 Δx 就得到

$$\frac{\Delta z}{\Delta x}=\frac{\partial z}{\partial u}\frac{\Delta u}{\Delta x}+\frac{\partial z}{\partial v}\frac{\Delta v}{\Delta x}+\frac{o(\sqrt{\Delta u^2+\Delta v^2})}{\Delta x}.$$

由于 u,v 对 x 的连续性$\left(因为\dfrac{\partial u}{\partial x},\dfrac{\partial v}{\partial x}存在\right)$，因此，当 $\Delta x\to 0$ 时，也有 $\Delta u\to 0$，$\Delta v\to 0$. 从而

$$\lim_{\Delta x\to 0}\frac{o(\sqrt{\Delta u^2+\Delta v^2})}{\Delta x}=\lim_{\Delta x\to 0}\left(\frac{o(\sqrt{\Delta u^2+\Delta v^2})}{\sqrt{\Delta u^2+\Delta v^2}}\cdot\sqrt{\left(\frac{\Delta u}{\Delta x}\right)^2+\left(\frac{\Delta v}{\Delta x}\right)^2}\right),$$

显然这个极限等于零，所以有

$$\frac{\partial z}{\partial x}=\frac{\partial z}{\partial u}\cdot\frac{\partial u}{\partial x}+\frac{\partial z}{\partial v}\frac{\partial v}{\partial x}.$$

完全类似地可以证明公式(2).

我们利用此链锁法则可以得到下面的几种特殊情形的求导公式.

情形 1. 若 $z=f(u)$, 而 $u=\varphi(x,y)$，则有

$$\frac{\partial z}{\partial x}=\frac{\mathrm{d}z}{\mathrm{d}u}\frac{\partial u}{\partial x};\quad \frac{\partial z}{\partial y}=\frac{\mathrm{d}z}{\mathrm{d}u}\frac{\partial u}{\partial y}.$$

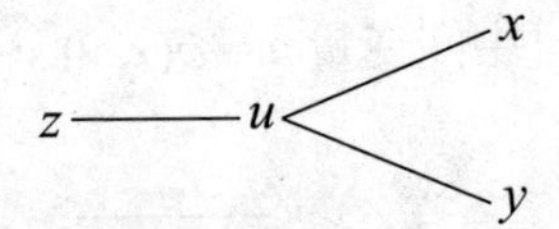

情形 2. 若 $z=f(x,y), x=\varphi(t), y=\psi(t)$，则

$$\frac{\mathrm{d}z}{\mathrm{d}t}=\frac{\partial z}{\partial x}\frac{\mathrm{d}x}{\mathrm{d}t}+\frac{\partial z}{\partial y}\frac{\mathrm{d}y}{\mathrm{d}t}.$$

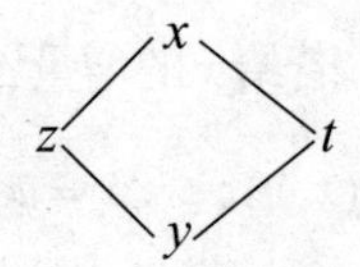

至于计算复合函数的高阶偏导数，只要重复运用上面的运算法则即可.

例 4.1　设 $z=\mathrm{e}^u\sin v$, 而 $u=xy, v=x+y$, 求 $\dfrac{\partial z}{\partial x}$ 和 $\dfrac{\partial z}{\partial y}$.

解　$$\frac{\partial z}{\partial x}=\frac{\partial z}{\partial u}\frac{\partial u}{\partial x}+\frac{\partial z}{\partial v}\frac{\partial v}{\partial x}=\mathrm{e}^u\sin v\cdot y+\mathrm{e}^u\cos v\cdot 1$$
$$=\mathrm{e}^{xy}[y\sin(x+y)+\cos(x+y)],$$
$$\frac{\partial z}{\partial y}=\frac{\partial z}{\partial u}\frac{\partial u}{\partial y}+\frac{\partial z}{\partial v}\frac{\partial v}{\partial y}=\mathrm{e}^u\sin v\cdot x+\mathrm{e}^u\cos v\cdot 1$$
$$=\mathrm{e}^{xy}[x\sin(x+y)+\cos(x+y)].$$

例 4.2　设 $z=\arctan\dfrac{y}{x}$, 求 $\dfrac{\partial z}{\partial x}$ 和 $\dfrac{\partial z}{\partial y}$.

解　令 $u=\dfrac{y}{x}$, 则 $z=\arctan u$, 于是

$$\frac{\partial z}{\partial x}=\frac{\mathrm{d}z}{\mathrm{d}u}\frac{\partial u}{\partial x}=\frac{1}{1+u^2}\left(-\frac{y}{x^2}\right)=\frac{1}{1+\left(\dfrac{y}{x}\right)^2}\left(-\frac{y}{x^2}\right)=-\frac{y}{x^2+y^2},$$
$$\frac{\partial z}{\partial y}=\frac{\mathrm{d}z}{\mathrm{d}u}\frac{\partial u}{\partial y}=\frac{1}{1+u^2}\left(\frac{1}{x}\right)=\frac{1}{1+\left(\dfrac{y}{x}\right)^2}\frac{1}{x}=\frac{x}{x^2+y^2}.$$

例 4.3　设 $z=f(x,y,t)=xy+\ln t$, 而 $x=\mathrm{e}^t, y=\cos t$, 求 $\dfrac{\mathrm{d}z}{\mathrm{d}t}$.

z—x—t; z—y—t; z—t

解　$$\frac{\mathrm{d}z}{\mathrm{d}t}=\frac{\partial f}{\partial x}\frac{\mathrm{d}x}{\mathrm{d}t}+\frac{\partial f}{\partial y}\frac{\mathrm{d}y}{\mathrm{d}t}+\frac{\partial f}{\partial t}=y\mathrm{e}^t-x\sin t+\frac{1}{t}$$
$$=\mathrm{e}^t(\cos t-\sin t)+\frac{1}{t}.$$

例 4.4　设 $z=f\left(xy,\dfrac{y}{x}\right)$, 其中 f 具有一阶连续偏导数, 求 $\dfrac{\partial z}{\partial x}$ 和 $\dfrac{\partial z}{\partial y}$.

解　令 $u=xy, v=\dfrac{y}{x}$, 为简便采用下面的记号:

$$f_1'=\frac{\partial f(u,v)}{\partial u},\qquad f_2'=\frac{\partial f(u,v)}{\partial v}.$$

这里下标 1 表示 f 对第 1 个变量 u 求偏导数, 下标 2 表示 f 对第 2 个变量 v 求偏导

数，同样还有 f''_{11}, f''_{12} 等.

因为所给函数是由 $z = f(u,v)$ 和 $u = xy, v = \dfrac{y}{x}$ 复合而成的复合函数，根据复合函数求导法则有

$$\frac{\partial z}{\partial x} = \frac{\partial f}{\partial u}\frac{\partial u}{\partial x} + \frac{\partial f}{\partial v}\frac{\partial v}{\partial x} = f'_1 \cdot y + f'_2\left(-\frac{y}{x^2}\right)$$

$$= y \cdot f'_1 - \frac{y}{x^2} f'_2;$$

$$\frac{\partial z}{\partial y} = \frac{\partial f}{\partial u}\frac{\partial u}{\partial y} + \frac{\partial f}{\partial v}\frac{\partial v}{\partial y} = f'_1 \cdot x + f'_2 \cdot \frac{1}{x}$$

$$= x \cdot f'_1 + \frac{1}{x} \cdot f'_2.$$

例 4.5 设 $z = f(xy^2, x^2 y)$，f 具有连续的二阶偏导数，求 $\dfrac{\partial z}{\partial x}$ 和 $\dfrac{\partial^2 z}{\partial x \partial y}$.

解 由链锁法则(1)和(2)有

$$\frac{\partial z}{\partial x} = y^2 f'_1 + 2xy f'_2,$$

由链式法则

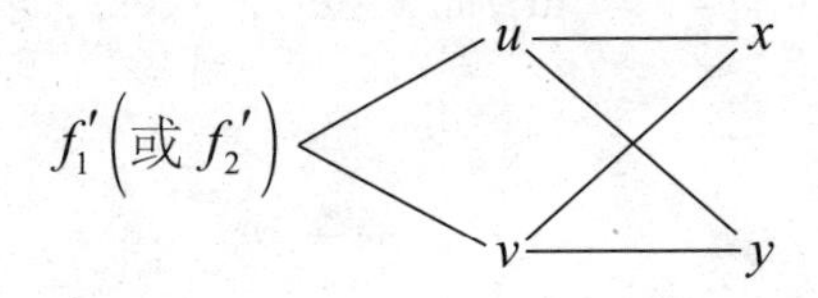

得

$$\frac{\partial^2 z}{\partial x \partial y} = 2y f'_1 + y^2(2xy f''_{11} + x^2 f''_{12}) + 2x f'_2 + 2xy(2xy f''_{21} + x^2 f''_{22})$$

$$= 2y f'_1 + 2x f'_2 + 2xy^3 f''_{11} + 5x^2 y^2 f''_{12} + 2x^3 y f''_{22}.$$

最后一个等式用到 $f''_{12} = f''_{21}$ 这个事实.

8.4.2 全微分形式的不变性

设函数 $z = f(u,v)$ 具有连续偏导数，则有全微分

$$\mathrm{d}z = \frac{\partial z}{\partial u}\mathrm{d}u + \frac{\partial z}{\partial v}\mathrm{d}v. \tag{3}$$

如果 u,v 又是 x,y 的函数，且 $u=\varphi(x,y),v=\psi(x,y)$，并且这两个函数也是具有连续偏导数，则复合函数 $z=f[\varphi(x,y),\psi(x,y)]$ 的全微分是

$$dz=\frac{\partial z}{\partial x}dx+\frac{\partial z}{\partial y}dy,$$

由复合函数的求导法则得到

$$\frac{\partial z}{\partial x}=\frac{\partial z}{\partial u}\frac{\partial u}{\partial x}+\frac{\partial z}{\partial v}\frac{\partial v}{\partial x},$$

$$\frac{\partial z}{\partial y}=\frac{\partial z}{\partial u}\frac{\partial u}{\partial y}+\frac{\partial z}{\partial v}\frac{\partial v}{\partial y},$$

将其代入上式得

$$\begin{aligned}dz&=\left(\frac{\partial z}{\partial u}\frac{\partial u}{\partial x}+\frac{\partial z}{\partial v}\frac{\partial v}{\partial x}\right)dx+\left(\frac{\partial z}{\partial u}\frac{\partial u}{\partial y}+\frac{\partial z}{\partial v}\frac{\partial v}{\partial y}\right)dy\\&=\frac{\partial z}{\partial u}\left(\frac{\partial u}{\partial x}dx+\frac{\partial u}{\partial y}dy\right)+\frac{\partial z}{\partial v}\left(\frac{\partial v}{\partial x}dx+\frac{\partial v}{\partial y}dy\right)\\&=\frac{\partial z}{\partial u}du+\frac{\partial z}{\partial v}dv.\end{aligned}\tag{4}$$

如此可见，不论 u,v 是自变量或是中间变量，由(3),(4)两式可以看出函数 z 的全微分的形式都是一样的，这样的性质称作全微分形式的不变性.

例 4.6　利用全微分形式不变性求本节例 4.2.

解　$$dz=\frac{1}{1+\left(\frac{y}{x}\right)^2}d\left(\frac{y}{x}\right)=\frac{1}{1+\left(\frac{y}{x}\right)^2}\left(\frac{xdy-ydx}{x^2}\right)$$

$$=\frac{x}{x^2+y^2}dy-\frac{y}{x^2+y^2}dx.$$

dx,dy 前面的系数即为 $\frac{\partial z}{\partial x}$ 和 $\frac{\partial z}{\partial y}$.

8.4.3　隐函数求导公式

上册第 2 章 2.3 节曾经介绍了隐函数的概念，并且指出了由方程

$$F(x,y)=0\tag{5}$$

确定的隐函数导数的求法，但是没有给出在什么条件下由方程(5)确定唯一的可导的隐函数，即隐函数存在定理. 下面介绍隐函数存在定理，并给出隐函数求导公式.

隐函数存在定理　设函数 $F(x,y)$ 在点 $P(x_0,y_0)$ 的某邻域内具有连续偏导数，且 $F(x_0,y_0)=0, F_y(x_0,y_0)\neq 0$，则方程 $F(x,y)=0$ 在点 (x_0,y_0) 的某邻域内总能确定一个连续且具有连续导数的函数 $y=f(x)$，它满足条件 $y_0=f(x_0)$ 并且有

$$\frac{\mathrm{d}y}{\mathrm{d}x}=-\frac{F_x}{F_y}. \tag{6}$$

我们不去证明该定理，仅对公式(6)作如下推导:

将方程(5)确定的隐函数 $y=y(x)$ 代入(5)式中得 $F(x,f(x))=0$，而左端可以看作 x 的复合函数，根据链式法则

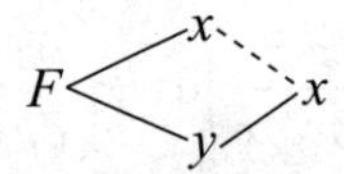

两端同时对 x 求导得到

$$F_x+F_y\frac{\mathrm{d}y}{\mathrm{d}x}=0,$$

由于 F_y 连续，且 $F_y(x_0,y_0)\neq 0$，因此存在 (x_0,y_0) 的某邻域，在这个邻域内 $F_y\neq 0$，于是得

$$\frac{\mathrm{d}y}{\mathrm{d}x}=-\frac{F_x}{F_y}.$$

例 4.7　验证方程 $x^2+y^2=1$ 在 $(0,1)$ 的某邻域内能唯一确定一个具有连续导数且满足 $y(0)=1$ 的隐函数 $y=y(x)$，并求其在 $x=0$ 点的导数值.

解　设 $F(x,y)=x^2+y^2-1$，$F(0,1)=0,\ F_y(0,1)\neq 0$，由隐函数存在定理可知，由方程 $x^2+y^2=1$ 在点 $(0,1)$ 某邻域内唯一确定一个有连续导数且满足 $y(0)=1$ 的函数 $y=y(x)$，并有

$$\frac{\mathrm{d}y}{\mathrm{d}x}=-\frac{F_x}{F_y}=-\frac{2x}{2y}=-\frac{x}{y},\quad \left.\frac{\mathrm{d}y}{\mathrm{d}x}\right|_{(0,1)}=0.$$

可以将隐函数存在定理推广到 n 元函数的情形，因为由一个二元方程(5)可以确定一个一元隐函数，类似地，由一个三元方程: $F(x,y,z)=0$ 就可以在一定的

条件下唯一确定一个二元可导的隐函数，如 $z=z(x,y)$．根据链式法则

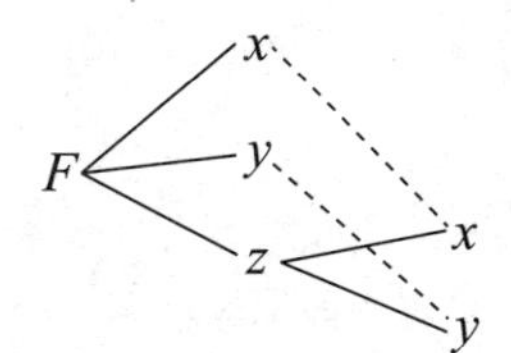

同样可以推导出如下的求导公式：

$$\frac{\partial z}{\partial x}=-\frac{F_x}{F_z},\quad \frac{\partial z}{\partial y}=-\frac{F_y}{F_z}. \tag{7}$$

例 4.8　设 $x^2+y^2+z^2-z=0$，求 $\frac{\partial z}{\partial x},\frac{\partial z}{\partial y}$.

解　令 $F(x,y,z)=x^2+y^2+z^2-z$，于是 $F_x=2x$，$F_y=2y$，$F_z=2z-1$，则由公式(7)得

$$\frac{\partial z}{\partial x}=-\frac{F_x}{F_z}=-\frac{2x}{2z-1},\quad \frac{\partial z}{\partial y}=-\frac{F_y}{F_z}=-\frac{2y}{2z-1}.$$

习题 8.4

习题 8.4 解答

(A)

1. 设 $z=e^{x-2y}$，而 $x=\sin t, y=t^2$，求 $\frac{dz}{dt}$.

2. 设 $z=\arcsin(x-y)$，而 $x=2t, y=5t^3$，求 $\frac{dz}{dt}$.

3. 设 $z=u^2+v^2$，而 $u=x+y, v=x-y$，求 $\frac{\partial z}{\partial x},\frac{\partial z}{\partial y}$.

4. 设 $z=u^2\ln v$，而 $u=\frac{x}{y}, v=xy$，求 $\frac{\partial z}{\partial x},\frac{\partial z}{\partial y}$.

5. 设 $z=\ln(u+v^3)$，而 $u=e^{x+y^2}, v=x^3+y$，求 $\frac{\partial z}{\partial x},\frac{\partial z}{\partial y}$.

6. 设 $z=uv+\cos t$，而 $u=\cos t, v=e^t$，求 $\frac{dz}{dt}$.

7. 设 $z=y^x$，而 $x=\tan t, y=\sin t$，求 $\frac{dz}{dt}$.

8. 求下列函数的偏导数(其中 f 具有连续偏导数)：

(1) $z=f(x^2-y^2, e^{xy})$；　(2) $z=f(x+y, x-y)$；

(3) $u=f\left(\frac{x}{y},\frac{y}{z}\right)$.

9. 求下列函数指定的偏导数，这里 f 具有连续的二阶偏导数：

（1）$z=f(x+y,xy)$，求 $\dfrac{\partial^2 z}{\partial x\partial y}$；　　（2）$z=x\ln(xy)$，求 $\dfrac{\partial^2 z}{\partial x^2},\dfrac{\partial^2 z}{\partial x\partial y}$；

（3）$u=f(x^2+y^2+z^2)$，求 $\dfrac{\partial^2 u}{\partial x\partial y},\dfrac{\partial^2 u}{\partial x^2},\dfrac{\partial^2 u}{\partial x\partial z}$.

10. 求下列方程所确定的隐函数的导数或偏导数：

（1）$x^2+y^2+2y-x+5=0$，求 $\dfrac{\mathrm{d}y}{\mathrm{d}x}$；　　（2）$x^2+2xy-\mathrm{e}^z z=0$，求 $\dfrac{\partial z}{\partial x},\dfrac{\partial z}{\partial y}$；

（3）$\dfrac{x}{z}=\ln\dfrac{z}{y}$，求 $\dfrac{\partial z}{\partial x},\dfrac{\partial z}{\partial y}$；　　（4）$\mathrm{e}^{xy}-3z+\ln z=0$，求 $\dfrac{\partial z}{\partial x},\dfrac{\partial z}{\partial y}$.

（B）

1. 当 $u=f(x,y,z)$ 满足 $f(tx,ty,tz)=t^n f(x,y,z)$ 时，称 u 为变量 x,y,z 的 n 次齐次函数，试证对 n 次齐次函数有

$$x\frac{\partial f}{\partial x}+y\frac{\partial f}{\partial y}+z\frac{\partial f}{\partial z}=nf.$$

2. 验证函数 $z=\ln\sqrt{x^2+y^2}$ 满足方程 $\dfrac{\partial^2 z}{\partial x^2}+\dfrac{\partial^2 z}{\partial y^2}=0$.

8.5　多元函数微分学在几何方面的应用

8.5.1　空间曲线的切线和法平面

在平面 $\mathbf{R}^2$ 上，给定曲线 Γ 的参数方程：$x=\varphi(t),y=\psi(t)$，函数 $\varphi(t),\psi(t)$ 可导且满足 $\varphi'^2(t)+\psi'^2(t)\neq 0$，则曲线 Γ 过点 M_0 的切线方程为

$$y-y_0=\frac{\psi'(t_0)}{\varphi'(t_0)}(x-x_0),$$

或者

$$\frac{x-x_0}{\varphi'(t_0)}=\frac{y-y_0}{\psi'(t_0)}.$$

即曲线 Γ 过 $M_0(x_0,y_0)$ 点的切向量为 $\boldsymbol{T}(M_0)=\{\varphi'(t_0),\psi'(t_0)\}$.

在 $\mathbf{R}^3$ 上，设曲线 Γ 的参数方程为

$$x=\varphi(t),\quad y=\psi(t),\quad z=\omega(t)\quad(\alpha\leqslant t\leqslant\beta),$$

并设它们在$[\alpha,\beta]$上可导. 在曲线Γ上取对应的参数$t=t_0$的点$M_0(x_0,y_0,z_0)$，及对应$t=t_0+\Delta t$的点$M(x_0+\Delta x,y_0+\Delta y,z_0+\Delta z)$，由解析几何可知，割线$M_0M$的方程是

$$\frac{x-x_0}{\Delta x}=\frac{y-y_0}{\Delta y}=\frac{z-z_0}{\Delta z}, \tag{1}$$

当点M沿着曲线Γ无限地接近M_0时，割线M_0M的极限位置M_0T即为曲线过点M_0的切线(图 8.5)，用Δt去除(1)式的分母得

$$\frac{x-x_0}{\frac{\Delta x}{\Delta t}}=\frac{y-y_0}{\frac{\Delta y}{\Delta t}}=\frac{z-z_0}{\frac{\Delta z}{\Delta t}},$$

令$M\to M_0$(即$\Delta t\to 0$)，通过对上式取极限就得到曲线Γ过点M_0的切线方程为

$$\frac{x-x_0}{\varphi'(t_0)}=\frac{y-y_0}{\psi'(t_0)}=\frac{z-z_0}{\omega'(t_0)}.$$

这里当然假设$\varphi'(t_0)$，$\psi'(t_0)$，$\omega'(t_0)$存在且不同时为零，如果有个别值为零，则按解析几何有关直线对称式方程去解读.

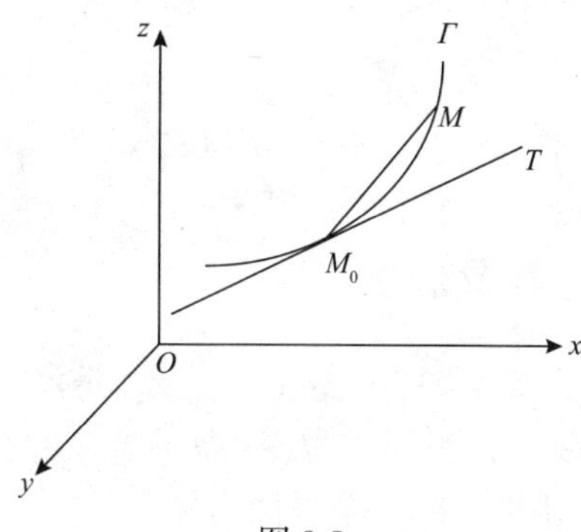

图 8.5

过曲线Γ上一点M_0且与该点的切线垂直的平面称为曲线Γ在点M_0处的法平面. 由于向量$\boldsymbol{\tau}=\{\varphi'(t_0),\psi'(t_0),\omega'(t_0)\}$即为曲线$\Gamma$过$M_0$点的切线的方向向量，也就是过$M_0$点的法平面的法向量，因此其法平面方程为

$$\varphi'(t_0)(x-x_0)+\psi'(t_0)(y-y_0)+\omega'(t_0)(z-z_0)=0.$$

例 5.1　求曲线$x=\cos t$, $y=\sin t$, $z=t$在$t=\dfrac{\pi}{2}$处的切线及法平面方程.

解　由于 $x\left(\dfrac{\pi}{2}\right)=0, y\left(\dfrac{\pi}{2}\right)=1, z\left(\dfrac{\pi}{2}\right)=\dfrac{\pi}{2}$, 且

$$x'=-\sin t,\quad y'=\cos t,\quad z'=1,$$

$$x'\left(\frac{\pi}{2}\right)=-1,\quad y'\left(\frac{\pi}{2}\right)=0,\quad z'\left(\frac{\pi}{2}\right)=1,$$

则曲线的切线方程是

$$\frac{x-0}{-1}=\frac{y-1}{0}=\frac{z-\frac{\pi}{2}}{1},$$

或记为

$$\begin{cases} y=1, \\ \dfrac{x}{-1}=\dfrac{z-\frac{\pi}{2}}{1}. \end{cases}$$

法平面方程是 $(-1)(x-0)+0(y-1)+z-\dfrac{\pi}{2}=0$，即

$$-x+z-\frac{\pi}{2}=0.$$

8.5.2　曲面的切平面方程及法线方程

设曲面 Σ 的方程为 $F(x,y,z)=0, M_0(x_0,y_0,z_0)$ 是该曲面上的一点，$F(x,y,z)$ 在点 M_0 处有连续的偏导数, 且不同时为零. 我们要证明在该曲面上过 M_0 的任意一条曲线 Γ 在 M_0 点的切线均在同一个平面内.

假设曲线 Γ 的参数方程为

$$x=\varphi(t),\quad y=\psi(t),\quad z=\omega(t)\quad (\alpha\leqslant t\leqslant\beta),$$

当 $t=t_0$ 时 $(\alpha<t_0<\beta)$ 对应曲线上的 $M_0\ (x_0,y_0,z_0)$ 点，且 $\varphi'(t_0)$，$\psi'(t_0)$，$\omega'(t_0)$ 不同时为零, 则过点 M_0 的曲线 Γ 的切线方程为

$$\frac{x-x_0}{\varphi'(t_0)}=\frac{y-y_0}{\psi'(t_0)}=\frac{z-z_0}{\omega'(t_0)},$$

由于曲线 Γ 在曲面 Σ 上，因此有等式 $F(\varphi(t),\psi(t),\omega(t))=0$．因为 $F(x,y,z)$ 在 M_0 点有连续的偏导数，且 $\varphi'(t_0)$，$\psi'(t_0)$，$\omega'(t_0)$ 存在，则由复合函数求导法则有

$$\frac{\mathrm{d}}{\mathrm{d}t}F(\varphi(t),\psi(t),\omega(t))\bigg|_{t=t_0}=0,$$

即有

$$F_x(x_0,y_0,z_0)\varphi'(t_0)+F_y(x_0,y_0,z_0)\psi'(t_0)+F_z(x_0,y_0,z_0)\omega'(t_0)=0, \tag{2}$$

令 $\boldsymbol{n}=\{F_x(x_0,y_0,z_0),F_y(x_0,y_0,z_0),F_z(x_0,y_0,z_0)\}$，则(2)式表明:曲面 Σ 上，过点 M_0 的任意曲线 Γ 过点 M_0 的切线的方向向量 $\boldsymbol{\tau}=\{\varphi'(t_0),\psi'(t_0),\omega'(t_0)\}$，均与向量 $\boldsymbol{n}$ 垂直，因此曲面上过 M_0 点的一切曲线在点 M_0 的切线都在同一平面上，这个平面称为曲面 Σ 在 M_0 点的切平面，此切平面方程是

$$F_x(x_0,y_0,z_0)(x-x_0)+F_y(x_0,y_0,z_0)(y-y_0)+F_z(x_0,y_0,z_0)(z-z_0)=0.$$

通过曲面 Σ 上一点 M_0 且与该点的曲面的切平面垂直的直线称为曲面 Σ 在 M_0 点的法线．从而法线方程是

$$\frac{x-x_0}{F_x(x_0,y_0,z_0)}=\frac{y-y_0}{F_y(x_0,y_0,z_0)}=\frac{z-z_0}{F_z(x_0,y_0,z_0)}.$$

垂直于曲面的切平面的向量称为曲面的法向量，向量 $\boldsymbol{n}=\{F_x,F_y,F_z\}_{M_0}$ 是曲面在点 M_0 处的一个法向量．

如果曲面 Σ 以 $z=f(x,y)$，$(x,y)\in D$ 给出，则令 $F(x,y,z)=f(x,y)-z$，可见，

$$F_x(x,y,z)=f_x(x,y),\quad F_y(x,y,z)=f_y(x,y),\quad F_z(x,y,z)=-1.$$

于是当函数 $f(x,y)$ 的偏导数 $f_x(x,y)$，$f_y(x,y)$ 均在点（x_0,y_0）连续时，曲面在点 $M_0(x_0,y_0,z_0)$ 处的法向量是 $\boldsymbol{n}=\{f_x(x_0,y_0),f_y(x_0,y_0),-1\}$，因此切平面方程是

$$f_x(x_0,y_0)(x-x_0)+f_y(x_0,y_0)(y-y_0)-(z-z_0)=0,$$

而法线方程为

$$\frac{x-x_0}{f_x(x_0,y_0)}=\frac{y-y_0}{f_y(x_0,y_0)}=\frac{z-z_0}{-1}.$$

例 5.2 求球面 $x^2+y^2+z^2=25$ 在点 $M_0(-3,0,4)$ 的切平面和法线方程.

解 球面在点 $M_0(-3,0,4)$ 的法向量

$$\boldsymbol{n}=\{2x,2y,2z\}\big|_{(-3,0,4)}=\{-6,0,8\},$$

于是过 M_0 的切平面方程为 $-6(x+3)+8(z-4)=0$，可整理为 $3x-4y+25=0$．法线方程为

$$\frac{x+3}{-6}=\frac{y-0}{0}=\frac{z-4}{8},$$

或记为

$$\begin{cases}y=0,\\ \dfrac{x+3}{-3}=\dfrac{z-4}{4}.\end{cases}$$

习题 8.5

习题 8.5 解答

（A）

1. 求曲线 $x=t,y=t^2,z=t^3$ 在对应于 $t=1$ 处的切向量和切线方程.
2. 求曲线 $x=t-\sin t,y=1-\cos t,z=4\sin t$ 在对应于 $t=\dfrac{\pi}{2}$ 处的切线和法平面方程.
3. 求曲面 $\mathrm{e}^z-z+xy=3$ 在点（2,1,0）处的切平面和法线方程.
4. 求曲面 $z=x^2y+y^2$ 在点（1,1,2）处的切平面及法线方程.
5. 求旋转抛物面 $z=x^2+y^2-1$ 在点（2,1,4）处的切平面及法线方程.
6. 求椭球面 $x^2+2y^2+z^2=1$ 上平行于平面 $x-y+2z=0$ 的切平面方程.

（B）

试证: 曲面 $\sqrt{x}+\sqrt{y}+\sqrt{z}=\sqrt{a}$ 上任何一点处的切平面在各坐标轴上的截距之和等于 a .

8.6 方向导数与梯度

8.6.1 方向导数

在有些情况下，我们需要研究一个函数，在某点沿某一方向的变化率问题，这就引出了方向导数的概念.

定义 6.1 设函数 $z=f(x,y)$ 在点 $P_0(x_0,y_0)$ 的某一邻域有定义，l 是从点 P_0 引出的一条射线，$P(x_0+\Delta x,y_0+\Delta y)$ 是 l 上任意一点，点 P_0 与 P 之间的距离为

$\rho=\sqrt{\Delta x^2+\Delta y^2}$（图 8.6）. 当点 P 沿射线 l 趋于 P_0（即 $\rho\to 0$）时，如果极限

$$\lim_{\rho\to 0}\frac{f(x_0+\Delta x,y_0+\Delta y)-f(x_0,y_0)}{\rho}$$

存在，就称此极限为函数 $z=f(x,y)$ 在点 P_0 沿 l 方向的**方向导数**，记为

$$\frac{\partial f}{\partial l}=\frac{\partial z}{\partial l}=\lim_{\rho\to 0}\frac{f(x_0+\Delta x,y_0+\Delta y)-f(x_0,y_0)}{\rho}.$$

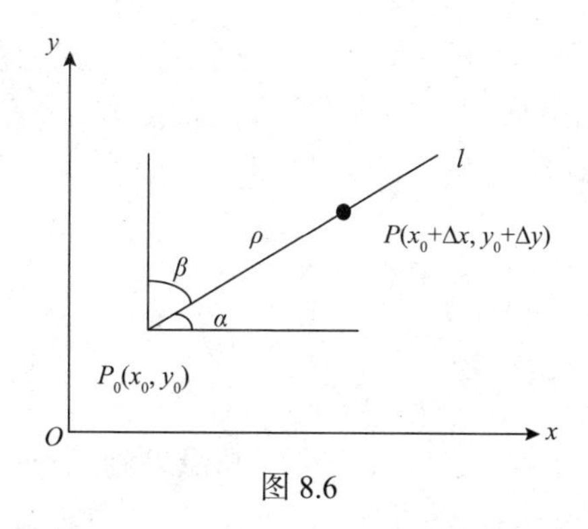

图 8.6

自然要问在什么条件下，函数 $z=f(x,y)$ 在一点处存在任意方向的方向导数呢?我们有下面的充分性定理.

定理 6.1　如果函数 $z=f(x,y)$ 在点 $P(x,y)$ 可微，则它在 P 点沿任一方向 l 的方向导数都存在，且有

$$\frac{\partial z}{\partial l}=\frac{\partial z}{\partial x}\cos\alpha+\frac{\partial z}{\partial y}\cos\beta, \tag{1}$$

其中 $\cos\alpha,\cos\beta$ 是 l 方向的方向余弦.

证明　由函数 $z=f(x,y)$ 在点 $P(x,y)$ 可微，因此函数在该点的全增量可以表示为

$$\Delta z=f(x+\Delta x,y+\Delta y)-f(x,y)=\frac{\partial z}{\partial x}\Delta x+\frac{\partial z}{\partial y}\Delta y+o(\rho),$$

两边同除以 ρ 得

$$\frac{\Delta z}{\rho}=\frac{f(x+\Delta x,y+\Delta y)-f(x,y)}{\rho}=\frac{\partial z}{\partial x}\frac{\Delta x}{\rho}+\frac{\partial z}{\partial y}\frac{\Delta y}{\rho}+\frac{o(\rho)}{\rho}.$$

若l方向的方向余弦为$\cos\alpha,\cos\beta$，则$\Delta x=\rho\cos\alpha,\Delta y=\rho\cos\beta$，于是

$$\frac{\Delta z}{\rho}=\frac{\partial z}{\partial x}\cos\alpha+\frac{\partial z}{\partial y}\cos\beta+\frac{o(\rho)}{\rho},$$

令$\rho\to 0$取极限便得到

$$\frac{\partial z}{\partial l}=\frac{\partial z}{\partial x}\cos\alpha+\frac{\partial z}{\partial y}\cos\beta.$$

可将公式(1)推广到一般的n元函数上去. 例如，求三元函数$u=f(x,y,z)$在空间一点$P(x,y,z)$处沿方向l（设方向l的方向余弦为$\cos\alpha,\cos\beta,\cos\gamma$）的方向导数. 当函数$u=f(x,y,z)$在点$P(x,y,z)$可微时，函数在该点$P$沿$l$方向的方向导数公式为

$$\frac{\partial u}{\partial l}=\frac{\partial u}{\partial x}\cos\alpha+\frac{\partial u}{\partial y}\cos\beta+\frac{\partial u}{\partial z}\cos\gamma.$$

例 6.1　求函数$z=x^2\mathrm{e}^y$在点$P(1,0)$处沿从点P到点$Q(2,-1)$方向的方向导数.

解　这里方向l即为向量$\overrightarrow{PQ}=\{1,-1\}$的方向，容易求得$l$的方向余弦为

$$\cos\alpha=\frac{1}{\sqrt{2}},\quad \cos\beta=-\frac{1}{\sqrt{2}},$$

且

$$\left.\frac{\partial z}{\partial x}\right|_{(1,0)}=\left.2x\mathrm{e}^y\right|_{(1,0)}=2,\quad \left.\frac{\partial z}{\partial y}\right|_{(1,0)}=\left.x^2\mathrm{e}^y\right|_{(1,0)}=1,$$

从而

$$\frac{\partial z}{\partial l}=2\cdot\frac{1}{\sqrt{2}}+1\cdot\left(-\frac{1}{\sqrt{2}}\right)=\frac{1}{\sqrt{2}}.$$

例 6.2　设$u=x^2-y^2+z$，求它在$P(1,-1,0)$沿方向$l=\{1,1,1\}$的方向导数.

解　求l的方向余弦为

$$\cos\alpha=\frac{1}{\sqrt{3}},\quad \cos\beta=\frac{1}{\sqrt{3}},\quad \cos\gamma=\frac{1}{\sqrt{3}}.$$

再计算

$$\left.\frac{\partial u}{\partial x}\right|_{(1,-1,0)}=2,\quad \left.\frac{\partial u}{\partial y}\right|_{(1,-1,0)}=2,\quad \left.\frac{\partial u}{\partial z}\right|_{(1,-1,0)}=1,$$

所以在 P 点沿 l 方向的方向导数为

$$\frac{\partial u}{\partial l}=2\cdot\frac{1}{\sqrt{3}}+2\cdot\frac{1}{\sqrt{3}}+1\cdot\frac{1}{\sqrt{3}}=\frac{5}{\sqrt{3}}.$$

8.6.2　梯度

当我们需要进一步了解函数在某一点沿哪个方向的方向导数最大, 也即函数值沿哪个方向增加最快时, 就需要给出下面定义——梯度.

定义 6.2　设函数 $z=f(x,y)$ 在平面区域 D 内具有一阶连续偏导数, 那么对任何一点 $P_0(x_0,y_0)\in D$, 称向量 $f_x(x_0,y_0)\boldsymbol{i}+f_y(x_0,y_0)\boldsymbol{j}$ 为函数 $z=f(x,y)$ 在点 $P_0(x_0,y_0)$ 的梯度, 记作 $\mathbf{grad}\, f(x_0,y_0)$, 即

$$\mathbf{grad}\, f(x_0,y_0)=f_x(x_0,y_0)\boldsymbol{i}+f_y(x_0,y_0)\boldsymbol{j}.$$

由于函数 $z=f(x,y)$ 在 D 内具有一阶连续偏导数, 根据定理 3.2 可知函数在 D 内可微, 因此, 由定理 6.1 可知函数 $f(x,y)$ 在 D 内任意一点沿任意方向的方向导数都存在. 若设 l 方向的单位向量为 $\boldsymbol{e}_l=\{\cos\alpha,\cos\beta\}$, 则

$$\begin{aligned}\left.\frac{\partial z}{\partial l}\right|_{P_0}&=f_x(x_0,y_0)\cos\alpha+f_y(x_0,y_0)\cos\beta\\&=\mathbf{grad}\, f(x_0,y_0)\boldsymbol{e}_l\\&=\left|\mathbf{grad}\, f(x_0,y_0)\right|\cos\theta,\end{aligned}$$

其中 θ 是 $\mathbf{grad}\, f(x_0,y_0)$ 与 $\boldsymbol{e}_l$ 的夹角.

由上面的等式可知, 函数在 P_0 点沿方向 l 的方向导数, 就等于函数在 P_0 点的梯度与 l 方向的单位向量的数量积. 特别是当方向导数的方向与梯度方向相同时, 即 $\theta=0$, 方向导数取最大值, 就是梯度的模 $\left|\mathbf{grad}\, f(x_0,y_0)\right|$. 换句话说, 函数在某点处的梯度是一个向量, 梯度的方向就是在该点的方向导数取最大值的方向, 而梯度的模就是方向导数的最大值.

类似地可以得到三元函数 $u=f(x,y,z)$ 的梯度.

$$\mathbf{grad}\, f(x,y,z) = f_x(x,y,z)\boldsymbol{i} + f_y(x,y,z)\boldsymbol{j} + f_z(x,y,z)\boldsymbol{k}\,.$$

例 6.3 求函数 $f(x,y,z) = xy + z^2$ 在点 $P(1,-2,1)$ 的梯度和它的模.

解 由于 $f_x(1,-2,1) = -2,\ f_y(1,-2,1) = 1,\ f_z(1,-2,1) = 2$，因此

$$\mathbf{grad}\, f(1,-2,1) = \{-2,1,2\},$$

$$\left|\mathbf{grad}\, f(1,-2,1)\right| = \sqrt{(-2)^2 + 1^2 + 2^2} = 3\,.$$

例 6.4 设 $f(x,y,z) = x^2 + y^2 + z^2$，求 $\mathbf{grad}\, f(x,y,z)$.

解 由于 $f_x(x,y,z) = 2x$，$f_y(x,y,z) = 2y$，$f_z(x,y,z) = 2z$，所以

$$\mathbf{grad}\, f(x,y,z) = 2x\boldsymbol{i} + 2y\boldsymbol{j} + 2z\boldsymbol{k}\,.$$

例 6.5 设 $f(x,y) = x^3 y^2$，求：(1) $f(x,y)$ 在 $P(-1,1)$ 点的梯度；(2) $f(x,y)$ 在点 $P(-1,1)$ 方向导数的最大值.

解 (1) $f(x,y)$ 在 $P(-1,1)$ 点的偏导数 $f_x(-1,1) = 3x^2y^2\big|_{(-1,1)} = 3$，$f_y(-1,1) = 2x^3y\big|_{(-1,1)} = -2$. 于是 $\mathbf{grad}\, f(-1,1) = 3\boldsymbol{i} - 2\boldsymbol{j}$.

(2) $f(x,y)$ 在 $P(-1,1)$ 点沿 $\mathbf{grad}\, f(-1,1) = 3\boldsymbol{i} - 2\boldsymbol{j}$ 方向的方向导数达到最大，最大值为 $\left|\mathbf{grad}\, f(-1,1)\right| = \sqrt{3^2 + (-2)^2} = \sqrt{13}$.

习题 8.6

习题 8.6 解答

1. 求下列函数在指定点 P 沿指定方向的方向导数.

(1) $f(x,y) = x\mathrm{e}^y$，$P(1,0)$，$\boldsymbol{e} = \dfrac{1}{\sqrt{2}}\boldsymbol{i} - \dfrac{1}{\sqrt{2}}\boldsymbol{j}$；

(2) $f(x,y) = x^2 + y^2$，$P(0,0)$，$\boldsymbol{a} = \boldsymbol{i} + \boldsymbol{j}$；

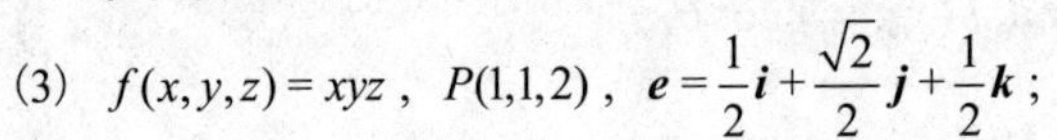

(3) $f(x,y,z) = xyz$，$P(1,1,2)$，$\boldsymbol{e} = \dfrac{1}{2}\boldsymbol{i} + \dfrac{\sqrt{2}}{2}\boldsymbol{j} + \dfrac{1}{2}\boldsymbol{k}$；

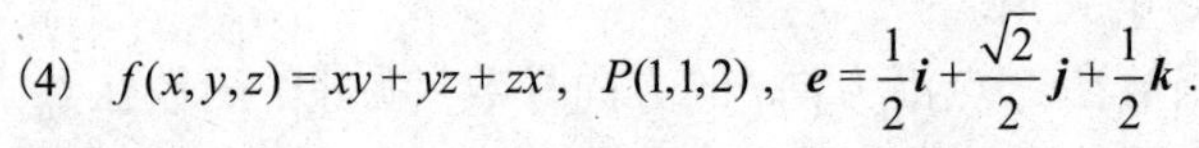

(4) $f(x,y,z) = xy + yz + zx$，$P(1,1,2)$，$\boldsymbol{e} = \dfrac{1}{2}\boldsymbol{i} + \dfrac{\sqrt{2}}{2}\boldsymbol{j} + \dfrac{1}{2}\boldsymbol{k}$.

2. 求函数 $u = xy + z^2 - yz$ 在点 $(3,1,2)$ 处沿方向角 $\alpha = \dfrac{\pi}{3}$，$\beta = \dfrac{\pi}{4}$，$\gamma = \dfrac{\pi}{3}$ 的方向的方向导数.

3. 设 u,v 都是 x,y,z 的函数，u,v 的各偏导数都存在且连续，证明:

(1) $\mathbf{grad}(u+v) = \mathbf{grad}\, u + \mathbf{grad}\, v$；

(2) $\mathbf{grad}(uv) = v\,\mathbf{grad}\, u + u\,\mathbf{grad}\, v$.

4. 函数 $u = xyz^2$ 在点 $P(1,-1,2)$ 处沿什么方向的方向导数最大？并求此方向导数的最大值.

8.7　多元函数的极值与条件极值

8.7.1　多元函数的极值及求法

定义 7.1　设函数 $z=f(x,y)$ 在 $P_0(x_0,y_0)$ 点某邻域 $U(P_0)$ 内有定义, 对于 $U(P_0)$ 内任一异于 P_0 的点 $P(x,y)$, 总有

$$f(x,y)<f(x_0,y_0)\quad (\text{或 } f(x,y)>f(x_0,y_0)),$$

则称 $f(x_0,y_0)$ 为函数的极大(小)值. P_0 是函数 $f(x,y)$ 的极大(小)值点, 极大值和极小值统称为极值, 极大值点和极小值点统称为极值点.

定理 7.1(必要条件)　设函数 $z=f(x,y)$ 在点 $P_0(x_0,y_0)$ 处取得极值且在该点两个偏导数都存在, 则有

$$f_x(x_0,y_0)=0,\quad f_y(x_0,y_0)=0.$$

证明　不妨设函数 $f(x,y)$ 在点 $P_0(x_0,y_0)$ 处取得极小值, 根据极小值定义, 存在点 P_0 的一个邻域, 对该邻域内任何异于 P_0 的点 $P(x,y)$ 都有

$$f(x,y)>f(x_0,y_0),$$

特别地, 在该邻域内, 取 $y=y_0, x\neq x_0$ 的点, 也有

$$f(x,y_0)>f(x_0,y_0),$$

这表明一元函数 $f(x,y_0)$ 在点 $x=x_0$ 取得极小值, 因此必有 $f_x(x_0,y_0)=0$.

类似地可证明 $f_y(x_0,y_0)=0$.　□

称定理 7.1 中的点 P_0 为函数 $z=f(x,y)$ 的驻点, 并指出可导函数的极值点一定是驻点, 但驻点未必是极值点. 例如, 函数 $z=xy$ 在点 $(0,0)$ 处虽然同时有 $f_x(0,0)=0$, $f_y(0,0)=0$, 但 $(0,0)$ 点不是 $z=xy$ 的极值点, 因为 $f(0,0)=0$, 但在 $(0,0)$ 的任何邻域内既有正的函数值也有负的函数值. 那么如何判断一个驻点是否为极值点呢? 下面这个定理回答了这个问题.

定理 7.2(充分条件)　设 $P_0(x_0,y_0)$ 是函数 $z=f(x,y)$ 的一个驻点, 又 $f(x,y)$ 在点 P_0 某邻域内存在二阶连续偏导数, 记

$$A=f_{xx}(x_0,y_0),\quad B=f_{xy}(x_0,y_0),\quad C=f_{yy}(x_0,y_0),$$

则

(1) $AC-B^2>0$时，$f(x,y)$在$P_0(x_0,y_0)$点处取得极值，且当 $A>0$ 时，在$P_0(x_0,y_0)$点处取极小值，当$A<0$时，在$P_0(x_0,y_0)$点处取极大值；

(2) $AC-B^2<0$时，$f(x,y)$在$P_0(x_0,y_0)$点处取不到极值；

(3) $AC-B^2=0$时，既可能在$P_0(x_0,y_0)$点取得极值，也可能未取得极值，需另外讨论.

证明略去. □

例 7.1 求函数$f(x,y)=x^3+y^3-3xy$的极值.

解 解方程组

$$\begin{cases} f_x(x,y)=3x^2-3y=0, \\ f_y(x,y)=3y^2-3x=0, \end{cases}$$

得到驻点$(0,0)$和$(1,1)$.

再求偏导数$f_{xx}(x,y)=6x, f_{xy}(x,y)=-3, f_{yy}(x,y)=6y$.

在点$(0,0)$处，$AC-B^2=-9<0$，所以$f(0,0)=0$不是极值；

在点$(1,1)$处，$AC-B^2=27>0$，又$A=6>0$，所以$f(1,1)=-1$是极小值.

求二元函数的最值问题与一元函数类似，利用极值求最值. 对于在有界闭区域D上有连续偏导数的函数$f(x,y)$，求最值的步骤如下：

(1)求出$f(x,y)$在区域D内的驻点；

(2)求出$f(x,y)$在区域D边界上的最值点；

(3)上述两类点中的函数值最大者为最大值，最小者为最小值.

在实际问题中，如果根据问题本身的性质可知，函数$f(x.y)$的最大(小)值一定在区域D的内部取得，并且函数在D内仅有唯一驻点，就可以判断该驻点一定是函数的最大(小)值点.

例 7.2 某工厂用铝板加工一个体积为V_0的有盖的长方体水箱，问长、宽、高各为多少时才能使所用材料最省.

解 设水箱的长、宽、高分别为x,y,z，其表面积为A，由题设知$z=\dfrac{V_0}{xy}$，于是

$$A=2\left(xy+y\cdot\frac{V_0}{xy}+x\cdot\frac{V_0}{xy}\right),$$

即$A=2\left(xy+\dfrac{V_0}{y}+\dfrac{V_0}{x}\right)$ $(x>0,y>0)$.

下面去求此二元函数的最小值，先求驻点.

令 $A_x = 2\left(y - \frac{V_0}{x^2}\right) = 0$，$A_y = 2\left(x - \frac{V_0}{y^2}\right) = 0$. 解这个方程组, 可得

$$x = \sqrt[3]{V_0}, \quad y = \sqrt[3]{V_0}.$$

根据题意可知, 水箱所用材料面积的最小值存在, 并且在开区域 $D = \{x, y | x > 0, y > 0\}$ 内仅有一个驻点 $(\sqrt[3]{V_0}, \sqrt[3]{V_0})$，因此可以断定当 $x = \sqrt[3]{V_0}$，$y = \sqrt[3]{V_0}$ 时, A 取最小值, 也即当水箱的长、宽、高均为 $\sqrt[3]{V_0}$ 时, 水箱所用材料最省.

8.7.2　条件极值、拉格朗日乘数法

在求函数的极值问题中, 有时会遇到自变量除受定义域的限制外, 还受到其他的条件约束, 而这种约束条件往往以一个或几个方程的形式出现, 在此种条件下求极值问题就称为条件极值.

我们可以把例 7.2 看作求长方体表面积的函数 $A = 2(xy + yz + zx)$ 在条件 $xyz = V_0$ 约束下的极值问题. 不过可以从方程 $xyz = V_0$ 中解出 $z = \frac{V_0}{xy}$ 并代入 A 中, 即解除了约束的条件, 从而变成求二元函数 $A = 2\left(xy + \frac{V_0}{y} + \frac{V_0}{x}\right)$ 的无条件极值. 但在一般条件下, 从条件约束方程 $\varphi(x, y, z) = 0$ 中解出 $z = z(x, y)$ 是做不到的, 但我们可以按这一思路来考虑问题. 为简单下面来研究如何求函数

$$z = f(x, y) \tag{1}$$

在条件

$$\varphi(x, y) = 0 \tag{2}$$

下取得极值的必要条件.

假设函数 $f(x, y), \varphi(x, y)$ 在我们所考虑的区域内都有一阶连续的偏导数, 且 $\varphi'_y(x, y) \neq 0$，由隐函数存在定理可知, 设 $y = y(x)$ 为方程 $\varphi(x, y) = 0$ 所确定的隐函数, 并将其代入 $f(x, y)$ 中可得 $z = f(x, y(x))$. 于是就变成求函数 $z = f(x, y(x))$ 无条件极值问题. 由极值的必要条件有 $\frac{\mathrm{d}z}{\mathrm{d}x} = 0$. 而

$$\frac{\mathrm{d}z}{\mathrm{d}x} = f_x(x, y) + f_y(x, y)\frac{\mathrm{d}y}{\mathrm{d}x},$$

又 $\frac{\mathrm{d}y}{\mathrm{d}x} = -\frac{\varphi_x(x, y)}{\varphi_y(x, y)}$，所以 $\frac{\mathrm{d}z}{\mathrm{d}x} = f_x(x, y) - \frac{\varphi_x(x, y)}{\varphi_y(x, y)} f_y(x, y)$. 于是极值点必满足方程组

$$\begin{cases} f_x(x,y) - \dfrac{\varphi_x(x,y)}{\varphi_y(x,y)} f_y(x,y) = 0, \\ \varphi(x,y) = 0, \end{cases} \quad \text{或者} \quad \begin{cases} \dfrac{f_x(x,y)}{\varphi_x(x,y)} = \dfrac{f_y(x,y)}{\varphi_y(x,y)}, \\ \varphi(x,y) = 0. \end{cases}$$

如果令 $\dfrac{f_x(x,y)}{\varphi_x(x,y)} = \dfrac{f_y(x,y)}{\varphi_y(x,y)} = -\lambda$，则上述必要条件就变为

$$\begin{cases} f_x(x,y) + \lambda\varphi_x(x,y) = 0, \\ f_y(x,y) + \lambda\varphi_y(x,y) = 0, \\ \varphi(x,y) = 0. \end{cases} \tag{3}$$

如果引进辅助函数 $L(x,y) = f(x,y) + \lambda\varphi(x,y)$，其中 λ 为任意常数，则容易看出(3)式中的前两式就是 $L_x(x,y) = 0, L_y(x,y) = 0$．函数 $L(x,y)$ 称为**拉格朗日函数**，λ 称为**拉格朗日乘数**.

综合以上分析，求函数 $z = f(x,y)$ 在约束条件 $\varphi(x,y) = 0$ 下的极值问题，首先构造拉格朗日函数

$$L(x,y) = f(x,y) + \lambda\varphi(x,y),$$

其次求驻点，即求方程组

$$\begin{cases} f_x(x,y) + \lambda\varphi_x(x,y) = 0, \\ f_y(x,y) + \lambda\varphi_y(x,y) = 0, \\ \varphi(x,y) = 0 \end{cases}$$

的实值解 (x,y)，即为函数 $z = f(x,y)$ 在约束条件 $\varphi(x,y) = 0$ 下的可能极值点. 至于如何进一步判断所求的驻点是否一定是极值点，在实际问题中往往可以根据问题本身性质来判定.

例 7.3　求函数 $f(x,y) = x^2 - xy + y^2 + 1$，在区域 $D = \{(x,y) | x^2 + y^2 \leqslant 1\}$ 上的最大与最小值.

解　由于 D 是一有界的闭区域，而函数 $f(x,y)$ 在其上连续，故必有最大值与最小值. 可分 D 的内部与边界两部分讨论.

(1)在 D 的内部，解方程组

$$\begin{cases} f_x(x,y) = 2x - y = 0, \\ f_y(x,y) = -x + 2y = 0, \end{cases}$$

求得唯一驻点 $x = y = 0$，且 $f(0,0) = 1$.

(2) 在边界 $\partial D=\{(x,y)\,|\,x^2+y^2=1\}$ 上，构造拉格朗日函数 $L(x,y)=x^2-xy+y^2+1+\lambda(x^2+y^2-1)$，令

$$\begin{cases}\dfrac{\partial L}{\partial x}=2x-y+2\lambda x=0,\\[2ex]\dfrac{\partial L}{\partial y}=-x+2y+2\lambda y=0,\\[2ex]x^2+y^2-1=0.\end{cases}$$

由前两式得 $y=2(1+\lambda)x, x=2(1+\lambda)y$．于是

$$y=4(1+\lambda)^2y. \tag{4}$$

若 $y=0$，则 $x=0$ 不满足约束条件 $x^2+y^2=1$，故 $y\neq 0$．由 (4) 式得 $1=4(1+\lambda)^2$，于是 $\lambda=-\dfrac{1}{2}$，这时 $y=x$；或 $\lambda=-\dfrac{3}{2}$，$y=-x$．于是得到四个驻点

$$P_1\left(-\frac{\sqrt{2}}{2},-\frac{\sqrt{2}}{2}\right),\quad P_2\left(\frac{\sqrt{2}}{2},-\frac{\sqrt{2}}{2}\right),\quad P_3\left(-\frac{\sqrt{2}}{2},\frac{\sqrt{2}}{2}\right),\quad P_4\left(\frac{\sqrt{2}}{2},\frac{\sqrt{2}}{2}\right).$$

计算上面 4 个点处的函数值, 并加以比较, 得最大值 M 与最小值 m

$$M=f\left(-\frac{\sqrt{2}}{2},\frac{\sqrt{2}}{2}\right)=f\left(\frac{\sqrt{2}}{2},-\frac{\sqrt{2}}{2}\right)=\frac{5}{2},$$

$$f\left(-\frac{\sqrt{2}}{2},-\frac{\sqrt{2}}{2}\right)=f\left(\frac{\sqrt{2}}{2},\frac{\sqrt{2}}{2}\right)=\frac{3}{2},$$

$$m=f(0,0)=1.$$

从而，f 在区域 D 上的最大值为 $\dfrac{5}{2}$，最小值为 1.

例 7.4　用条件极值解例 7.2.

解　目标函数为 $A=2(xy+yz+zx)$，约束条件是 $xyz=V_0$．构造拉格朗日函数

$$L(x,y,z)=2(xy+yz+zx)+\lambda(xyz-V_0),$$

解方程组

$$\begin{cases}L_x(x,y,z)=2(y+z)+\lambda yz=0,\\L_y(x,y,z)=2(x+z)+\lambda xz=0,\\L_z(x,y,z)=2(x+y)+\lambda xy=0,\\xyz=V_0.\end{cases} \tag{5}$$

因为x,y,z都不等于零，所以由(5)式得

$$\frac{x}{y}=\frac{x+z}{y+z}, \quad \frac{y}{z}=\frac{x+y}{x+z}, \tag{6}$$

解(6)式可得$x=y=z$，再结合(5)式中的第4个方程便得到$x=y=z=\sqrt[3]{V_0}$. 这是唯一的驻点，因为问题本身可知最小值一定存在，因此得到与例7.2同样的结果.

例 7.5 设某电视机厂生产一台电视机的成本为C，每台电视机的销售价格为P，销售量为Q. 假设该厂的生产处于平衡状态，即电视机的生产量等于销售量. 根据市场预测，销售量Q与销售价格P之间有下面的关系：

$$Q=M\mathrm{e}^{-aP} \quad (M>0, \ a>0), \tag{7}$$

其中M为市场最大需求量，a是价格系数. 同时，生产部门根据对生产环节的分析，对每台电视机的生产成本C有如下测算：

$$C=C_0-k\ln Q \quad (k>0, \ Q>1), \tag{8}$$

其中C_0是只生产一台电视机时的成本，k是规模系数.

根据上述条件，应如何确定电视机的售价P，才能使该厂获得最大利润？

解 设厂家获得的利润为u，每台电视机售价为P，每台生产成本为C，销售量为Q，则$u=(P-C)Q$，于是问题化为求利润函数$u=(P-C)Q$在附加条件(7)，(8)下的极值问题.

作拉格朗日函数

$$L(Q,P,C)=(P-C)Q+\lambda(Q-M\mathrm{e}^{-ap})+\mu(C-C_0+k\ln Q).$$

令

$$\begin{aligned} L_Q &= P-C+\lambda+k\frac{\mu}{Q}=0, \\ L_P &= Q+\lambda aM\mathrm{e}^{-aP}=0, \\ L_C &= -Q+\mu=0. \end{aligned}$$

将(7)式代入(8)式，得

$$C=C_0-k(\ln M-aP). \tag{9}$$

由(7)式及$L_P=0$知$\lambda a=-1$，即

$$\lambda=-\frac{1}{a}. \tag{10}$$

由$L_C=0$知$Q=\mu$，即

$$\frac{Q}{\mu}=1. \tag{11}$$

将(9)～(11)式代入 $L_Q=0$，得 $P-C_0+k(\ln M-aP)-\frac{1}{a}+k=0$，由此得

$$P^*=\frac{C_0-k\ln M+\frac{1}{a}-k}{1-ak}.$$

因为由问题本身可知最优价格必定存在，所以这个 P^* 就是电视机的最优价格.

8.7.3　最小二乘法与数学建模

在生命科学、经济管理中经常碰到各种不同的变量，例如，施肥量与庄稼产量、动物的怀孕期与寿命、需求与供给、成本与收入等. 这些变量之间往往又是相互联系的. 人们关心的问题是通过一组实验数据(或历史资料或观察记录)，研究两个变量之间的关系，找出这两个变量间函数关系的近似表达式，从而建立起一个数学模型. 应用此模型去分析因果关系，或者用于预测. 这就是在概率统计中将进一步学习的回归分析的内容.

1. 模型的误差

由于通过实验数据找到的函数关系是一个近似表达式，因此，建立的数学模型就一定有误差. 那么如何表示这个误差呢？例如：

当物价上升时，供给也会增加，若取供给函数为线性函数 $f(x)=a+bx$——线性模型. 已知历史资料数据为 $\{(x_1,y_1),(x_2,y_2),\cdots,(x_n,y_n)\}$，则模型 $f(x)=a+bx$ 在点 $x_1,x_2,\cdots,x_n$ 的函数值 $f(x_i)$ ($i=1,2,\cdots,n$) 与历史资料数据 y_i ($i=1,2,\cdots,n$) 之差 $f(x_i)-y_i$ ($i=1,2,\cdots,n$)，可以表示误差(称为**偏差**). 只要每个偏差都很小(接近 0)，亦即偏差之和 $\sum_{i=1}^{n}[f(x_i)-y_i]$ 很小，那么模型就与实际比较符合，认为模型的精确度较高. 但是，由于偏差有正有负，求和时可能相互抵消. 为了避免这种情况，可以对偏差取绝对值再求和 $\sum_{i=1}^{n}\left|f(x_i)-y_i\right|$. 我们知道，表达式中若带有绝对值记号，不便运算，因此，考虑用偏差的平方和

$$\sum_{i=1}^{n}[f(x_i)-y_i]^2$$

来表示模型的误差. 这既便于运算，又克服了上述缺陷. 于是，引入下面的定义：

定义 7.2　数学模型逼近数据点集 $\{(x_1, y_1), (x_2, y_2), \cdots, (x_n, y_n)\}$ 的误差平方和为

$$S = [f(x_1) - y_1]^2 + [f(x_2) - y_2]^2 + \cdots + [f(x_n) - y_n]^2$$
$$= \sum_{i=1}^{n} [f(x_i) - y_i]^2.$$

例 7.6（误差平方和）　设有两个模型（图 8.7），试比较这两个模型

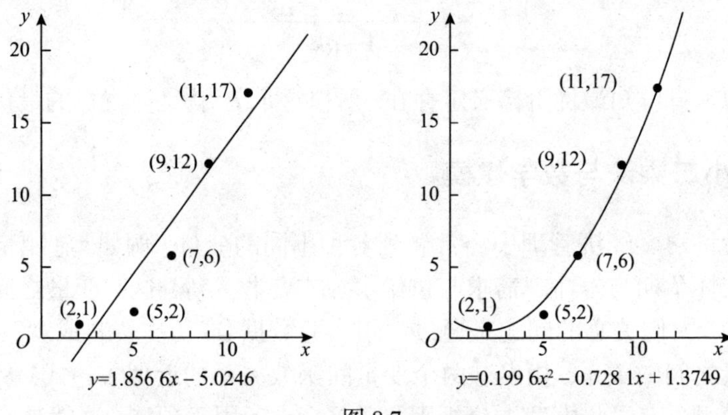

图 8.7

$$f(x) = 1.8566x - 5.0246, \quad g(x) = 0.1996x^2 - 0.7281x + 1.9749,$$

逼近点集 $\{(2,1), (5,2), (7.6), (9,12), (11,17)\}$ 的误差平方和.

解　将点的数值代入模型计算，得表 8.1.

表 8.1

资料	x	2	5	7	9	11
	y	1	2	6	12	17
模型	$f(x)$	−1.3114	4.2584	7.9716	11.6848	15.3980
	$g(x)$	0.7171	2.7244	6.0586	10.9896	17.5174

关于线性模型 $f(x)$ 的误差平方和为

$$S = (-1.3114 - 1)^2 + (4.2584 - 2)^2 + (7.9716 - 6)^2$$
$$+ (11.6848 - 12)^2 + (15.3980 - 17)^2$$
$$\approx 16.9959.$$

关于平方模型 $g(x)$ 的误差平方和为

$$S = (0.7171 - 1)^2 + (2.7244 - 2)^2 + (6.0586 - 6)^2$$
$$+ (10.9896 - 12)^2 + (17.5174 - 17)^2$$
$$\approx 1.8968.$$

这个结果表明, 平方模型 $g(x)$ 比线性模型 $f(x)$ 要好些.

2. 最小二乘逼近

先看一个实例.

例 7.7(利润)　设某公司过去三年的利润如表 8.2.

表 8.2

年份	利润/百万元
1994	35.1
1995	39.9
1996	46.6

试根据表 8.2 的数据, 建立公司年利润 y 与时间 t 之间的数学模型.

解　先在坐标系上画散点图, 取 t 为横轴, y 为纵轴, 把表 8.2 上的数据描在坐标系上. 取

$$t_1 = 1(1994),\quad t_2 = 2(1995),\quad t_3 = 3(1996)\quad (图 8.8),$$

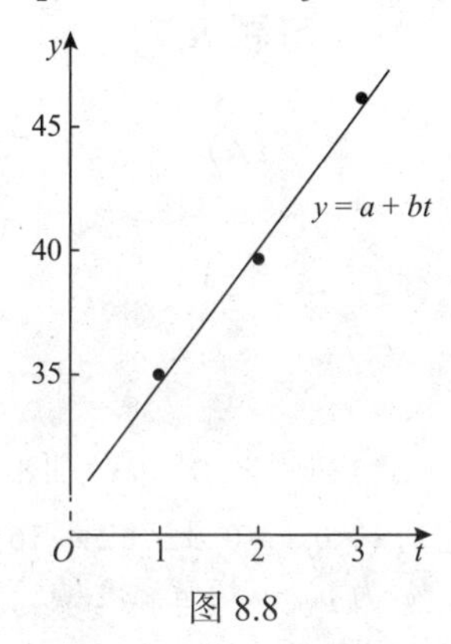

图 8.8

从图 8.8 中可看出, 这些点的连线大致在一条直线上, 因此, 可设数学模型为线性函数 $f(t) = a + bt$, 其中 a,b 是待定的常数.

为了确定 a,b 只要使函数模型 $f(t) = a + bt$ 与资料数据 $\{(1,35.1),(2,39.9),(3,46.6)\}$ 误差平方和 S 为最小, 即

$$S(a,b) = \sum_{i=1}^{3}[(a + bt_i) - y_i]^2$$

为最小. 这种根据误差平方和为最小的条件来确定常数 a,b 的方法称为**最小二乘法**.

这样一来, 问题归结为求二元函数 $S = S(a,b)$ 的最小值. 根据求最值的方法, 令

$$\begin{cases} \dfrac{\partial S}{\partial a} = \sum_{i=1}^{3} 2[(a+bt_i)-y_i]\cdot 1 = 0, \\ \dfrac{\partial S}{\partial b} = \sum_{i=1}^{3} 2[(a+bt_i)-y_i]\cdot t_i = 0, \end{cases}$$

整理得

$$\begin{cases} 3a + b\sum_{i=1}^{3} t_i = \sum_{i=1}^{3} y_i, \\ a\sum_{i=1}^{3} t_i + b\sum_{i=1}^{3} t_i^2 = \sum_{i=1}^{3} t_i y_i, \end{cases}$$

即

$$\begin{cases} 3a + 6b = 121.6, \\ 6a + 14b = 254.7. \end{cases}$$

解得 $a = 29.03, b = 5.75$，从而，数学模型为 $f(t) = 29.03 + 5.75t$.

习题 8.7

(A)

习题 8.7 解答

1. 求下列函数的极值:

(1) $f(x,y) = x^3 - y^3 + 3x^2 + 3y^2 - 9x$；

(2) $f(x,y) = 4(x-y) - x^2 - y^2$；

(3) $f(x,y) = \mathrm{e}^{2x}(x + y^2 + 2y)$.

2. 求函数 z 在 D 内的最值: $z = x^2 - xy + y^2, D = \{(x,y) \mid |x| + |y| \leqslant 1\}$.

3. 在 xOy 平面上求一点，使它到 $x = 0, y = 0$ 及 $x + 2y - 16 = 0$ 三直线距离的平方和最小.

4. 某种合金的含铅量百分比(%)为 p，其熔解温度(℃)为 θ，由实验测得 p 与 θ 的数据如表 8.3:

表 8.3

p/%	36.9	46.7	63.7	77.8	84.0	87.5
θ/℃	181	197	235	270	283	292

试用最小二乘法建立 θ 与 p 之间的经验公式 $\theta = ap + b$.

(B)

1. 从斜边长为 l 的直角三角形中，求有最大周长的直角三角形.

2. 将周长为 $2p$ 的矩形绕它的一边旋转而构成一个圆柱体，问矩形的边长各为多少时，可使圆柱体的体积最大.

3. 求内接于半径为 a 的球且有最大体积的长方体.

8.8　数学实验：最小二乘法的多项式拟合

实验目的　理解多项式拟合的基本思想, 掌握用 MATLAB 程序求拟合多项式的基本方法.

实验原理　8.7 节例 7.6 显示了平方模型比线性模型好. 因此, 我们考虑用更高次的多项式进行数据的拟合.

设给定观察数据

$$(x_1,y_1),\quad (x_2,y_2),\quad \cdots,\quad (x_n,y_n),$$

考虑用 m 次多项式进行拟合. 设 $\varphi(x)=a_0+a_1x+a_2x^2+\cdots+a_mx^m=\sum\limits_{j=0}^{m}a_jx^j$ 是 m 次多项式, 最小二乘法即为求系数 $a_0,a_1,a_2,\cdots,a_m$, 使得

$$S(a_0,a_1,\cdots,a_m)=\sum_{i=1}^{n}[\varphi(x_i)-y_i]^2=\sum_{i=1}^{n}\left[\sum_{j=0}^{m}a_jx^j-y_i\right]^2$$

最小. 令

$$\begin{cases}\dfrac{\partial S}{\partial a_0}=\sum\limits_{i=1}^{n}2\left[\sum\limits_{j=0}^{m}a_jx^j-y_i\right]=0,\\ \dfrac{\partial S}{\partial a_1}=\sum\limits_{i=1}^{n}\left\{2\left[\sum\limits_{j=0}^{m}a_jx^j-y_i\right]x_i\right\}=0,\\ \quad\cdots\cdots\\ \dfrac{\partial S}{\partial a_m}=\sum\limits_{i=1}^{n}\left\{2\left[\sum\limits_{j=0}^{m}a_jx^j-y_i\right]x_i^m\right\}=0,\end{cases}$$

即

$$\begin{cases}\sum\limits_{i=1}^{n}\left(\sum\limits_{j=0}^{m}a_jx_i^j\right)=\sum\limits_{i=1}^{n}y_i,\\ \sum\limits_{i=1}^{n}\left(\sum\limits_{j=0}^{m}a_jx_i^{j+1}\right)=\sum\limits_{i=1}^{n}x_iy_i,\\ \quad\cdots\cdots\\ \sum\limits_{i=1}^{n}\left(\sum\limits_{j=0}^{m}a_jx_i^{j+m}\right)=\sum\limits_{i=1}^{n}x_i^my_i,\end{cases}$$

写成方程组的矩阵形式即为

$$\begin{pmatrix} n & \sum_{i=1}^{n} x_i & \cdots & \sum_{i=1}^{n} x_i^m \\ \sum_{i=1}^{n} x_i & \sum_{i=1}^{n} x_i^2 & \cdots & \sum_{i=1}^{n} x_i^{m+1} \\ \vdots & \vdots & & \vdots \\ \sum_{i=1}^{n} x_i^m & \sum_{i=1}^{n} x_i^{m+1} & \cdots & \sum_{i=1}^{n} x_i^{2m} \end{pmatrix} \begin{pmatrix} a_0 \\ a_1 \\ \vdots \\ a_m \end{pmatrix} = \begin{pmatrix} \sum_{i=1}^{n} y_i \\ \sum_{i=1}^{n} x_i y_i \\ \vdots \\ \sum_{i=1}^{n} x_i^m y_i \end{pmatrix}.$$

实验内容

1. 编写多项式拟合的 MATLAB 程序

```
function p= sy701(x,y,m) %定义函数
%用途：多项式拟合
%格式：p= sy701(x,y,m)  x,y 为数据向量，m 为拟合多项式次数
%p 返回多项式系数降幂排列
format short
A=zeros(m+1,m+1);
for i=0:m
    for j=0:m
        A(i+1,j+1)=sum(x.^(i+j));
    end
    b(i+1)=sum(x.^i.*y);
end
a=A\b';
p=fliplr(a');%按降幂排列
end
```

例 8.1　已知下列数据，用程序 sy701.m 求拟合多项式 $\varphi(x) = a_0 + a_1 x + a_2 x^2 + a_3 x^3$.

x	-2	-1	0	1	2
$f(x)$	-1	-1	0	1	1

解　在 MATLAB 命令窗口运行：

```
>> x=-2:2;y=[-1 -1 0 1 1];
```

```
>> p=sy701(x,y,3)
```

得计算结果:

```
p =
   -0.1667         0    1.1667         0
```

即拟合多项式为

$$\varphi(x) = -0.1667x^3 + 1.1667x.$$

例 8.2　用程序 sy701.m 求解 8.7 节例 7.6 中的线性模型和平方模型.

解　在 MATLAB 命令窗口运行:

```
>> x=[2 5 7 9 11];y=[1 2 6 12 17];
>> p=sy701(x,y,1)      %线性模型
p =
    1.8566   -5.0246
```

即　$f(x) = 1.8566x - 5.0246$.

```
>> p=sy701(x,y,2)      %平方模型
p =
0.1996   -0.7281    1.3749
```

即　$g(x) = 0.1996x^2 - 0.7281x + 1.3749$.

2. MATLAB 软件自带函数求多项式拟合

函数 polyfit()采用最小二乘法对给定数据进行多项式拟合, 最后给出多项式的系数.

p=polyfit(x,y,n)采用n次多项式p来拟合数据x和y, 从而使得$p(x)$与y均方差最小.

例 8.3　用函数 polyfit()求函数 $y = 0.25x + 20\sin x$ 在区间[0,10]上的 5 次、8 次、60 次拟合多项式.

解　在 MATLAB 中编写 M 文件:

```
%polyfit_example.m
%说明函数 polyfit()的用法, 并讨论采用不同次数多项式对拟合结果的
%影响
x=0:0.2:10;
y=0.25*x+20*sin(x);
%5 阶多项式拟合
p5=polyfit(x,y,5);
```

```
y5=polyval(p5,x);
%8 阶多项式拟合
p8=polyfit(x,y,8);
y8=polyval(p8,x);
%60 阶多项式拟合
p60=polyfit(x,y,60);
y60=polyval(p60,x);
%画图
hold on;
plot(x,y,'ro');
plot(x,y5,'b--');
plot(x,y8,'b:');
plot(x,y60,'r-.');
xlabel('x');
ylabel('y');
legend('原始数据','5 阶多项式拟合',' 8 阶多项式拟合',' 60 阶多项式拟合')
```

在 MATLAB 命令窗口运行：polyfit_example.

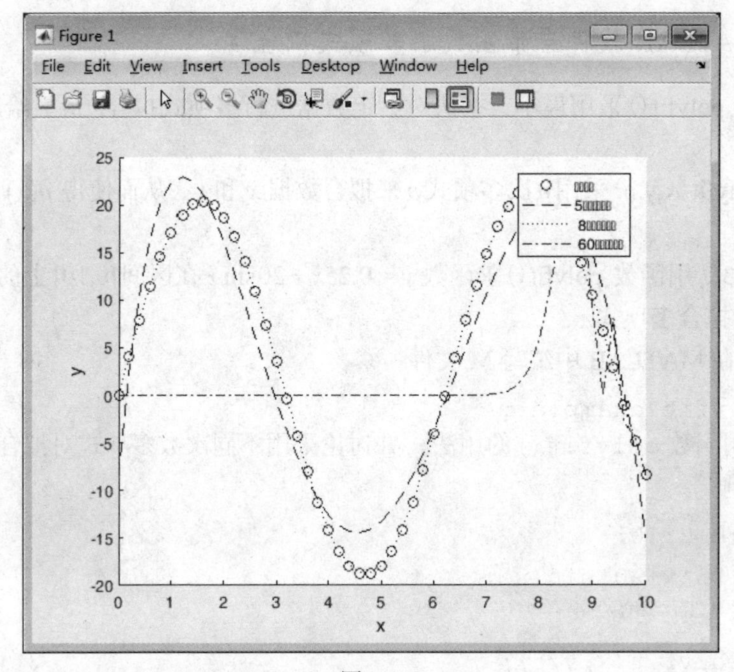

图 8.9

从图形不难看出：使用 5 次多项式拟合时，拟合得到的结果比较差，而使用 8 次多项式拟合时，得到的结果与原始数据符合得很好，但使用 60 次多项式拟合时，拟合的结果非常差. 可见，用多项式拟合必须选择适中的次数，而不是次数越高精度越高.

第9章　重　积　分

将定积分的概念推广到多元函数的情形, 便得到重积分的概念. 本章将介绍重积分的概念、性质、计算方法及应用.

9.1　二重积分的概念与性质

9.1.1　二重积分的概念

例1.1（曲顶柱体的体积）　设有立体 Ω, 以 xOy 面上一有界闭区域 D 为底, 以其边界曲线为准线而母线平行于 z 轴的柱面为侧面, 以曲面 $z=f(x,y)$ 为顶面, 这里要求函数 $z=f(x,y)$ 在 D 上连续且非负, 这样的立体称为曲顶柱体(图 9.1).

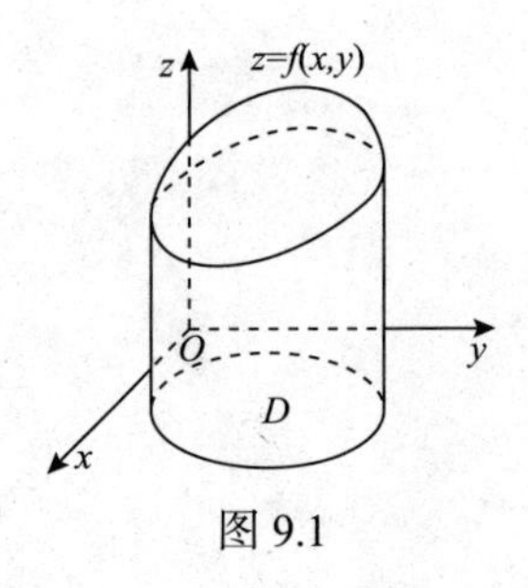

图 9.1

如何求曲顶柱体的体积呢？我们知道, 平顶柱体的体积公式为

$$\text{体积}=\text{底面积}\times\text{高}.$$

但是不适合用这个公式求曲顶柱体的体积, 原因是曲顶柱体的高 $f(x,y)$ 是随着点 (x,y) 的不同而变化. 然而我们可以借助在引进定积分概念时求曲边梯形面积时采取的“以直代曲”的方法来解决求曲顶柱体体积问题, 在这里, “以直代曲”是指以“平面”代替“曲面”.

首先, 我们用一组曲线将有界闭区域 D 分成 n 个小闭区域 $\Delta\sigma_1,\Delta\sigma_2,\cdots,\Delta\sigma_n$, 其中 $\Delta\sigma_i$ 表示第 i 个小闭区域, 也表示它的面积. 再分别以这些小闭区域的边界为准线作母线平行 z 轴的柱面, 就将原来的曲顶柱体分成 n 个小的曲顶柱体 $\Delta V_1,\Delta V_2,\cdots,\Delta V_n$. 其中 ΔV_i 表示第 i 个小曲顶柱体, 也表示它的体积. 从而, 曲顶柱体的体积为

$$V=\sum_{i=1}^{n}\Delta V_i,$$

在每个$\Delta\sigma_i$中任取一点(ξ_i,η_i)，以$f(\xi_i,\eta_i)$为高, 而底为$\Delta\sigma_i$平顶柱体的体积为

$$f(\xi_i,\eta_i)\Delta\sigma_i \quad (i=1,2,\cdots,n),$$

于是$\Delta V_i\approx f(\xi_i,\eta_i)\Delta\sigma_i$，从而

$$V\approx\sum_{i=1}^{n}f(\xi_i,\eta_i)\Delta\sigma_i .$$

为取得精确值, 自然想到将分割曲线无限加密, 即令n个小闭区域的直径(一个有界闭区域的直径是指有界闭区域上任意两点间距离最大者)的最大值$\lambda\to 0$，其极限值应为曲顶柱体的体积, 即

$$V=\lim_{\lambda\to 0}\sum_{i=1}^{n}f(\xi_i,\eta_i)\Delta\sigma_i .$$

例1.2 (平面薄片的质量) 设xOy坐标面上一有界闭区域D是一平面薄片, 如果它的面密度是均匀的, 则其质量为

$$\text{质量}=\text{面密度}\times\text{面积}.$$

但是, 如果面密度为$\rho=\rho(x,y),(x,y)\in D$，其质量就不能按上面公式去计算. 于是将$D$任意分成$n$个小块$\Delta\sigma_1,\Delta\sigma_2,\cdots,\Delta\sigma_n$，其中$\Delta\sigma_i$表示第$i$个小闭区域, 也表示它的面积(图 9.2), 在每个小块$\Delta\sigma_i$中任取一点(ξ_i,η_i)，则$\Delta m_i\approx\rho(\xi_i,\eta_i)\Delta\sigma_i$，于是

$$m\approx\sum_{i=1}^{n}\rho(\xi_i,\eta_i)\Delta\sigma_i .$$

令各小块的最大直径$\lambda\to 0$, 对上面和式取极限就得到薄片质量的精确值, 即

$$m=\lim_{\lambda\to 0}\sum_{i=1}^{n}\rho(\xi_i,\eta_i)\Delta\sigma_i .$$

上面两个例子尽管它们的背景不同, 但我们所求的量都可以归结为同一形式和的极限, 抛开其背景, 就抽象出二重积分定义.

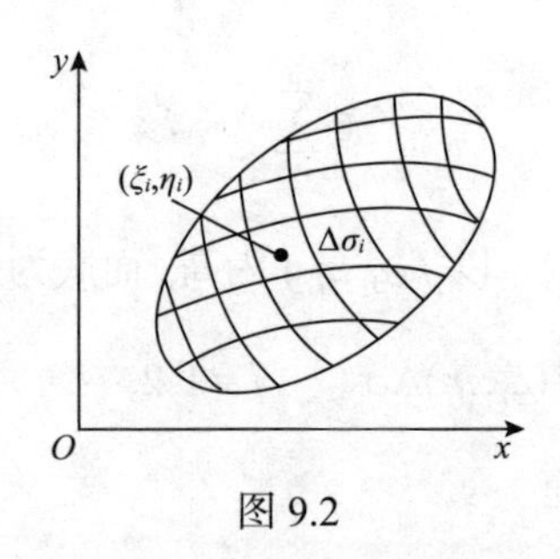

图 9.2

定义 1.1 设函数 $z=f(x,y)$ 是有界闭区域 D 上的有界函数. 将 D 任意分成 n 个小闭区域 $\Delta\sigma_1,\Delta\sigma_2,\cdots,\Delta\sigma_n$，其中 $\Delta\sigma_i$ 表示第 i 个小闭区域，同时也表示它的面积. 在每个 $\Delta\sigma_i$ 上任取一点（ξ_i,η_i），作乘积 $f(\xi_i,\eta_i)\Delta\sigma_i$（$i=1,2,\cdots,n$），并作和 $\sum\limits_{i=1}^{n}f(\xi_i,\eta_i)\Delta\sigma_i$. 如果当各小闭区域的直径中的最大者 λ 趋于零时，此和的极限总存在，并且与区域 D 的分法无关，与点 (ξ_i,η_i) 的取法无关，则称此极限为二元函数 $f(x,y)$ 在有界闭区域 D 上的二重积分，记作 $\iint\limits_D f(x,y)\mathrm{d}\sigma$，即

$$\iint\limits_D f(x,y)\mathrm{d}\sigma=\lim_{\lambda\to 0}\sum_{i=1}^{n}f(\xi_i,\eta_i)\Delta\sigma_i\ , \tag{1}$$

其中 $f(x,y)$ 称作被积函数，$f(x,y)\mathrm{d}\sigma$ 称作被积表达式，$\mathrm{d}\sigma$ 称作面积元素，x,y 称作积分变量，D 称作积分区域，$\sum\limits_{i=1}^{n}f(\xi_i,\eta_i)\Delta\sigma_i$ 称作积分和.

由二重积分定义知道，以曲面 $z=f(x,y)$ 为顶的曲顶柱体的体积为

$$V=\iint\limits_D f(x,y)\mathrm{d}\sigma .$$

特别地，若记区域 D 的面积为 σ，令 $f(x,y)=1$，则有 $\iint\limits_D 1\mathrm{d}\sigma=\sigma$. 因此，可以用二重积分求平面图形的面积，只要取被积函数为 1 即可. 而薄片质量就是

$$m=\iint\limits_D \rho(x,y)\mathrm{d}\sigma .$$

同时我们指出，如果函数 $z=f(x,y)$ 在有界闭区域 D 上连续，那么(1)式中右端的极限一定存在. 因此，今后我们总是假定 $f(x,y)$ 在有界闭区域 D 上是连续的. 在二重积分定义中，虽然要求对有界闭区域 D 的分割是任意的，但在可积的条件

下，我们可以用平行于坐标轴的直线网来分割闭区域 D．于是在直角坐标系中，面积元素为 $\mathrm{d}\sigma=\mathrm{d}x\mathrm{d}y$，从而二重积分也可以记作 $\iint\limits_{D} f(x,y)\mathrm{d}x\mathrm{d}y$．

9.1.2　二重积分的性质

由二重积分的定义很容易得到下面的性质 1～性质 3.

性质 1（线性性质）设 α,β 为常数，则

$$\iint\limits_{D}(\alpha f(x,y)+\beta g(x,y))\mathrm{d}x\mathrm{d}y=\alpha\iint\limits_{D} f(x,y)\mathrm{d}x\mathrm{d}y+\beta\iint\limits_{D} g(x,y)\mathrm{d}x\mathrm{d}y.$$

性质 2（对积分区域的可加性）　如果有界闭区域 D 被曲线分为两部分 D_1，D_2，且 $D=D_1\cup D_2$，则

$$\iint\limits_{D} f(x,y)\mathrm{d}x\mathrm{d}y=\iint\limits_{D_1} f(x,y)\mathrm{d}x\mathrm{d}y+\iint\limits_{D_2} f(x,y)\mathrm{d}x\mathrm{d}y.$$

性质 3（保序性）　如果在有界闭区域 D 上，$f(x,y)\leqslant g(x,y)$，则有

$$\iint\limits_{D} f(x,y)\mathrm{d}x\mathrm{d}y\leqslant\iint\limits_{D} g(x,y)\mathrm{d}x\mathrm{d}y.$$

特别地，由于

$$-|f(x,y)|\leqslant f(x,y)\leqslant|f(x,y)|,$$

因此

$$\left|\iint\limits_{D} f(x,y)\mathrm{d}x\mathrm{d}y\right|\leqslant\iint\limits_{D}|f(x,y)|\mathrm{d}x\mathrm{d}y.$$

例 1.3　比较积分 $\iint\limits_{D}\ln(x+y)\mathrm{d}\sigma$ 与 $\iint\limits_{D}[\ln(x+y)]^2\mathrm{d}\sigma$ 的大小，　其中 D 是三角形闭区域，三顶点分别为 $A(1,0),B(1,1),C(2,0)$．

解　三角形的斜边 BC 是 $x+y=2$，在闭区域 D 内有 $1\leqslant x+y\leqslant 2<\mathrm{e}$，故 $0\leqslant\ln(x+y)<1$．于是 $\ln(x+y)>[\ln(x+y)]^2$，因此

$$\iint\limits_{D}\ln(x+y)\mathrm{d}\sigma>\iint\limits_{D}[\ln(x+y)]^2\mathrm{d}\sigma.$$

性质 4（积分中值定理） 设 $f(x,y)$ 在有界闭区域 D 上连续，σ 是 D 的面积，则在 D 上至少存在一点 (ξ,η)，使得 $\iint\limits_D f(x,y)\mathrm{d}x\mathrm{d}y = f(\xi,\eta)\sigma$.

证明 由于 $f(x,y)$ 在有界闭区域 D 上连续，因此在 D 上有最大值 M 和最小值 m，从而在 D 上有 $m \leqslant f(x,y) \leqslant M$ 及 $\iint\limits_D m\mathrm{d}x\mathrm{d}y \leqslant \iint\limits_D f(x,y)\mathrm{d}x\mathrm{d}y \leqslant \iint\limits_D M\mathrm{d}x\mathrm{d}y$，于是

$$m\sigma \leqslant \iint\limits_D f(x,y)\mathrm{d}x\mathrm{d}y \leqslant M\sigma,$$

将上式同除以 σ，有

$$m \leqslant \frac{1}{\sigma}\iint\limits_D f(x,y)\mathrm{d}x\mathrm{d}y \leqslant M,$$

由二元连续函数的介值定理知，存在 D 上一点 (ξ,η) 使得

$$f(\xi,\eta) = \frac{1}{\sigma}\iint\limits_D f(x,y)\mathrm{d}x\mathrm{d}y,$$

从而得到 $\iint\limits_D f(x,y)\mathrm{d}x\mathrm{d}y = f(\xi,\eta)\cdot\sigma$.

例 1.4 估计 $I = \iint\limits_D \frac{\mathrm{d}\sigma}{\sqrt{x^2+y^2+2xy+16}}$ 的值，其中 D: $0 \leqslant x \leqslant 1, 0 \leqslant y \leqslant 2$.

解 由于闭区域 D 的面积 $\sigma = 2$，并且 $f(x,y) = \frac{1}{\sqrt{(x+y)^2+16}}$ 在 D 上的最大值为 $M = f(0,0) = \frac{1}{4}$，最小值为 $m = f(1,2) = \frac{1}{\sqrt{3^2+4^2}} = \frac{1}{5}$，因此 $\frac{2}{5} \leqslant I \leqslant \frac{2}{4}$，即 $0.4 \leqslant I \leqslant 0.5$.

习题 9.1

习题 9.1 解答

(A)

1. 利用二重积分定义证明:

(1) $\iint\limits_D \mathrm{d}\sigma = \sigma$（$\sigma$ 表示闭区域 D 的面积）;

(2) $\iint\limits_D kf(x,y)\mathrm{d}\sigma = k\iint\limits_D f(x,y)\mathrm{d}\sigma$（$k$ 为常数）;

(3) $\iint\limits_{D} f(x,y)\mathrm{d}\sigma = \iint\limits_{D_1} f(x,y)\mathrm{d}\sigma + \iint\limits_{D_2} f(x,y)\mathrm{d}\sigma$，其中 $D = D_1 \cup D_2$，且 D_1 与 D_2 无公共内点.

2. 根据二重积分的性质，比较下列积分值的大小:

(1) $\iint\limits_{D} (x+y)^2\mathrm{d}\sigma$ 与 $\iint\limits_{D} (x+y)^3\mathrm{d}\sigma$，其中 D 是由 x 轴和 y 轴与直线 $x+y=1$ 所围成的闭区域;

(2) $\iint\limits_{D} (x+y)\mathrm{d}\sigma$ 与 $\iint\limits_{D} (x+y)^2\mathrm{d}\sigma$，其中 D 是闭圆域: $(x-2)^2+(y-1)^2 \leqslant 2$.

3. 利用二重积分的性质估计下列积分值:

(1) $I = \iint\limits_{D} xy(x+y)\mathrm{d}\sigma$，其中 D 是矩形闭区域: $0 \leqslant x \leqslant 1, 0 \leqslant y \leqslant 1$;

(2) $I = \iint\limits_{D} (x^2+4y^2+9)\mathrm{d}\sigma$，其中 D 是闭圆域: $x^2+y^2 \leqslant 4$.

(B)

证明: 如果函数 $f(x,y)$ 在有界闭区域 D 上连续，$g(x,y)$ 在 D 上可积且不变号，则存在一点 $(\xi,\eta) \in D$，使得

$$\iint\limits_{D} f(x,y)g(x,y)\mathrm{d}\sigma = f(\xi,\eta)\iint\limits_{D} g(x,y)\mathrm{d}\sigma .$$

9.2 二重积分的计算

按照定义来计算二重积分相当困难，因此必须另寻他法——将二重积分化成两次定积分来计算.

9.2.1 在直角坐标系下计算二重积分

先设闭区域 D 为(图 9.3 中(a)或(b))的情形，我们称之为 x-型域，具有以下特点.

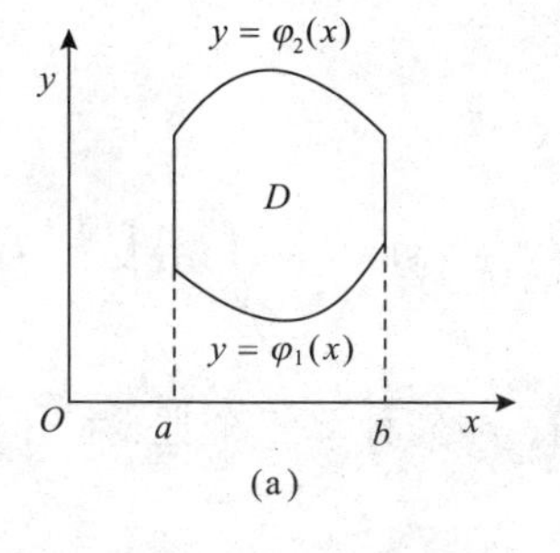

(a)

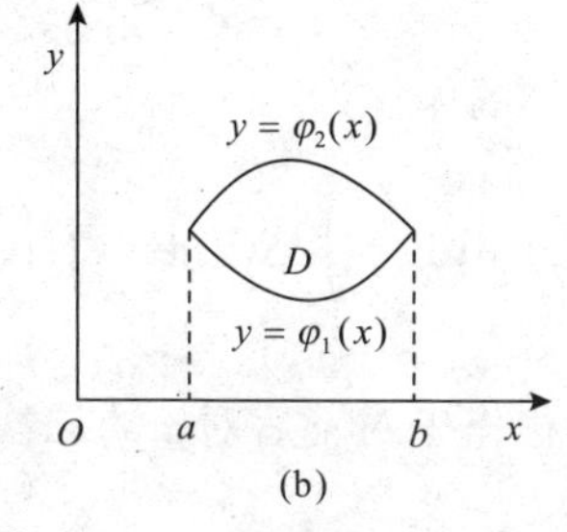

(b)

图 9.3

(1) 穿过闭区域 D 内且平行于 y 轴的任意一条直线与 D 的边界至多有两个交点;

(2) 总是从同一条曲线(下边界)穿入闭区域 D 内, 并且从同一条曲线(上边界)穿出. 并把上下边界都要写成 y 是 x 的函数, 于是闭区域 D 中的点可以用其坐标表示如下:

$$D=\{(x,y)\big|\varphi_1(x)\leqslant y\leqslant\varphi_2(x),a\leqslant x\leqslant b\}.$$

假设函数 $z=f(x,y)$ 在闭区域 D 上连续且非负, D 是 x-型域, 则二重积分 $\iint\limits_D f(x,y)\mathrm{d}x\mathrm{d}y$ 是以曲面 $z=f(x,y)$ 为顶而以闭区域 D 为底的曲顶柱体的体积. 借助第 5 章中用定积分计算平行截面面积为已知的几何体的体积的办法, 计算这个二重积分.

先计算截面面积. 在闭区间 $[a,b]$ 上任取一点 x_0, 过 x_0 点作垂直于 x 轴的平面 $x=x_0$, 截得曲顶柱体的截面是一个以闭区间 $[\varphi_1(x_0),\varphi_2(x_0)]$ 为底, 以 $z=f(x_0,y)$ 为顶的曲边梯形(图 9.4). 因此这个截面的面积为

$$S(x_0)=\int_{\varphi_1(x_0)}^{\varphi_2(x_0)}f(x_0,y)\mathrm{d}y.$$

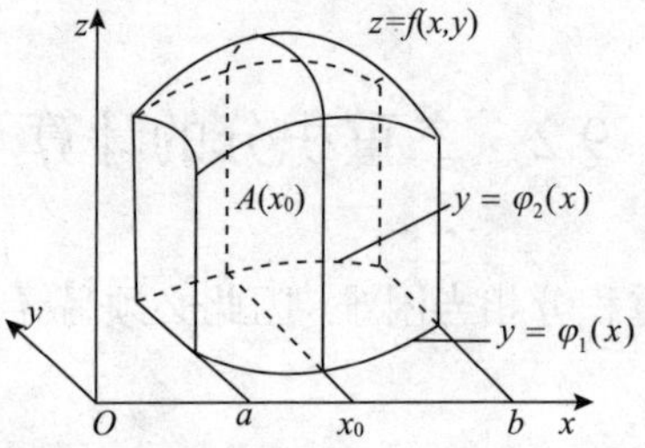

图 9.4

再求曲顶柱体的体积. 因为 x_0 为闭区间 $[a,b]$ 内任意一点, 所以记作

$$S(x)=\int_{\varphi_1(x)}^{\varphi_2(x)}f(x,y)\mathrm{d}y,\quad x\in[a,b].$$

于是此曲顶柱体的体积为

$$V=\iint\limits_D f(x,y)\mathrm{d}x\mathrm{d}y=\int_a^b S(x)\mathrm{d}x=\int_a^b\left(\int_{\varphi_1(x)}^{\varphi_2(x)}f(x,y)\mathrm{d}y\right)\mathrm{d}x=\int_a^b\mathrm{d}x\int_{\varphi_1(x)}^{\varphi_2(x)}f(x,y)\mathrm{d}y.$$

上式右端称作先对 y 后对 x 的二次积分, 即先计算一个把 x 看作常数关于变

量 y 的定积分 $\int_{\varphi_1(x)}^{\varphi_2(x)} f(x,y)\mathrm{d}y$，它是 x 的函数 $S(x)$，之后再计算一个定积分 $\int_a^b S(x)\mathrm{d}x$. 因此，当 D 是 x-型域，即 $D=\{(x,y)|\varphi_1(x)\leqslant y\leqslant\varphi_2(x),a\leqslant x\leqslant b\}$ 时，二重积分

$$\iint_D f(x,y)\mathrm{d}x\mathrm{d}y=\int_a^b\mathrm{d}x\int_{\varphi_1(x)}^{\varphi_2(x)} f(x,y)\mathrm{d}y.$$

类似地，如果积分区域 D 是图 9.5 中(a)或(b)的情形，则称之为 y-型域，其特点是:

(1)穿过 D 内且平行于 x 轴的直线与 D 的边界至多有两个交点;

(2)总是从同一条曲线(左边界)穿进 D 内，再从同一条曲线(右边界)穿出. 并把左右边界写成 x 是 y 的函数. 从而有界闭区域 D 可以用坐标表示为

$$D=\{(x,y)|\psi_1(y)\leqslant x\leqslant\psi_2(y),c\leqslant y\leqslant d\}.$$

则将二重积分 $\iint_D f(x,y)\mathrm{d}x\mathrm{d}y$ 化成先对 x 后对 y 的二次积分，即

$$\iint_D f(x,y)\mathrm{d}x\mathrm{d}y=\int_c^b\mathrm{d}y\int_{\psi_1(y)}^{\psi_2(y)} f(x,y)\mathrm{d}x.$$

(a)　　(b)

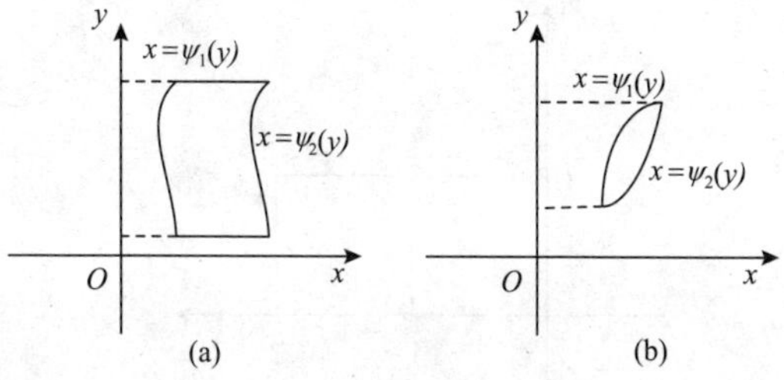

图 9.5

如果积分区域 D 既是 x-型域又是 y-型域，即

$$D=\{(x,y)|\varphi_1(x)\leqslant y\leqslant\varphi_2(y),a\leqslant x\leqslant b\}=\{(x,y)|\psi_1(y)\leqslant x\leqslant\psi_2(x),c\leqslant y\leqslant d\},$$

则

$$\iint_D f(x,y)\mathrm{d}x\mathrm{d}y=\int_a^b\mathrm{d}x\int_{\varphi_1(x)}^{\varphi_2(x)} f(x,y)\mathrm{d}y=\int_c^b\mathrm{d}y\int_{\psi_1(y)}^{\psi_2(y)} f(x,y)\mathrm{d}x.$$

如果积分区域D既不是x-型域也不是y-型域，例如，图 9.6 中(a)或(b)，但我们总可以将区域D分成有限个无公共内点的x-型域或y-型域.

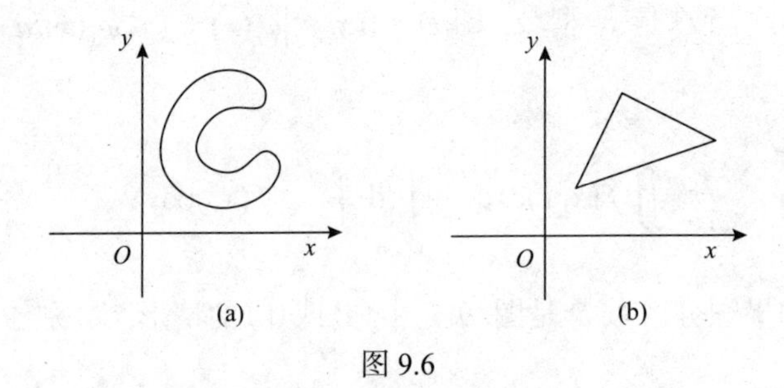

图 9.6

例 2.1 计算$I=\iint\limits_D x^2 y\mathrm{d}x\mathrm{d}y$，其中$D$是由直线$y=0, y=1$及$x=1, x=2$围成的矩形闭区域 .

解 由于D(图 9.7)既是x-型又是y-型域，因此，既可以先对x积分也可以先对y积分.

先对x积分再对y积分得

$$\iint\limits_D x^2 y\mathrm{d}x\mathrm{d}y=\int_0^1\mathrm{d}y\int_1^2 x^2 y\mathrm{d}x=\int_0^1 y\left[\frac{x^3}{3}\right]_1^2\mathrm{d}y=\frac{7}{3}\int_0^1 y\mathrm{d}y=\frac{7}{6}.$$

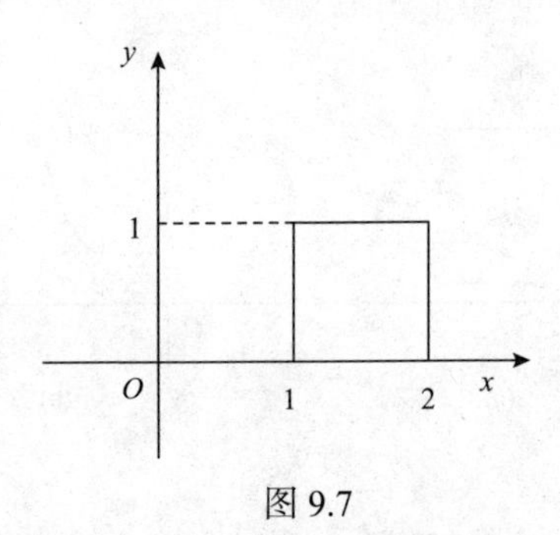

图 9.7

例 2.2 计算$I=\iint\limits_D xy\mathrm{d}\sigma$，其中$D$是由抛物线$y^2=x$及直线$y=x-2$所围成的闭区域.

解 画出积分区域D如图 9.8 所示，易见D是y-型域而不是x-型域，因此先对x积分，后对y积分. 闭区域D的左边界为$x=y^2$，右边界为$x=y+2$，求其交点的坐标，即解方程组$\begin{cases}y^2=x,\\ y=x-2\end{cases}$得$A(4,2), B(1,-1)$，因此

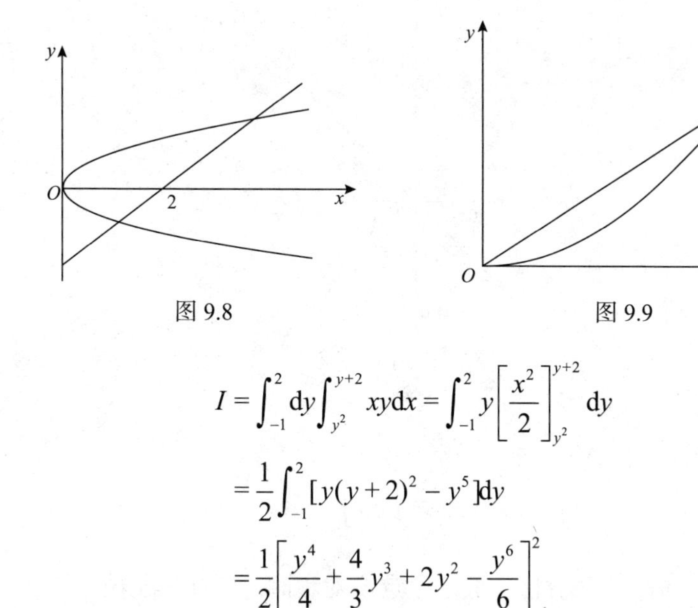

图 9.8　　　　图 9.9

$$
\begin{aligned}
I &= \int_{-1}^{2} \mathrm{d}y \int_{y^2}^{y+2} xy \mathrm{d}x = \int_{-1}^{2} y \left[\frac{x^2}{2} \right]_{y^2}^{y+2} \mathrm{d}y \\
&= \frac{1}{2} \int_{-1}^{2} [y(y+2)^2 - y^5] \mathrm{d}y \\
&= \frac{1}{2} \left[\frac{y^4}{4} + \frac{4}{3} y^3 + 2y^2 - \frac{y^6}{6} \right]_{-1}^{2} \\
&= \frac{45}{8}.
\end{aligned}
$$

例 2.3　计算 $I = \iint\limits_D \frac{\sin x}{x} \mathrm{d}\sigma$，其中 D 是由 $x = y$ 及 $x = \sqrt{y}$ 所围成的闭区域.

解　画出闭区域 D 如图 9.9 所示，易见 D 既是 x-型又是 y-型域，但如果先对 x 积分，就会遇到函数 $\frac{\sin x}{x}$ 的积分，我们知道，它的原函数是不能用初等函数表示出来的. 因此必须先对变量 y 积分，并把闭区域 D 的下，上边界分别写成 $y = x^2$ 及 $y = x$，从而

$$
I = \int_0^1 \mathrm{d}x \int_{x^2}^{x} \frac{\sin x}{x} \mathrm{d}y = \int_0^1 \frac{\sin x}{x} (x - x^2) \mathrm{d}x = 1 - \sin 1 .
$$

例 2.4　交换二次积分 $\int_0^1 \mathrm{d}x \int_{x^2}^{x} f(x, y) \mathrm{d}y$ 的积分次序.

解　根据二次积分的积分限得 $0 \leqslant x \leqslant 1$，$x^2 \leqslant y \leqslant x$.

再根据上面的不等式画出积分区域 D 的图形：对上面不等式中取等号得闭区域 D 边界曲线方程：$y = x$，$y = x^2$，$x = 0$，$x = 1$. 依据方程画出封闭的几何图形(图 9.10). 所以判断 D 是 y-型域，并把左、右边界写成关于 y 的函数，表示如下:

$$
D = \{(x, y) | y \leqslant x \leqslant \sqrt{y}, 0 \leqslant y \leqslant 1\} ,
$$

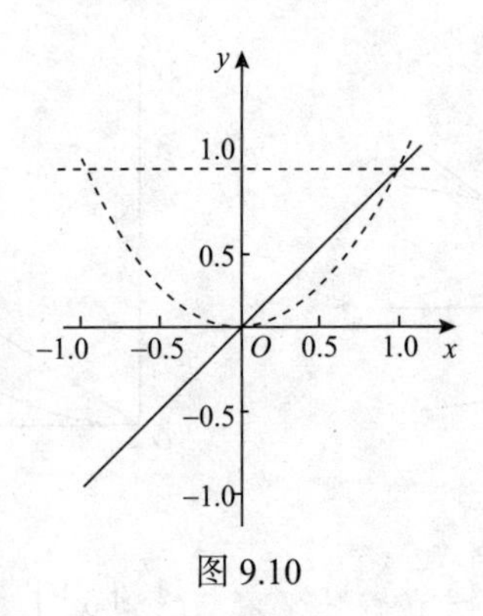

图 9.10

所以

$$\int_0^1 dx\int_{x^2}^{x} f(x,y)dy=\int_0^1 dy\int_y^{\sqrt{y}} f(x,y)dx .$$

在计算定积分时，当积分区间关于原点 O 对称时，有如下结果：

$$\int_{-l}^{l} f(x)dx=\begin{cases}2\int_0^l f(x)dx, & f(-x)=f(x),\\ 0, & f(-x)=-f(x).\end{cases}$$

利用定积分的这一性质能达到简化定积分计算的目的. 由于二重积分的计算也是化成两个定积分计算，因此利用定积分的这一性质就得到下面的结果：

(1) 如果积分区域 D 关于 x 轴（$y=0$）对称(即闭区域 D 的边界曲线关于 x 轴对称)，被积函数 $f(x,y)$ 关于 y 为奇函数，即 $f(x,-y)=-f(x,y)$，则

$$\iint_D f(x,y)dxdy=0 ;$$

若被积函数 $f(x,y)$ 关于 y 是偶函数，即 $f(x,-y)=f(x,y)$，则

$$\iint_D f(x,y)dxdy=2\iint_{D_1} f(x,y)dxdy ,$$

其中闭区域 D_1 是闭区域 D 在 x 轴上方的那部分闭区域.

(2) 如果积分区域 D 关于 y 轴（$x=0$）对称，且被积函数 $f(x,y)$ 关于 x 为奇函数，即 $f(-x,y)=-f(x,y)$，则

$$\iint_D f(x,y)dxdy=0 ;$$

若被积函数 $f(x,y)$ 关于 x 为偶函数，即 $f(-x,y)=f(x,y)$，则

$$\iint\limits_{D} f(x,y)\mathrm{d}x\mathrm{d}y = 2\iint\limits_{D_1} f(x,y)\mathrm{d}x\mathrm{d}y,$$

其中闭区域 D_1 是 D 在 y 轴右侧的那部分闭区域.

例 2.5 计算 $I=\iint\limits_{D}(xy+\cos x\sin y)\mathrm{d}x\mathrm{d}y$，其中 D 是以 $A(1,1), B(-1,1)$，$C(-1,-1)$ 三点为顶点的三角形闭区域.

解 如图 9.11，连接 OB，将闭区域 D 分成四块闭区域：D_1,D_2,D_3,D_4. 由对称性知

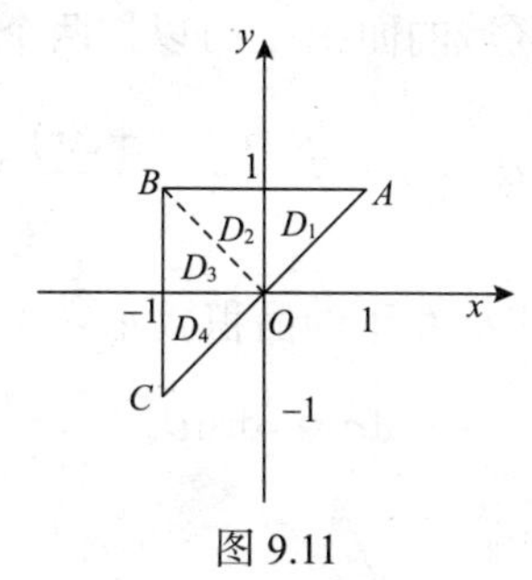

图 9.11

$$\iint\limits_{D_1\cup D_2} xy\mathrm{d}x\mathrm{d}y = 0,\quad \iint\limits_{D_3\cup D_4} xy\mathrm{d}x\mathrm{d}y = 0,\quad \iint\limits_{D_3\cup D_4} \cos x\sin y\mathrm{d}x\mathrm{d}y = 0,$$

$$\begin{aligned}\iint\limits_{D_1\cup D_2} \cos x\sin y\mathrm{d}x\mathrm{d}y &= 2\iint\limits_{D_1}\cos x\sin y\mathrm{d}x\mathrm{d}y\\ &= 2\int_0^1\mathrm{d}x\int_x^1\cos x\cdot\sin y\mathrm{d}y = 2\int_0^1\cos x\left(-\cos y\Big|_x^1\right)\mathrm{d}x,\\ &= -2\cos 1\int_0^1\cos x\mathrm{d}x + 2\int_0^1\cos^2 x\mathrm{d}x\\ &= -\sin 2 + 2\int_0^1\frac{1+\cos 2x}{2}\mathrm{d}x\\ &= 1-\frac{1}{2}\sin 2.\end{aligned}$$

9.2.2 在极坐标系下计算二重积分

1. 二重积分由直角坐标变换为极坐标的变换公式

平面上的点除了用直角坐标表示外，还可以用另外一种坐标表示，即极坐标表示. 我们在直角坐标系中，以坐标系的原点 O 为极点，以 Ox 轴为极轴建立了极坐标系，就是说在同一个平面上建立了两种坐标系. 那么，一个点就可以用两种

坐标表示, 则它们的关系是

$$\begin{cases} x = r\cos\theta, \\ y = r\sin\theta. \end{cases}$$

我们称之为坐标变换公式.

为了推导变换公式, 我们总是假定由极点 O 出发的穿过区域 D 的射线与区域 D 的边界至多有两个交点. 我们用以 O 为心的一族同心圆: $r=$ 常数, 从极点出发的一族射线: $\theta=$ 常数, 把 D 分成 n 个小闭区域(图 9.12). 设其中一个典型小闭区域 $\Delta\sigma$（$\Delta\sigma$ 同时也表示该小区域的面积), 可以按两个扇形面积之差来计算

$$\Delta\sigma = \frac{1}{2}(r+\Delta r)^2\Delta\theta - \frac{1}{2}r^2\Delta\theta = \frac{r+(r+\Delta r)}{2}\Delta r\Delta\theta \approx r\cdot\Delta r\cdot\Delta\theta,$$

于是根据微元法可以得到极坐标系下的面积微元

$$\mathrm{d}\sigma = r\mathrm{d}r\mathrm{d}\theta.$$

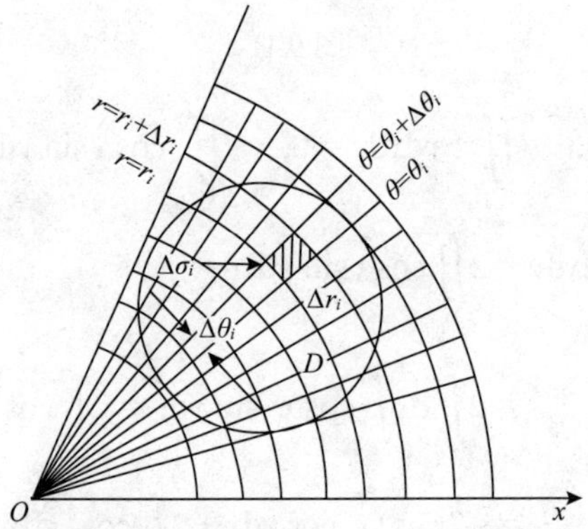

图 9.12

根据直角坐标系与极坐标系之间的转换关系 $\begin{cases} x = r\cos\theta, \\ y = r\sin\theta \end{cases}$ 可以得到直角坐标系与极坐标系下的二重积分的转换公式为

$$\iint\limits_D f(x,y)\mathrm{d}x\mathrm{d}y = \iint\limits_D f(r\cos\theta, r\sin\theta)r\mathrm{d}r\mathrm{d}\theta.$$

由于圆的方程在极坐标系下非常简单, 如果二重积分 $\iint\limits_D f(x,y)\mathrm{d}x\mathrm{d}y$ 的积分区域 D 的边界为圆周, 或部分边界为圆弧, 被积函数在极坐标系下也有简单形式,

例如被积函数含有 x^2+y^2 的式子，则应该考虑用极坐标来计算这个二重积分.

2. 极坐标系下的二重积分计算

对极坐标系下的二重积分也是化成对 r,θ 的二次积分来计算. 一般来讲，总是化成先对 r 后对 θ 的二次积分. 我们就极点 O 相对于有界闭区域 D 的位置，可分成三种情况来讨论.

1) 当极点 O 是 D 的外点时(图 9.13)

首先过点 O 引两条射线，其方程为 OA：$\theta=\alpha$，OB：$\theta=\beta$，使之与 D 的边界曲线 C 相切(交)于 A 与 B，并且将 C 分成 AFB 与 AEB 两段弧. 通过极坐标变换公式，将曲线段 AFB 及 AEB 分别写成 $r=r_1(\theta),r=r_2(\theta)$，于是 D 在极坐标系下可以表示为 $D=\{(r,\theta)|r_1(\theta)\leqslant r\leqslant r_2(\theta),\alpha\leqslant\theta\leqslant\beta\}$，从而

$$\iint_D f(r\cos\theta,r\sin\theta)\,r\mathrm{d}r\mathrm{d}\theta=\int_\alpha^\beta\mathrm{d}\theta\int_{r_1(\theta)}^{r_2(\theta)}f(r\cos\theta,r\sin\theta)r\mathrm{d}r.$$

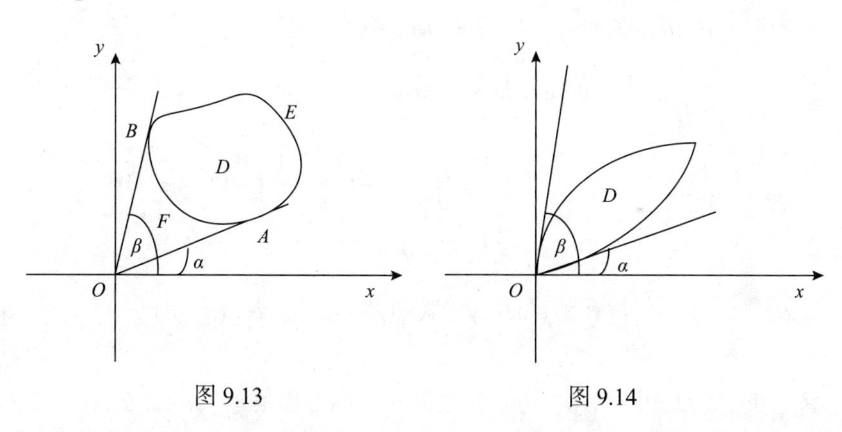

图 9.13　　图 9.14

2) 当极点 O 是 D 的界点时(图 9.14)

将 D 的边界曲线 C 利用极坐标变换化为 $r=r(\theta)$，求出相继使 $r(\theta)=0$ 的两个角度 α 及 β ($\alpha<\beta$)，得到 $D=\{(r,\theta)|0\leqslant r\leqslant r(\theta),\alpha\leqslant\theta\leqslant\beta\}$，于是

$$\iint_D f(r\cos\theta,r\sin\theta)\,r\mathrm{d}r\mathrm{d}\theta=\int_\alpha^\beta\mathrm{d}\theta\int_0^{r(\theta)}f(r\cos\theta,r\sin\theta)r\mathrm{d}r.$$

3) 当极点 O 是 D 的内点时(图 9.15)

将 D 的边界曲线 C 利用极坐标变换写成 $r=r(\theta)$，于是 D 为 $D=\{(r,\theta)|0\leqslant r\leqslant r(\theta),0\leqslant\theta\leqslant 2\pi\}$，因此有

$$\iint_D f(r\cos\theta, r\sin\theta)\mathrm{d}r\mathrm{d}\theta = \int_0^{2\pi}\mathrm{d}\theta\int_0^{r(\theta)} f(r\cos\theta, r\sin\theta)r\mathrm{d}r.$$

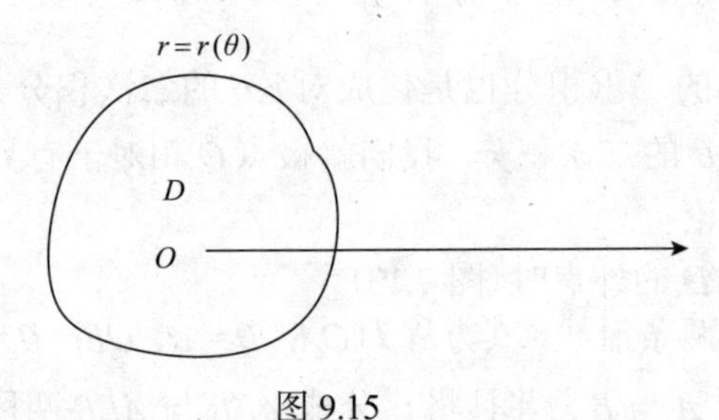

图 9.15

例 2.6 计算 $I=\iint_D \mathrm{e}^{-x^2-y^2}\mathrm{d}x\mathrm{d}y$. 其中闭区域 D 为圆域: $x^2+y^2\leqslant R^2$.

解 如果用直角坐标系来计算就会遇到函数 e^{-x^2} 的积分, 无法积出来. 因此选择用极坐标计算此积分. 在极坐标系下 D 的边界曲线方程为 $r=R$, 于是 D 可以表示为 $D=\{(r,\theta)|0\leqslant r\leqslant R, 0\leqslant\theta\leqslant 2\pi\}$, 故有

$$\begin{aligned}\iint_D \mathrm{e}^{-x^2-y^2}\mathrm{d}x\mathrm{d}y &= \iint_D \mathrm{e}^{-r^2} r\mathrm{d}r\mathrm{d}\theta \\ &= \int_0^{2\pi}\mathrm{d}\theta\int_0^R \mathrm{e}^{-r^2} r\mathrm{d}r = -\frac{1}{2}\int_0^{2\pi}(\mathrm{e}^{-R^2}-1)\mathrm{d}\theta \\ &= \pi(1-\mathrm{e}^{-R^2}).\end{aligned}$$

例 2.7 计算 $I=\iint_D (x^2+y^2)\mathrm{d}x\mathrm{d}y$, 其中 D 是闭圆域: $(x-a)^2+y^2\leqslant a^2$（$a>0$）.

解 闭区域 D 如图 9.16 所示, 其边界极坐标方程是 $r=2a\cos\theta$ $\left(-\frac{\pi}{2}\leqslant\theta\leqslant\frac{\pi}{2}\right)$.

$$\begin{aligned}I &= \iint_D r^3\mathrm{d}r\mathrm{d}\theta = \int_{-\frac{\pi}{2}}^{\frac{\pi}{2}}\mathrm{d}\theta\int_0^{2a\cos\theta} r^3\mathrm{d}r \\ &= 4a^4\int_{-\frac{\pi}{2}}^{\frac{\pi}{2}}\cos^4\theta\mathrm{d}\theta = 8a^4\int_0^{\frac{\pi}{2}}\cos^4\theta\mathrm{d}\theta \\ &= 8a^4\cdot\frac{3}{16}\pi = \frac{3}{2}\pi a^4.\end{aligned}$$

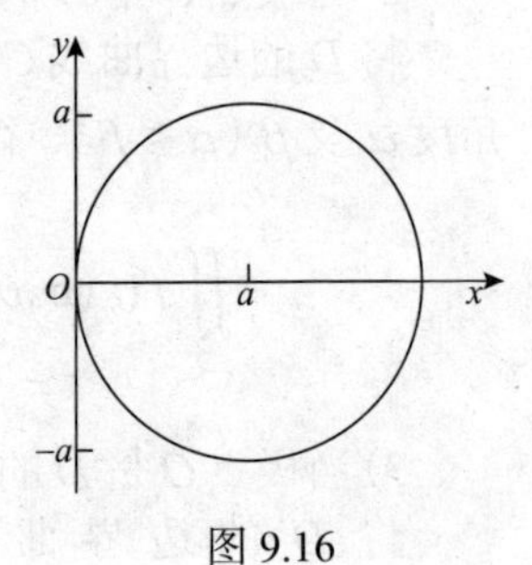

图 9.16

例 2.8　求双纽线: $(x+y^2)^2=2a^2(x^2-y^2)$ 所围成的闭区域的面积.

解　由二重积分几何意义知道, 所求面积为 $S(D)=\iint\limits_D \mathrm{d}x\mathrm{d}y$, 这里 D 为双纽线所围成的闭区域, 如图 9.17 所示, 由所给的双纽线的方程知道该曲线既关于 x 轴对称又关于 y 轴对称, 因此所求面积是第一象限的面积的 4 倍. 通过极坐标变换, 双纽线的极坐标方程为 $r^2=2a^2\cos 2\theta$, 令 $r=0$ 得

$$\cos 2\theta=0,\quad 2\theta=\pm\frac{\pi}{2},\quad \theta=\pm\frac{\pi}{4}.$$

因此第一象限这部分闭区域为 $D=\left\{(r,\theta)\middle|0\leqslant r\leqslant a\sqrt{2\cos 2\theta},0\leqslant\theta\leqslant\frac{\pi}{4}\right\}$, 于是

$$S(D)=\iint\limits_D \mathrm{d}x\mathrm{d}y=\iint\limits_D r\mathrm{d}r\mathrm{d}\theta=4\int_0^{\frac{\pi}{4}}\mathrm{d}\theta\int_0^{a\sqrt{2\cos 2\theta}} r\mathrm{d}r=4a^2\int_0^{\frac{\pi}{4}}\cos 2\theta\mathrm{d}\theta=2a^2.$$

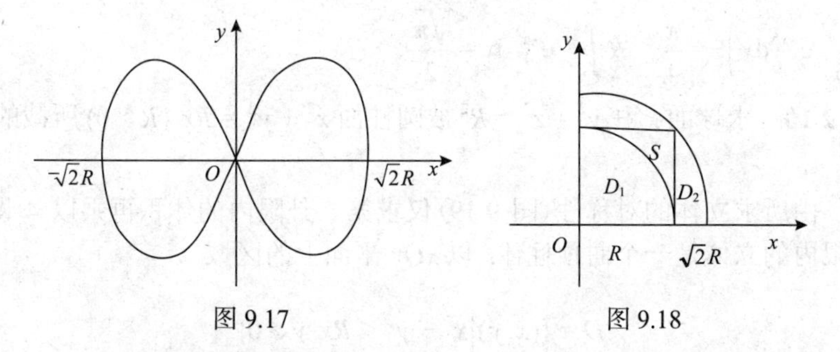

图 9.17　　图 9.18

例 2.9　计算泊松(Poisson)积分

$$I=\int_0^{+\infty}\mathrm{e}^{-x^2}\mathrm{d}x.$$

解　由于 e^{-x^2} 的原函数不是初等函数, 因此, 不能按通常的办法去求. 借用例 2.6 的结果, 设

$$D_1=\{(x,y)|x^2+y^2\leqslant R^2,x\geqslant 0,y\geqslant 0\}\quad(R>0),$$

$$S=\{(x,y)|0\leqslant x\leqslant R,0\leqslant y\leqslant R\},$$

$$D_2=\{(x,y)|x^2+y^2\leqslant 2R^2,x\geqslant 0,y\geqslant 0\}.$$

如图 9.18 所示，则有 $D_1 \subset S \subset D_2$．又 $\mathrm{e}^{-x^2-y^2} > 0$，所以由二重积分的性质，有下列不等式

$$\iint_{D_1} \mathrm{e}^{-x^2-y^2}\mathrm{d}x\mathrm{d}y \leqslant \iint_{S} \mathrm{e}^{-x^2-y^2}\mathrm{d}x\mathrm{d}y \leqslant \iint_{D_2} \mathrm{e}^{-x^2-y^2}\mathrm{d}x\mathrm{d}y,$$

即

$$\frac{\pi}{4}(1-\mathrm{e}^{-R^2}) \leqslant \int_0^R \mathrm{e}^{-x^2}\mathrm{d}x\int_0^R \mathrm{e}^{-y^2}\mathrm{d}y \leqslant \frac{\pi}{4}(1-\mathrm{e}^{-2R^2}),$$

令 $R \to +\infty$ 取极限，上式两端的极限均为 $\dfrac{\pi}{4}$ ，而

$$\int_0^R \mathrm{e}^{-x^2}\mathrm{d}x\int_0^R \mathrm{e}^{-y^2}\mathrm{d}y = \left(\int_0^R \mathrm{e}^{-x^2}\mathrm{d}x\right)^2,$$

所以 $\left(\int_0^{+\infty} \mathrm{e}^{-x^2}\mathrm{d}x\right)^2 = \dfrac{\pi}{4}$，故 $\int_0^{+\infty} \mathrm{e}^{-x^2}\mathrm{d}x = \dfrac{\sqrt{\pi}}{2}$.

例 2.10 求球面 $x^2+y^2+z^2=R^2$ 被圆柱面 $x^2+y^2=Rx$ $(R>0)$ 所截的立体的体积.

解 由所求立体的对称性(图 9.19)仅求第一卦限内的体积再乘以 4 即可. 在第一卦限内的立体是一个曲顶柱体，以 xOy 平面上的区域

$$D=\{(x,y)\,|\,x^2+y^2 \leqslant Rx, y \geqslant 0\}$$

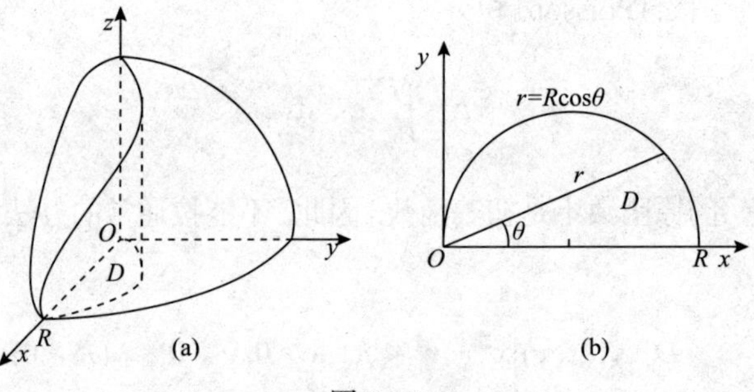

图 9.19

为底，以上半球面 $z=\sqrt{R^2-x^2-y^2}$ 为顶，所以其体积为

$$V=4\iint_D \sqrt{R^2-x^2-y^2}\,\mathrm{d}x\mathrm{d}y.$$

积分区域D用极坐标表示为

$$D=\left\{(r,\theta)\middle|0\leqslant r\leqslant R\cos\theta,0\leqslant\theta\leqslant\frac{\pi}{2}\right\},$$

于是

$$\begin{aligned}V&=4\iint_D\sqrt{R^2-r^2}\,r\mathrm{d}r\mathrm{d}\theta=4\int_0^{\frac{\pi}{2}}\mathrm{d}\theta\int_0^{R\cos\theta}\sqrt{R^2-r^2}\,r\mathrm{d}r\\&=\frac{4}{3}R^3\int_0^{\frac{\pi}{2}}(1-\sin^3\theta)\mathrm{d}\theta=\frac{4}{3}R^3\left(\frac{\pi}{2}-\frac{2}{3}\right).\end{aligned}$$

9.2.3 反常二重积分

和一元函数类似, 可以引入无界区域上的反常二重积分. 它是在概率统计中有广泛应用的一种积分形式, 一般可先在有界区域内积分, 然后令有界区域趋于原无界区域时取极限求解.

例 2.11 求反常二重积分$I=\iint_D\frac{\mathrm{d}\sigma}{(1+x^2+y^2)^\alpha},\alpha\neq1$, D是整个xOy平面.

解 先在闭圆域$D=\{(x,y)|x^2+y^2\leqslant R^2\}$内考虑, 此时

$$\begin{aligned}I(R)&=\iint_D\frac{\mathrm{d}\sigma}{(1+x^2+y^2)^\alpha}\\&=\int_0^{2\pi}\mathrm{d}\theta\int_0^R\frac{r}{(1+r^2)^\alpha}\mathrm{d}r\\&=\frac{\pi}{1-\alpha}\left[\frac{1}{(1+R^2)^{\alpha-1}}-1\right].\end{aligned}$$

当$a>1$时, 因

$$\lim_{R\to+\infty}I(R)=\frac{\pi}{\alpha-1},$$

故原积分收敛, 且$I=\frac{\pi}{\alpha-1}$.

当$\alpha<1$时, 因为$\lim\limits_{R\to+\infty}I(R)=\infty$, 所以原积分发散.

习题 9.2

习题 9.2 解答

(A)

1. 改换下列二次积分的积分次序:

(1) $\int_0^1 \mathrm{d}y \int_0^y f(x,y)\mathrm{d}x$；　　(2) $\int_0^1 \mathrm{d}x \int_0^x f(x,y)\mathrm{d}y$；

(3) $\int_0^1 \mathrm{d}y \int_{-\sqrt{1-y^2}}^{\sqrt{1-y^2}} f(x,y)\mathrm{d}x$；　　(4) $\int_1^2 \mathrm{d}x \int_{2-x}^{\sqrt{2x-x^2}} f(x,y)\mathrm{d}y$.

2. 计算下列二重积分:

(1) $\iint\limits_D (x^2+y^2)\mathrm{d}x\mathrm{d}y$，其中闭区域 $D=\{(x,y)\,\|x|\leqslant 1,|y|\leqslant 1\}$；

(2) $\iint\limits_D (2x-3y)\mathrm{d}x\mathrm{d}y$，其中 D 是由两个坐标轴及直线 $x+y=1$ 所围成的闭区域;

(3) $\iint\limits_D xy^2\mathrm{d}\sigma$，其中 D 是由圆周 $x^2+y^2=1$ 及 y 轴所围成的右半闭区域;

(4) $\iint\limits_D x\sqrt{y}\mathrm{d}x\mathrm{d}y$，其中 D 是由 $y=\sqrt{x}, y=x^2$ 所围成的闭区域;

(5) $\iint\limits_D \mathrm{e}^{x^2}\mathrm{d}\sigma$，其中 D 是由 $y=x, x=1$ 与 x 轴所围成的闭区域.

3. 利用极坐标计算下列二重积分:

(1) $\iint\limits_D (x^2+y^2)\mathrm{d}\sigma$，其中 D 是由圆周 $x^2+y^2=4$ 所围成的闭区域;

(2) $\iint\limits_D \sin\sqrt{x^2+y^2}\mathrm{d}\sigma$，其中 D 是闭圆环: $\pi^2 \leqslant x^2+y^2 \leqslant 4\pi^2$.

(3) $\iint\limits_D \arctan\dfrac{y}{x}\mathrm{d}\sigma$，其中 D 是由圆周 $x^2+y^2=4, x^2+y^2=1$ 及直线 $y=0, y=x$ 所围成的闭区域;

(4) $\iint\limits_D \dfrac{1}{\sqrt{1-x^2-y^2}}\mathrm{d}\sigma$，其中 D 是由圆周 $x^2+y^2=1$ 及坐标轴所围成第一象限内的闭区域;

(5) $\iint\limits_D \ln(1+x^2+y^2)\mathrm{d}\sigma$，其中 D 是由圆周 $x^2+y^2=1$ 及坐标轴所围成的第一象限内的闭区域.

4. 计算由三个平面 $x=0, y=0, x+y=1$ 所围成的柱体被平面 $z=0$ 及 $2x+3y+z=6$ 截得的立体的体积.

5. 求由三个坐标面及平面 $x+y+z=1$ 所围成的立体的体积.

(B)

1. 计算 $\iint\limits_D x^2y^2\mathrm{d}x\mathrm{d}y$，其中 $D=\left\{(x,y\|x|+|y|\leqslant 1\right\}$.

2. 求证:

$$\int_0^1 \mathrm{d}y \int_0^{\sqrt{y}} \mathrm{e}^y f(x)\mathrm{d}x = \int_0^1 (\mathrm{e} - \mathrm{e}^{x^2}) f(x)\mathrm{d}x .$$

3. 求由平面 $x=0, y=0, x+y=1$ 所围成的柱体被平面 $z=0$ 及抛物面 $x^2+y^2=6-z$ 所截得的立体的体积.

4. 计算二重积分 $\iint\limits_D \mathrm{e}^{\max\{x^2,y^2\}}\mathrm{d}x\mathrm{d}y$，其中 $D=\{(x,y)|0\leqslant x\leqslant 1, 0\leqslant y\leqslant 1\}$.

9.3　三　重　积　分

将二重积分作为和的极限的定义进一步推广可以得到三重积分的定义.

定义 3.1　设 $u=f(x,y,z)$ 是定义在空间中有界闭区域 Ω 上的有界函数. 将 Ω 任意分成 n 个小闭区域 $\Delta v_1, \Delta v_2, \cdots, \Delta v_n$，其中 Δv_i 表示第 i 个小闭区域，也表示它的体积. 在每个 Δv_i 上任取一点 (ξ_i, η_i, ζ_i) 作和 $\sum\limits_{i=1}^{n} f(\xi_i,\eta_i,\zeta_i)\Delta v_i$，如果当各小闭区域的直径的最大值 λ 趋于零时，这和的极限存在，并且与 Ω 的分法无关，与 (ξ_i,η_i,ζ_i) 的取法无关，则称此极限为函数在闭区域 Ω 上的**三重积分**，记作 $\iiint\limits_{\Omega} f(x,y,z)\mathrm{d}v$，即

$$\iiint\limits_{\Omega} f(x,y,z)\mathrm{d}v = \lim_{\lambda\to 0}\sum_{i=1}^{n} f(\xi_1,\eta_i,\zeta_i)\Delta v_i , \tag{1}$$

其中 $f(x,y,z)$ 称为被积函数，$\mathrm{d}v$ 称为体积元素，Ω 称为积分区域.

当函数 $f(x,y,z)$ 在 Ω 上连续时，(1) 式右端和的极限总是存在的. 因此，今后总是假设被积函数是连续的. 由定义我们知道，既然 (1) 式右端和的极限与对闭区域 Ω 的分法无关，因此可以用平行于坐标面的平面来分割 Ω，那么除了 Ω 的边界点所在的小闭区域不规则外，其他的小闭区域均为长方体，因此有时也把体积元素记作 $\mathrm{d}v=\mathrm{d}x\mathrm{d}y\mathrm{d}z$，从而把三重积分记作

$$\iiint\limits_{\Omega} f(x,y,z)\mathrm{d}x\mathrm{d}y\mathrm{d}z .$$

容易看出，当 $f(x,y,z)=1$ 时，这个三重积分就是闭区域 Ω 的体积，即

$$\iiint\limits_{\Omega} 1\cdot \mathrm{d}x\mathrm{d}y\mathrm{d}z = V(\Omega) .$$

三重积分的其他的性质与二重积分的性质相同, 这里不再赘述.

计算三重积分的方法也是将其化成累次积分, 下面就按不同的坐标系来讨论三重积分的计算.

9.3.1　在直角坐标系下计算三重积分

假设平行于 z 轴且穿过闭区域 Ω 内部的直线至多与 Ω 的边界相交于两个点, 则把 Ω 向 xOy 坐标面投影而得到一平面闭区域 D_{xy} (图9.20), 设其边界闭曲线为 L, 以 L 为准线而母线平行于 z 轴的柱面与 Ω 的边界曲面 Σ 相交一条曲线, 此曲线将曲面分成上下两块曲面, 并设它们的方程分别是 $z=z_2(x,y)$ 和 $z=z_1(x,y)$, 从而闭区域 Ω 可以表示为

$$\Omega=\{(x,y,z)\big|z_1(x,y)\leqslant z\leqslant z_2(x,y),(x,y)\in D_{xy}\},$$

我们称这种闭区域为 xy - 型域. 类似地也可以定义 yz - 型或 zx - 型域.

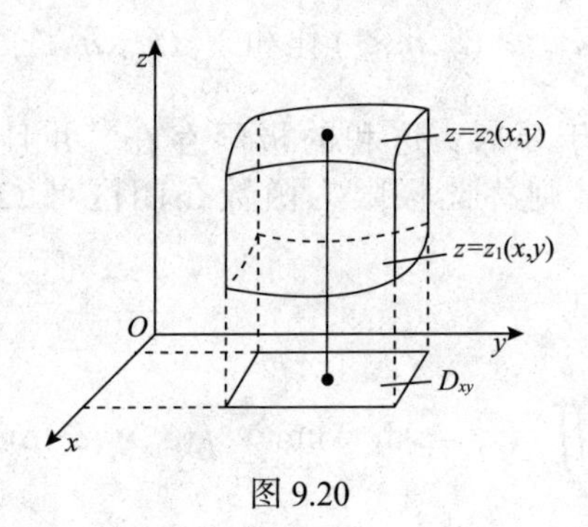

图 9.20

我们先把 x,y 看作常量, 对变量 z 的一元函数 $f(x,y,z)$ 在区间 $[z_1(x,y),z_2(x,y)]$ 上作定积分, 而积分的结果又是 x,y 二元函数, 记为

$$\phi(x,y)=\int_{z_1(x,y)}^{z_2(x,y)}f(x,y,z)\mathrm{d}z,$$

然后再作 $\phi(x,y)$ 在区域 D_{xy} 上的二重积分, 即

$$\begin{aligned}\iiint_{\Omega}f(x,y,z)\mathrm{d}x\mathrm{d}y\mathrm{d}z&=\iint_{D_{xy}}\left(\int_{z_1(x,y)}^{z_2(x,y)}f(x,y,z)\mathrm{d}z\right)\mathrm{d}x\mathrm{d}y\\&=\iint_{D_{xy}}\mathrm{d}x\mathrm{d}y\int_{z_1(x,y)}^{z_2(x,y)}f(x,y,z)\mathrm{d}z=\iint_{D_{xy}}\phi(x,y)\mathrm{d}x\mathrm{d}y.\end{aligned}$$

进一步将二重积分化成二次积分, 前面已讲过, 这里不再赘述. 此种方法称为“先

一后二”法.

当然，如果Ω是yz-型域，我们也可以先把y,z看作常量，对x的一元函数$f(x,y,z)$作一个定积分，再作一个闭区域D_{yz}上的二重积分；如果Ω是zx-型域，先把z,x看作常量，对y的一元函数$f(x,y,z)$作一个定积分，再作一个区域D_{zx}上的二重积分.

例 3.1 计算三重积分$\iiint\limits_{D} y\mathrm{d}x\mathrm{d}y\mathrm{d}z$，其中$\Omega$为三个坐标面及平面$x+y+z=1$所围成的闭区域.

解 作闭区域Ω如图 9.21(a)，观察可得此闭区域既是xy-型域也是yz-型域，也是zx-型域，我们按xy-型域去计算. 把闭区域Ω向xOy面作投影得到闭区域D_{xy}（是$\triangle OAB$，图 9.21(b)），再把闭区域Ω的下边界和上边界分别写成z是x,y的二元函数，即$z=0, z=1-x-y$，于是

$$\begin{aligned}\iiint\limits_{\Omega} y\mathrm{d}x\mathrm{d}y\mathrm{d}z &= \iint\limits_{D_{xy}}\mathrm{d}x\mathrm{d}y\int_0^{1-x-y} y\mathrm{d}z = \iint\limits_{D_{xy}} y(1-x-y)\mathrm{d}x\mathrm{d}y \\ &= \int_0^1\mathrm{d}y\int_0^{1-y} y(1-x-y)\mathrm{d}x = \frac{1}{2}\int_0^1 y(1-y)^2\mathrm{d}y \\ &= \frac{1}{24}.\end{aligned}$$

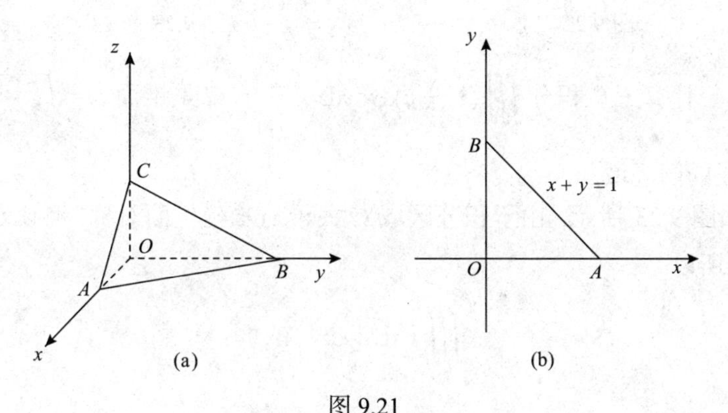

图 9.21

计算三重积分有时也可以先计算一个二重积分，再计算一个定积分，特别是被积函数不含变量x,y，且积分区域Ω被平面$z=z_0$所截的平面闭区域面积容易计算出来，它当然是z_0的函数，如此计算三重积分的方法被称为“先二后一”法.

例 3.2 计算三重积分$\iiint\limits_{\Omega} z\mathrm{d}x\mathrm{d}y\mathrm{d}z$，其中$\Omega$是由$z=x^2+y^2$及$z=2$围成的闭区域.

解　作空间闭区域 Ω，$\Omega=\{(x,y,z)\big|(x,y)\in D_z,0\leqslant z\leqslant 2\}$，见图 9.22. 因此

$$\iiint\limits_{\Omega} z\mathrm{d}x\mathrm{d}y\mathrm{d}z=\int_0^2 z\mathrm{d}z\iint\limits_{D_z}\mathrm{d}x\mathrm{d}y,$$

而 $\iint\limits_{D_z}\mathrm{d}x\mathrm{d}y=\pi z$，所以 $\iiint\limits_{\Omega} z\mathrm{d}x\mathrm{d}y\mathrm{d}z=\int_0^2 \pi z^2\mathrm{d}z=\dfrac{8}{3}\pi$.

三重积分也可以利用积分区域的对称性和被积函数的奇偶性化简积分的计算. 一般地, 若积分区域 Ω 关于 xOy 坐标平面（$z=0$）对称(即边界曲面关于 xOy 坐标面对称), 且被积函数 $f(x,y,z)$ 关于 z 为奇函数: $f(x,y,-z)=-f(x,y,z)$，则三重积分为零; 若被积函数 $f(x,y,z)$ 关于 z 是偶函数: $f(x,y,-z)=-f(x,y,z)$，则三重积分为 xOy 坐标面上方的闭区域上的三重积分的两倍, 当积分区域关于 yOz 或 zOy 坐标面对称时, 也有完全类似的结果.

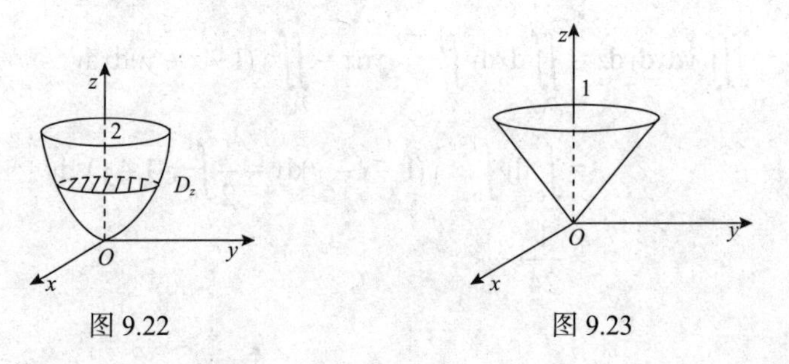

图 9.22　　　　　　图 9.23

例 3.3　计算三重积分 $\iiint\limits_{\Omega}(x^3+z)\mathrm{d}x\mathrm{d}y\mathrm{d}z$，其中 Ω 是锥面 $z=\sqrt{x^2+y^2}$ 和平面 $z=1$ 所围成的闭区域.

解　如图 9.23 所示, 由于积分区域 Ω 关于 yOz 坐标面对称, 且函数 x^3 关于 x 为奇函数, 所以

$$\iiint\limits_{\Omega} x^3\mathrm{d}x\mathrm{d}y\mathrm{d}z=0,$$

从而有

$$\iiint\limits_{\Omega}(x^3+z)\mathrm{d}x\mathrm{d}y\mathrm{d}z=\iiint\limits_{\Omega} z\mathrm{d}x\mathrm{d}y\mathrm{d}z,$$

又因为闭区域 Ω 介于平面 $z=0$ 和 $z=1$ 之间, 在 $[0,1]$ 内任取一点 z，作垂直于 z 轴的平面, 截闭区域 Ω 得截面 D_z 为 $x^2+y^2\leqslant z^2$，该截面的面积为 πz^2，所以

$$\iiint\limits_{\Omega}(x^3+z)\mathrm{d}x\mathrm{d}y\mathrm{d}z=\iiint\limits_{\Omega}z\mathrm{d}x\mathrm{d}y\mathrm{d}z=\int_0^1 z\mathrm{d}z\iint\limits_{D_Z}\mathrm{d}x\mathrm{d}y=\pi\int_0^1 z^3\mathrm{d}z=\frac{\pi}{4}.$$

9.3.2 利用柱坐标计算三重积分

设空间一点$M(x,y,z)$在xOy坐标面上的投影M'的极坐标为r,θ，则(r,θ,z)这一有序数组称为点M的柱坐标，即$M(r,\theta,z)$（图9.24）. 其中r称为极径，θ称为极角，z称为竖坐标. 这里规定r，θ，z的变化范围是

$$0\leqslant r<+\infty,\quad 0\leqslant\theta\leqslant 2\pi,\quad -\infty<z<+\infty.$$

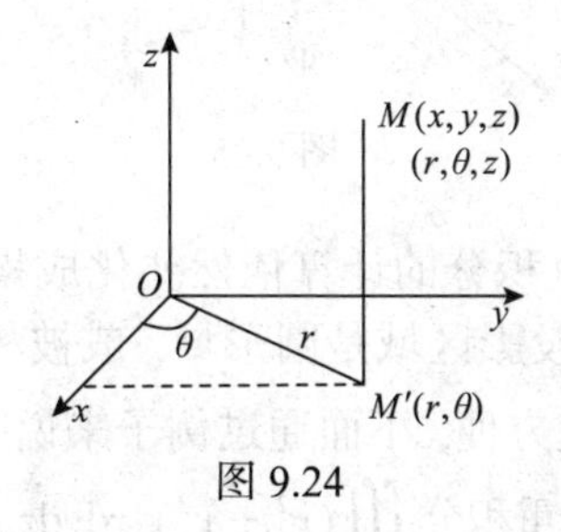

图 9.24

三组坐标面分别为

$r=c$(c为正的常数)，表示以z轴为中心轴，半径为c的圆柱面；

$\theta=\alpha$(α为常数)，表示过z轴的半平面；

$z=h$(h为常数)，表示与xOy坐标面平行且过点$(0,0,h)$的平面.

易见点M的直角坐标与柱坐标之间的关系为

$$\begin{cases}x=r\cos\theta,\\ y=r\sin\theta,\\ z=z.\end{cases}\tag{2}$$

现在，为了推导直角坐标系下的三重积分变换成柱坐标系下的三重积分的变换公式，重要的是如何用柱坐标表示直角坐标系下的三重积分中的体积元素$\mathrm{d}v$. 为此我们用$r=$常数，$\theta=$常数及$z=$常数这三种坐标面把闭区域Ω分成许多小闭区域，除了含有Ω的边界点的小闭区域不规则外，其他的小闭区域都是如图9.25所示的小柱体，其体积$\mathrm{d}v$等于小柱体的底面积乘高，即极坐标系中的面积元素$r\mathrm{d}r\mathrm{d}\theta$与$\mathrm{d}z$的乘积，得$\mathrm{d}v=r\mathrm{d}r\mathrm{d}\theta\mathrm{d}z$，等式右端即是柱坐标系下的体积元素$r\mathrm{d}r\mathrm{d}\theta\mathrm{d}z$.

于是，由(2)式可得将三重积分从直角坐标变换为柱坐标的公式

$$\iiint\limits_{\Omega} f(x,y,z)\mathrm{d}x\mathrm{d}y\mathrm{d}z = \iiint\limits_{\Omega} f(r\cos\theta, r\sin\theta, z)r\mathrm{d}r\mathrm{d}\theta\mathrm{d}z .$$

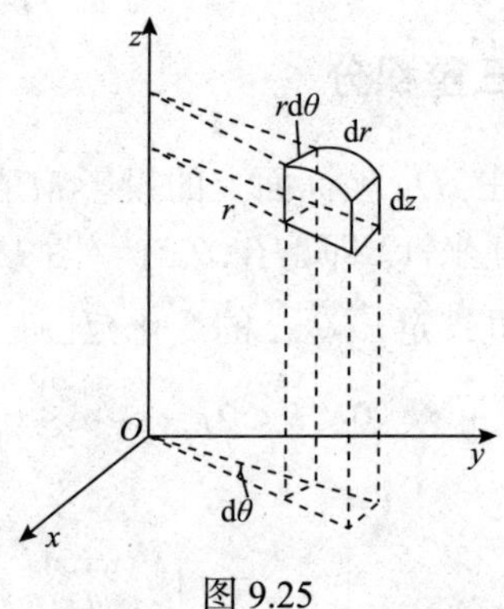

图 9.25

至于柱坐标系下的三重积分的计算依然要化成累次积分来做. 一般情况, 当积分区域 Ω 为圆柱体或其投影区域是圆形域, 或被积函数含有 x^2+y^2 的式子时, 用柱坐标计算三重积分比较方便, 下面通过例子来说明.

例 3.4 用柱坐标计算三重积分 $\iiint\limits_{\Omega}(x^2+y^2)\mathrm{d}x\mathrm{d}y\mathrm{d}z$, 其中 Ω 由圆柱面 $x^2+y^2=1$ 及平面 $z=0, z=1$ 所围成的闭区域(图 9.26).

解 先对 z 积分, z 的变化范围是: $0\leqslant z\leqslant 1$, 将 Ω 向 xOy 坐标面投影得到闭区域 $D=\{(r,\theta)|0\leqslant r\leqslant 1, 0\leqslant\theta\leqslant 2\pi\}$. 于是

$$\iiint\limits_{\Omega}(x^2+y^2)\mathrm{d}x\mathrm{d}y\mathrm{d}z = \iiint\limits_{\Omega} r^2\cdot r\mathrm{d}r\mathrm{d}\theta\mathrm{d}z = \int_0^{2\pi}\mathrm{d}\theta\int_0^1 r^3\mathrm{d}r\int_0^1\mathrm{d}z = \frac{\pi}{2} .$$

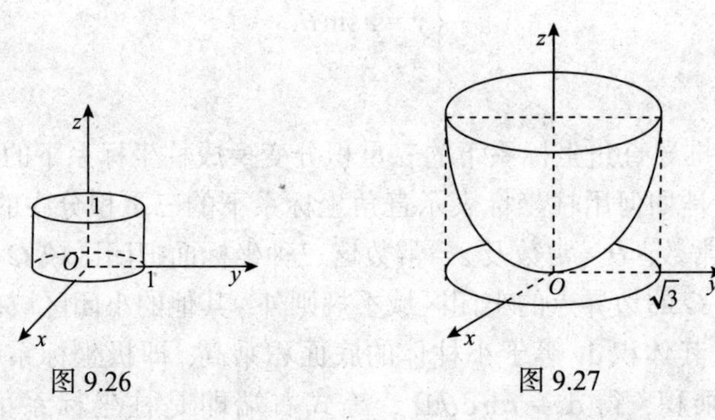

图 9.26　　图 9.27

例 3.5 计算三重积分 $\iiint\limits_{\Omega} z\mathrm{d}x\mathrm{d}y\mathrm{d}z$, 其中 Ω 是球面 $x^2+y^2+z^2=4$ 与抛物面 $3z=x^2+y^2$ 所围成的闭区域(图 9.27).

解 通过柱坐标变换，围成闭区域 Ω 的边界曲面方程分别为 $r^2+z^2=4$ 及 $r^2=3z$，它们的交线方程是 $\begin{cases} z=1, \\ r=\sqrt{3}. \end{cases}$ 因此闭区域 Ω 可以表示为

$$\Omega=\left\{(r,\theta,z)\left|\frac{r^2}{3}\leqslant z\leqslant\sqrt{4-r^2},0\leqslant r\leqslant\sqrt{3},0\leqslant\theta\leqslant 2\pi\right.\right\}.$$

于是

$$\iiint_{\Omega} z\mathrm{d}x\mathrm{d}y\mathrm{d}z=\iiint_{\Omega} zr\mathrm{d}r\mathrm{d}\theta\mathrm{d}z=\int_0^{2\pi}\mathrm{d}\theta\int_0^{\sqrt{3}}r\mathrm{d}r\int_{\frac{r^2}{3}}^{\sqrt{4-r^2}}z\mathrm{d}z=\frac{13}{4}\pi .$$

9.3.3 利用球坐标计算三重积分

空间的点 $P(x,y,z)$ 也可以由这样的三组曲面：以原点 O 为球心，以原点 O 到 P 点的距离 r 为半径的球面;以原点 O 为顶点，以 z 轴为对称轴，半顶角为 φ 的圆锥面以及过 z 轴与 zOx 平面夹角为 θ 的半平面相交唯一一点来确定，我们把这样三个有顺序的数组成的数组 (r,φ,θ) 称为点 P 的球面坐标. 规定它们的变化范围分别为

$$0\leqslant r<+\infty,\quad 0\leqslant\theta\leqslant 2\pi,\quad 0\leqslant\varphi\leqslant\pi .$$

易见(图 9.28)点的直角坐标与球面坐标之间关系为

$$\begin{cases} x=r\sin\varphi\cos\theta, \\ y=r\sin\varphi\sin\theta, \\ z=r\cos\varphi. \end{cases} \tag{3}$$

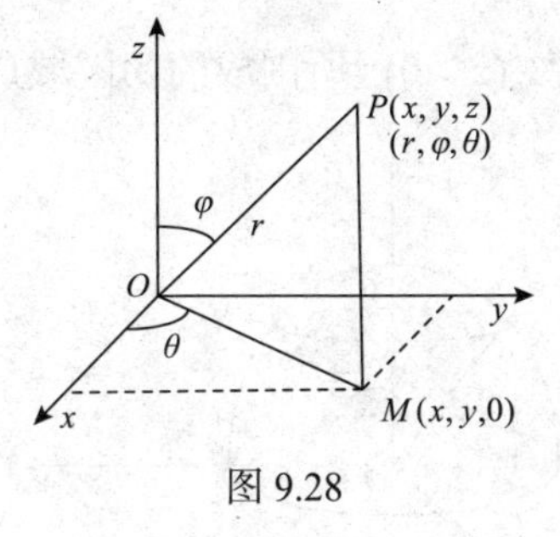

图 9.28

因此在球面坐标系中的三族坐标面分别为

$r=$ 常数：一族以原点 O 为球心的球面;

$\varphi=$ 常数: 一族以原点 O 为顶点、z 轴为对称轴的圆锥面;

$\theta=$ 常数: 一族过 z 轴的半平面.

为了得到三重积分在球面坐标下的形式, 我们用球面坐标系中三族坐标面将区域 Ω 分成许多小的闭区域, 除含有边界曲面的小闭区域外, 大部分的小闭区域都是“六面体”的形状(图 9.29), 考虑由 r,φ,θ 分别取得微小增量 $\mathrm{d}r,\mathrm{d}\varphi,\mathrm{d}\theta$ 所成的“六面体”的体积 $\mathrm{d}v$, 在不计高阶无穷小时, 这个体积可近似地看作长方体, 三边长分别为 $r\mathrm{d}\varphi, r\sin\varphi\mathrm{d}\theta, \mathrm{d}r$, 于是得 $\mathrm{d}v=r^2\sin\varphi\mathrm{d}r\mathrm{d}\varphi\mathrm{d}\theta$, 这就是球面坐标系中的体积元素, 再由(3)式就得到三重积分从直角坐标变换球面坐标的变换公式

$$\iiint_{\Omega} f(x,y,z)\mathrm{d}x\mathrm{d}y\mathrm{d}z=\iiint_{\Omega} f(r\sin\varphi\cos\theta, r\sin\varphi\sin\theta, r\cos\varphi)r^2\sin\varphi\mathrm{d}r\mathrm{d}\varphi\mathrm{d}\theta.$$

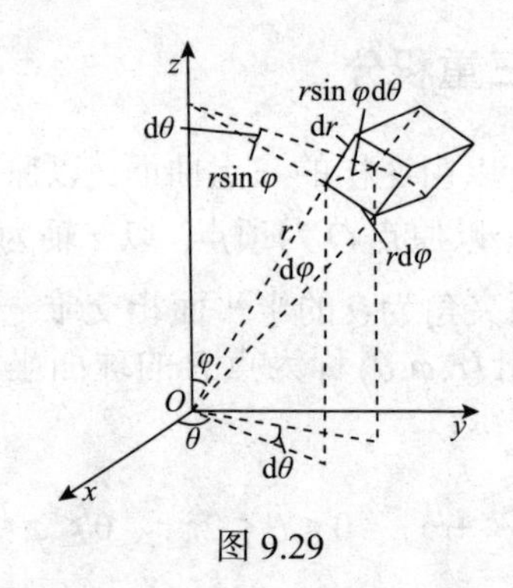

图 9.29

通常, 当积分区域 Ω 的边界或部分边界为球面, 被积函数含有 $x^2+y^2+z^2$ 式子往往用球面坐标来计算这类三重积分是方便的, 原因是在球面坐标系中 $x^2+y^2+z^2=r^2$. 当然球面坐标系的三重积分也需要化成累次积分计算.

例 3.6 计算三重积分 $\iiint_{\Omega}(x^2+y^2+z^2)\mathrm{d}x\mathrm{d}y\mathrm{d}z$, 其中 Ω 是圆锥面 $z^2=x^2+y^2$ 与上半球面 $x^2+y^2+z^2=R^2\ (z\geqslant 0)$ 所围成的闭区域(图 9.30).

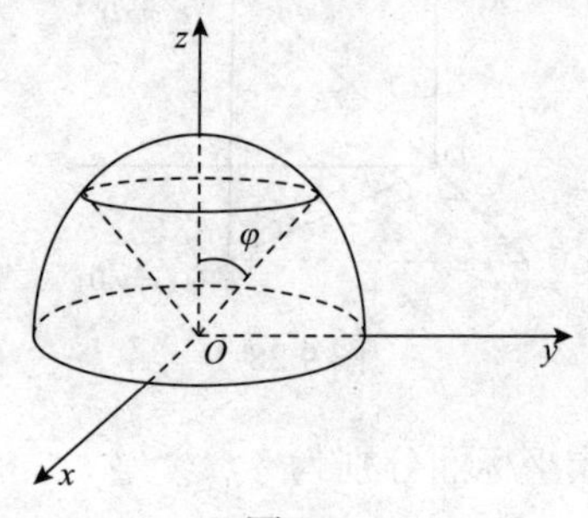

图 9.30

解 在球坐标变换下，Ω 的边界曲面：球面及锥面的方程分别是 $r=R$, $\varphi=\dfrac{\pi}{4}$. 于是闭区域 Ω 可以表示为

$$\Omega：0\leqslant r\leqslant R，0\leqslant\varphi\leqslant\frac{\pi}{4}，0\leqslant\theta\leqslant 2\pi .$$

所以

$$\begin{aligned}\iiint\limits_{\Omega}(x^2+y^2+z^2)\mathrm{d}x\mathrm{d}y\mathrm{d}z&=\int_0^{2\pi}\mathrm{d}\theta\int_0^{\frac{\pi}{4}}\mathrm{d}\varphi\int_0^R r^2\cdot r^2\sin\varphi\mathrm{d}r\\&=\int_0^{2\pi}\mathrm{d}\theta\int_0^{\frac{\pi}{4}}\sin\varphi\mathrm{d}\varphi\int_0^R r^4\mathrm{d}r=\frac{2-\sqrt{2}}{5}\pi R^5.\end{aligned}$$

习题 9.3

习题 9.3 解答

(A)

1. 化三重积分为累次积分，其中 Ω 分别为

(1) 由 $z=x^2+y^2, z=1$ 所围成的闭区域;

(2) 由 $x^2+y^2=4, z=0, z=x+y+10$ 所围成的闭区域.

2. 求累次积分 $\int_0^1\mathrm{d}x\int_0^x\mathrm{d}y\int_0^y z^2\mathrm{d}z$.

3. 计算下列三重积分:

(1) $\iiint\limits_{\Omega}\left(\dfrac{y\sin z}{1+x^2}-1\right)\mathrm{d}x\mathrm{d}y\mathrm{d}z$ ，其中 $\Omega:-1\leqslant x\leqslant 1,0\leqslant y\leqslant 2,0\leqslant z\leqslant\pi$;

(2) $\iiint\limits_{\Omega}\dfrac{\mathrm{d}x\mathrm{d}y\mathrm{d}z}{(1+x+y+z)^3}$ ，其中 Ω 为由平面 $x+y+z=1, x=0, y=0, z=0$ 所围成的闭区域;

(3) $\iiint\limits_{\Omega}2y\mathrm{d}x\mathrm{d}y\mathrm{d}z$ ，其中 Ω 为由旋转抛物面 $z=x^2+y^2$ 和平面 $z=0, x=0, x=1, y=0, y=1$ 所围成的闭区域;

(4) $\iiint\limits_{\Omega}\dfrac{z\ln(x^2+y^2+z^2)}{x^2+y^2+z^2+1}\mathrm{d}x\mathrm{d}y\mathrm{d}z$ ，其中 $\Omega=\{(x,y,z)\,|\,x^2+y^2+z^2\leqslant 1\}$;

(5) $\iiint\limits_{\Omega}\mathrm{e}^{|z|}\mathrm{d}x\mathrm{d}y\mathrm{d}z$ ，其中 Ω： $x^2+y^2+z^2\leqslant 1$.

4. 利用柱坐标计算下列三重积分:

(1) $\iiint\limits_{\Omega}z\mathrm{d}v$ ，其中 Ω 是由曲面 $z=\sqrt{2-x^2-y^2}$ 及 $z=x^2+y^2$ 所围成的闭区域;

(2) $\iiint\limits_{\Omega}(x^2+y^2)\mathrm{d}v$ ，其中 Ω 是由曲面 $x^2+y^2=2z$ 及 $z=2$ 所围成的闭区域;

(3) $\iiint\limits_{\Omega}\frac{\mathrm{d}v}{1+x^2+y^2}$，其中 Ω 是由曲面 $z=\sqrt{x^2+y^2}$ 及 $z=2$ 所围成的闭区域.

5. 利用球坐标计算下列三重积分:

(1) $\iiint\limits_{\Omega}(x^2+y^2+z^2)\mathrm{d}v$，其中 Ω 是由球面 $x^2+y^2+z^2=1$ 围成的闭区域;

(2) $\iiint\limits_{\Omega}\mathrm{d}v$，其中 Ω 是由曲面 $x^2+y^2+(z-R)^2=R^2$ 及 $z=\sqrt{x^2+y^2}$ 所围成的闭区域;

(3) $\iiint\limits_{\Omega}\frac{\mathrm{d}v}{\sqrt{x^2+y^2+z^2}}$，其中

$$\Omega=\{(x,y,z)\big|x^2+y^2+(z-1)^2\leqslant 1, z\geqslant 1, y\geqslant 0\}.$$

(B)

选择适当的坐标系计算下列三重积分:

(1) $\iiint\limits_{\Omega}xy\mathrm{d}v$，其中 Ω 是由 $x^2+y^2=1$ 及 $z=1, z=0, x=0, y=0$ 所围成的第一卦限内的闭区域;

(2) $\iiint\limits_{\Omega}(x^2+y^2)\mathrm{d}v$，其中 Ω 是由 $4z^2=25(x^2+y^2)$ 及 $z=5$ 所围成的闭区域;

(3) $\iiint\limits_{\Omega}z\sqrt{x^2+y^2+z^2}\mathrm{d}v$，其中 Ω 是由 $x^2+y^2+z^2=4$ 及 $z\geqslant\sqrt{3(x^2+y^2)}$ 所围成的闭区域.

9.4 重积分的应用

9.4.1 曲面的面积

设曲面 Σ 由 $z=z(x,y)$ 确定，它在 xOy 坐标面上的投影为有界闭区域 D_{xy}，函数 $z=z(x,y)$ 在 D_{xy} 上连续且有连续的偏导数，因此，曲面 Σ 上的每一点都有切平面和法线. 为计算曲面 Σ 的面积，首先将闭区域 D_{xy} 分成 n 个小闭区域 $\Delta\sigma_i$（$i=1,2,\cdots,n$），在每个小闭区域上任取一点（ξ_i,η_i），过曲面 Σ 上的点 $(\xi_i,\eta_i,z(\xi_i,\eta_i))$ 作切平面 π_i，再以 $\Delta\sigma_i$ 的边界为准线，平行 z 轴的直线为母线的柱面截得曲面 Σ 的一小片面积为 ΔS_i 的曲面块，截得切平面 π_i 的一小片面积为 ΔA_i 的平面块(图 9.31)，当分割 D_{xy} 时各小区域的最大直径 λ 充分小时，有

$$\Delta S_i\approx\Delta A_i,$$

因此曲面块的面积为

$$S=\sum_{i=1}^{n}\Delta S_i \approx \sum_{i=1}^{n}\Delta A_i .$$

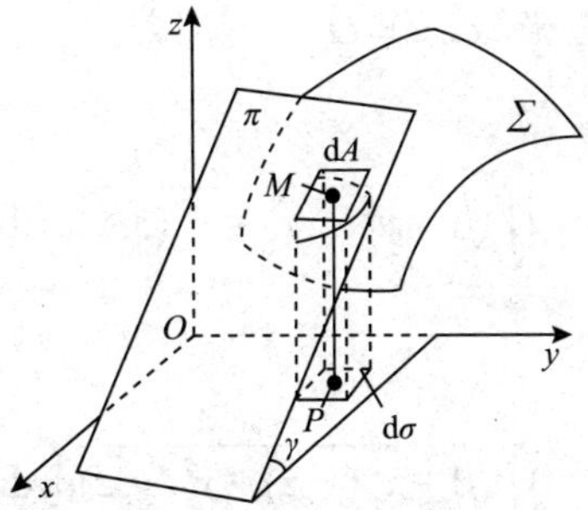

图 9.31

设过点$(\xi_i,\eta_i,z(\xi_i,\eta_i))$的切平面$\pi_i$的法向量与$z$轴的正方向夹角为$\gamma_i$ （γ_i取锐角)，则有

$$\Delta A_i \cos\gamma_i=\Delta\sigma_i ,$$

从而

$$S\approx\sum_{i=1}^{n}\frac{\Delta\sigma_i}{\cos\gamma_i}.$$

由于切平面π_i的法向量也就是曲面$z=z(x,y)$在点$(\xi_i,\eta_i,z(\xi_i,\eta_i))$ 处的法向量

$$\boldsymbol{n}=\{-z_x(\xi_i,\eta_i),-z_y(\xi_i,\eta_i),1\},$$

所以

$$\cos\gamma_i=\frac{1}{\sqrt{1+z_x^2(\xi_i,\eta_i)+z_y^2(\xi_i,\eta_i)}},$$

于是

$$S\approx\sum_{i=1}^{n}\sqrt{1+z_x^2(\xi_i,\eta_i)+z_y^2(\xi_i,\eta_i)}\Delta\sigma_i .$$

从而

$$\begin{aligned}S&=\lim_{\lambda\to 0}\sum_{i=1}^{n}\sqrt{1+z_x^2(\xi_i,\eta_i)+z_y^2(\xi_i,\eta_i)}\Delta\sigma_i\\&=\iint_{D_{xy}}\sqrt{1+z_x^2(x,y)+z_y^2(x,y)}\mathrm{d}x\mathrm{d}y,\end{aligned}$$

其中被积表达式 $\sqrt{1+z_x^2(x,y)+z_y^2(x,y)}\mathrm{d}x\mathrm{d}y$ 也称为曲面的面积元素. 如果曲面 Σ 的方程为 $y=y(z,x)$，或 $x=x(y,z)$，可以分别将曲面 Σ 投影到 zOx（投影域记作 D_{zx}）或投影到 yOz 平面(投影域记作 D_{yz})，类似地可以得到下面的计算曲面的面积公式

$$S=\iint\limits_{D_{zx}}\sqrt{1+y_x^2(z,x)+y_z^2(z,x)}\mathrm{d}z\mathrm{d}x,$$

或

$$S=\iint\limits_{D_{yz}}\sqrt{1+x_y^2(y,z)+x_z^2(y,z)}\mathrm{d}y\mathrm{d}z.$$

例 4.1 求球面 $x^2+y^2+z^2=a^2$ 含在圆柱面 $x^2+y^2=ax$ 内部的那部分面积.

解 如图 9.32 所示，根据对称性所求曲面 Σ 的面积为第一卦限中的面积 S_1 的 4 倍，曲面方程为 $z=\sqrt{a^2-x^2-y^2}$，而 S_1 在 xOy 面上的投影是

$$D_{xy}=\{(x,y)\big|x^2+y^2\leqslant ax,y\geqslant 0\},$$

而

$$\sqrt{1+z_x^2+z_y^2}=\frac{a}{\sqrt{a-x^2-y^2}},$$

故所求的面积

$$\begin{aligned}S&=4\iint\limits_{D_{xy}}\sqrt{1+z_x^2+z_y^2}\mathrm{d}x\mathrm{d}y=4\iint\limits_{D_{xy}}\frac{a\mathrm{d}x\mathrm{d}y}{\sqrt{a^2-x^2-y^2}}\\&=4a\int_0^{\frac{\pi}{2}}\mathrm{d}\theta\int_0^{a\cos\theta}\frac{r\mathrm{d}r}{\sqrt{a^2-r^2}}=-4a^2\int_0^{\frac{\pi}{2}}(\sin\theta-1)\mathrm{d}\theta\\&=2(\pi-2)a^2.\end{aligned}$$

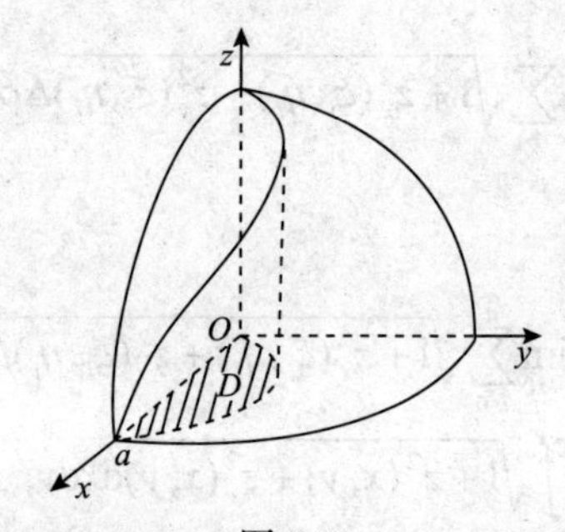

图 9.32

9.4.2 质心的坐标

设在 xOy 面上有 n 个质点, 它们分别是位于 $(x_1,y_1),(x_2,y_2),\cdots,(x_n,y_n)$ 处, 质量分别是 $m_1,m_2,\cdots,m_n$. 由静力学知道, 该质点系的质心坐标为

$$\bar{x}=\frac{M_y}{M},\quad \bar{y}=\frac{M_x}{M},$$

其中 $M=\sum_{i=1}^{n}m_i$ 为质点系的总质量, 而

$$M_y=\sum_{i=1}^{n}m_ix_i,\quad M_x=\sum_{i=1}^{n}m_iy_i$$

分别称为该质点系对 y 轴和 x 轴的静矩.

设有一平面薄片, 占 xOy 平面上的闭区域 D, 在点 (x,y) 处的面密度为 $\rho(x,y)$, 并假设 $\rho(x,y)$ 在 D 上连续, 我们用微元法求该薄片的质心坐标. 由 9.1 节可知, 薄片的质量为 $M=\iint\limits_D\rho(x,y)\mathrm{d}x\mathrm{d}y$. 而对静矩的微元如此去求: 在区域 D 上任取一直径很小的闭区域 $\mathrm{d}\sigma$ (闭区域的面积也记为 $\mathrm{d}\sigma$), 在 $\mathrm{d}\sigma$ 上任取一点 (x,y), 假设该小闭区域质量全部集中在该点上, 由于 $\rho(x,y)$ 的连续性, $\rho(x,y)\mathrm{d}\sigma$ 可以近似表示该小闭区域的质量, 于是静矩微元是

$$\mathrm{d}M_y=x\rho(x,y)\mathrm{d}\sigma,\quad \mathrm{d}M_x=y\rho(x,y)\mathrm{d}\sigma.$$

从而, 以它们为被积表达式在区域 D 上作二重积分便得到

$$M_y=\iint\limits_D x\rho(x,y)\mathrm{d}x\mathrm{d}y,\quad M_x=\iint\limits_D y\rho(x,y)\mathrm{d}x\mathrm{d}y,$$

所以, 薄片的质心坐标为

$$\bar{x}=\frac{M_y}{M}=\frac{\iint\limits_D x\rho(x,y)\mathrm{d}x\mathrm{d}y}{\iint\limits_D\rho(x,y)\mathrm{d}x\mathrm{d}y},\quad \bar{y}=\frac{M_x}{M}=\frac{\iint\limits_D y\rho(x,y)\mathrm{d}x\mathrm{d}y}{\iint\limits_D\rho(x,y)\mathrm{d}x\mathrm{d}y}.$$

如果薄片的密度是均匀的, 即面密度是常量, 此时其质心坐标为

$$\bar{x}=\frac{1}{S}\iint\limits_D x\mathrm{d}\sigma,\quad \bar{y}=\frac{1}{S}\iint\limits_D y\mathrm{d}\sigma.$$

其中 $S=\iint\limits_D \mathrm{d}\sigma$ 为薄片的面积, 在这种情况下, 质心的坐标完全由薄片的形状所决定, 因此也称之为平面图形的形心.

例 4.2 求位于两圆 $r=2\sin\theta$, $r=4\sin\theta$ 之间的均匀薄片的质心(图 9.33).

解 由于薄片的面密度是均匀的, 因此薄片的质心即是薄片的形心. 由于闭区域 D 关于 y 轴对称, 所以形心必在 y 轴上, 故 $\bar{x}=0$, 而 $\bar{y}=\dfrac{1}{S}\iint\limits_D y\mathrm{d}\sigma$, 由于积分区域的面积等于这两圆的面积之差, 即 $S=3\pi$. 利用极坐标计算积分

$$\iint\limits_D y\mathrm{d}\sigma=\iint\limits_D r^2\sin\theta\mathrm{d}r\mathrm{d}\theta=\int_0^{\pi}\sin\theta\mathrm{d}\theta\int_{2\sin\theta}^{4\sin\theta}r^2\mathrm{d}r=\frac{56}{3}\int_0^{\pi}\sin^4\theta\mathrm{d}\theta=7\pi.$$

因此 $\bar{y}=\dfrac{7\pi}{3\pi}=\dfrac{7}{3}$, 所以质心坐标为 $C\left(0,\dfrac{7}{3}\right)$.

类似地, 空间有界闭区域 Ω, 在点 (x,y,z) 处的密度为 $\rho(x,y,z)$ (假设 $\rho(x,y,z)$ 在 Ω 上连续, 保证可积)的物体的质心坐标是

$$\bar{x}=\frac{1}{M}\iiint\limits_{\Omega}x\rho(x,y,z)\mathrm{d}v,\quad \bar{y}=\frac{1}{M}\iiint\limits_{\Omega}y\rho(x,y,z)\mathrm{d}v,\quad \bar{z}=\frac{1}{M}\iiint\limits_{\Omega}z\rho(x,y,z)\mathrm{d}v,$$

其中 $M=\iiint\limits_{\Omega}\rho(x,y,z)\mathrm{d}v$.

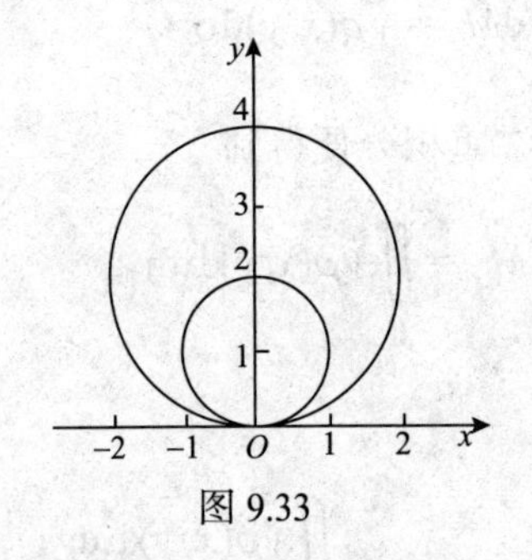

图 9.33

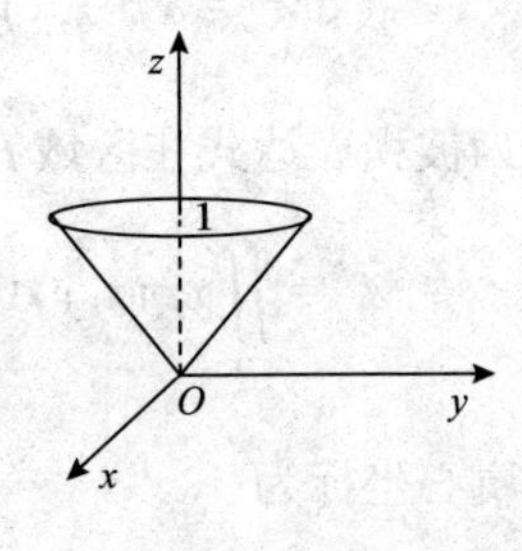

图 9.34

例 4.3 求密度均匀的圆锥体 $z^2=x^2+y^2$, $0\leqslant z\leqslant 1$ 的质心坐标(图 9.34).

解 由于密度均匀, 因此, 质心即为形心. 易见, 锥体关于 zOx 面及 yOz 面对称, 因此形心在 z 轴上, 所以 $\bar{x}=\bar{y}=0$. 而

$$\iiint_{\Omega} z\mathrm{d}v = \int_0^{2\pi}\mathrm{d}\theta\int_0^1 r\mathrm{d}r\int_r^1 z\mathrm{d}z$$

$$= 2\pi\int_0^1 \frac{1-r^2}{2}\cdot r\mathrm{d}r = \frac{\pi}{4}.$$

圆锥的体积 $V=\frac{\pi}{3}$，故 $\bar{z}=\frac{\pi}{4}\Big/\frac{\pi}{3}=\frac{3}{4}$，从而质心坐标为 $\left(0,0,\frac{3}{4}\right)$.

习题 9.4

习题 9.4 解答

(A)

1. 求半径为 a 的球面的面积.
2. 求底圆半径相等的两个直交圆柱面 $x^2+y^2=R^2$ 及 $x^2+z^2=R^2$ 所围成立体的表面积.
3. 求曲面 $x^2+y^2=2z$ 在柱面 $x^2+y^2=3$ 内的那部分曲面的面积.
4. 求由曲面 $z=\sqrt{5-x^2-y^2}$ 及 $x^2+y^2=4z$ 所围成立体的体积.
5. 求曲面 $z=x^2+y^2$ 与平面 $z=x+y$ 所围成立体的体积.

(B)

1. 设一立体 Ω 是由曲面 $z=6-x^2-y^2$ 与 $z=\sqrt{x^2+y^2}$ 所围成，其上任意一点 (x,y,z) 处的密度是该点到 z 轴的距离，试求 Ω 的质量.
2. 求由曲线 $y=\mathrm{e}^x$，$y=\mathrm{e}^{-x}$ 及 $y=2$ 所围成的平面均匀薄片的质心.
3. 求以曲面 $z=4-x^2$ （$x\geqslant 0$）和平面 $x=0,y=0,z=0$ 及 $y=6$ 所围成均匀立体的质心.
4. 球体 $x^2+y^2+z^2=a^2$ 内，若各点处的密度的大小等于该点到坐标原点的距离的平方，求这球体的质心.

第 10 章　曲线积分与曲面积分

定积分研究的是定义在直线段上函数的积分，将其推广到曲线段上，即可得到曲线积分的定义. 二重积分研究的是定义在平面有界闭区域上的积分，将其推广到曲面上，即得到曲面积分的定义，本章将研究曲线、曲面积分的概念、性质及计算方法.

10.1　对弧长的曲线积分

10.1.1　对弧长的曲线积分的概念和性质

金属丝的质量问题　为求得金属丝的质量，如果金属丝线密度 μ 为一常数，则有:质量 = 线密度 × 长度，当金属丝是在 xOy 平面内的一段弧 L (图 10.1).

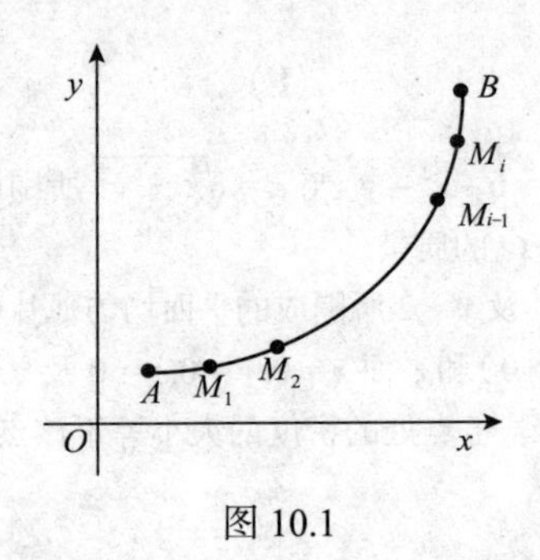

图 10.1

设 L 上任意一点 (x,y) 处的线密度是 $\mu(x,y)$，则此金属丝的质量就不能按上述公式来计算. 我们在曲线 L 上任意插入 n+1 个分点 $A=M_0,M_1,M_2,\cdots,M_{n-1}$, $M_n=B$，将 L 分成 n 个小段，任取其中一小段弧 $\widehat{M_{i-1}M_i}$，设其长度为 Δs_i，在线密度函数连续变化的条件下，只要这弧段很短，就可以用这一小弧段上的任意一点 (ξ_i,η_i) 处的线密度 $\mu(\xi_i,\eta_i)$ 代替这一小弧段上其他点的线密度，即为这一小弧段的线密度恒是 $\mu(\xi_i,\eta_i)$，从而得到这小弧段质量近似值为

$$\Delta m_i \approx \mu(\xi_i,\eta_i)\cdot\Delta s_i \quad (i=1,2,\cdots,n),$$

$$m \approx \sum_{i=1}^{n}\mu(\xi_i,\eta_i)\Delta s_i\ .$$

为计算其精确值，令 n 个小弧段的最大长度 $d\to 0$，对上式右端之和取极限，就得

到曲线 L 质量的精确值是

$$m=\lim_{d\to 0}\sum_{i=1}^{n}\mu(\xi_i,\eta_i)\Delta s_i,$$

在研究其他问题时也会遇到这种和的极限, 因此, 我们给出下面的定义.

定义 1.1　设 L 为 xOy 平面内的一条光滑曲线弧, 函数 $f(x,y)$ 在 L 上有界. 在 L 上任意插入 n+1 个点: $M_0,M_1,M_2,\cdots,M_n$, 把 L 分成 n 个小弧段.设第 i 个小弧段 $\overset{\frown}{M_{i-1}M_i}$ 长度为 Δs_i, 在 $\overset{\frown}{M_{i-1}M_i}$ 上任取一点 (ξ_i,η_i), 作乘积 $f(\xi_i,\eta_i)\Delta s_i$ ($i=1,2,\cdots,n$), 并作和 $\sum\limits_{i=1}^{n}f(\xi_i,\eta_i)\Delta s_i$, 如果当各小弧段长度的最大值 $d\to 0$ 时, 这和的极限总存在, 并且此极限不依赖于对曲线弧 L 的分割方式与点 (ξ_i,η_i) 的选取方式, 则称此极限为函数 $f(x,y)$ 在曲线弧 L 上的对**弧长的曲线积分**或**第一型曲线积分**, 记作 $\int_L f(x,y)\mathrm{d}s$, 即

$$\lim_{d\to 0}\sum_{i=1}^{n}f(\xi_i,\eta_i)\Delta s_i=\int_L f(x,y)\mathrm{d}s,$$

其中 $f(x,y)$ 称为**被积函数**, L 称为**积分弧段**.

如果函数 $f(x,y)$ 在光滑曲线段 L 上连续, 则对弧长的曲线积分 $\int_L f(x,y)\mathrm{d}s$ 是存在的, 今后我们总假定 $f(x,y)$ 在 L 上是连续的.

由定义 1.1 可知当金属丝的线密度函数 $\mu(x,y)$ 在 L 上连续时, 它的质量 $m=\int_L \mu(x,y)\mathrm{d}s$.根据对弧长的曲线积分的定义可以得到以下性质.

性质 1　设 α,β 为任意两个常数, 则

$$\int_L[\alpha f(x,y)+\beta g(x,y)]\mathrm{d}s=\alpha\int_L f(x,y)\mathrm{d}s+\beta\int_L f(x,y)\mathrm{d}s.$$

性质 2　若将积分弧段 L 分成两段光滑曲线弧段 L_1 和 L_2, 则

$$\int_L f(x,y)\mathrm{d}s=\int_{L_1} f(x,y)\mathrm{d}s+\int_{L_2} f(x,y)\mathrm{d}s.$$

性质 3　设在 L 上有 $f(x,y)\leqslant g(x,y)$, 则

$$\int_L f(x,y)\mathrm{d}s\leqslant\int_L g(x,y)\mathrm{d}s.$$

10.1.2 对弧长的曲线积分计算

定理 1.1 设 $f(x,y)$ 在曲线弧段 L 上有定义且连续，L 的参数方程为

$$x=\varphi(t),\ y=\psi(t)\quad(\alpha\leqslant t\leqslant\beta),$$

其中 $\varphi(t)$，$\psi(t)$ 在 $[\alpha,\beta]$ 上有一阶连续导数，且 $\varphi'^2(t)+\psi'^2(t)\neq 0$，则曲线积分 $\int_L f(x,y)\mathrm{d}s$ 存在，且

$$\int_L f(x,y)\mathrm{d}s=\int_\alpha^\beta f[\varphi(t),\psi(t)]\sqrt{\varphi'^2(t)+\psi'^2(t)}\mathrm{d}t. \tag{1}$$

证明 给区间 $[\alpha,\beta]$ 任意一分法 T，其分点为

$$\alpha=t_0,t_1,\cdots,t_n=\beta.$$

并记 $\Delta t_i=t_i-t_{i-1}(i=1,2,\cdots,n)$.相应地，得到曲线 L 的一个分法. 设第 i 个小区间 $[t_{i-1},\ t_i]$ 对应曲线 L 第 i 个小弧段为 $\overparen{M_{i-1}M_i}$，设其长度为 Δs_i，由弧长公式与定积分中值定理得

$$\Delta s_i=\int_{t_{i-1}}^{t_i}\sqrt{\varphi'^2(t)+\psi'^2(t)}\mathrm{d}t=\sqrt{\varphi'^2(\tau_i^*)+\psi'^2(\tau_i^*)}\Delta t_i,$$

其中 $\tau_i^*\in[t_{i-1},t_i]$. 令 $\lambda=\max\limits_{1\leqslant i\leqslant n}\{\Delta t_i\}$，$d=\max\limits_{1\leqslant i\leqslant n}\{\Delta s_i\}$，显然，当 $\lambda\to 0$ 时，有 $d\to 0$. 由对弧长的曲线积分定义得到

$$\begin{aligned}\int_L f(x,y)\mathrm{d}s&=\lim_{d\to 0}\sum_{i=1}^n f(\xi_i,\eta_i)\Delta s_i\\&=\lim_{\lambda\to 0}\sum_{i=1}^n f(\varphi(\tau_i),\psi(\tau_i))\sqrt{\varphi'^2(\tau_i^*)+\psi'^2(\tau_i^*)}\Delta t_i,\end{aligned}$$

由于函数 $\varphi'^2(x)+\psi'^2(x)$ 在闭区间 $[\alpha,\beta]$ 上连续，从而

$$\begin{aligned}\int_L f(x,y)\mathrm{d}s&=\lim_{\lambda\to 0}\sum_{i=1}^n f(\varphi(\tau_i),\psi(\tau_i))\sqrt{\varphi'^2(\tau_i^*)+\psi'^2(\tau_i^*)}\Delta t_i\\&=\lim_{\lambda\to 0}\sum_{i=1}^n f(\varphi(\tau_i),\psi(\tau_i))\sqrt{\varphi'^2(\tau_i)+\psi'^2(\tau_i)}\Delta t_i\\&=\int_\alpha^\beta f(\varphi(t),\psi(t))\sqrt{\varphi'^2(t)+\psi'^2(t)}\mathrm{d}t.\end{aligned}$$

□

例 1.1　计算 $I=\int_L y\mathrm{d}s$，其中 L 为摆线

$$\begin{cases}x=t-\sin t,\\ y=1-\cos t\end{cases}$$

的第一拱 $(0\leqslant t\leqslant 2\pi)$.

解　$x'(t)=1-\cos t, y'(t)=\sin t$.

$$\mathrm{d}s=\sqrt{x'^2(t)+y'^2(t)}\mathrm{d}t=\sqrt{2(1-\cos t)}\mathrm{d}t.$$

由公式(1)有

$$\begin{aligned}\int_L y\mathrm{d}s&=\int_0^{2\pi}(1-\cos t)\sqrt{2(1-\cos t)}\mathrm{d}t\\&=\sqrt{2}\int_0^{2\pi}(1-\cos t)^{\frac{3}{2}}\mathrm{d}t=4\int_0^{2\pi}\left|\sin\frac{t}{2}\right|^3\mathrm{d}t\\&=8\int_0^{\pi}\sin^3 u\mathrm{d}u=\frac{32}{3}.\end{aligned}$$

如果曲线 L 由方程

$$L: y=\psi(x),\quad x_0\leqslant x\leqslant X$$

给出，那么可以把这种情形看作是特殊的参数方程

$$\begin{cases}x=t,\\ y=\psi(t)\end{cases}\quad (x_0\leqslant t\leqslant X),$$

那么

$$f(x,y)=f[x,\psi(x)],$$

$$\mathrm{d}s=\sqrt{\varphi'^2(t)+\psi'^2(t)}\mathrm{d}t=\sqrt{1+\psi'^2(t)}\mathrm{d}t=\sqrt{1+\psi'^2(x)}\mathrm{d}x.$$

所以有

$$\int_L f(x,y)\mathrm{d}s=\int_{x_0}^{X}f[x,\psi(x)]\sqrt{1+\psi'^2(x)}\mathrm{d}x\quad (x_0<X).$$

类似地，如果曲线 L 由方程

$$L: x=\varphi(y),\quad y_0\leqslant y\leqslant Y.$$

给出, 则有

$$\int_L f(x,y)\mathrm{d}s=\int_{y_0}^{Y} f\left(\varphi(y),y\right)\sqrt{1+\varphi'^2(y)}\mathrm{d}y \quad (y_0<Y).$$

例 1.2 计算$I=\oint_L(x+y)\mathrm{d}s$, 此处$L$为连接三点$O$ (0, 0), A (1, 0), B (1, 1)的三角形的边界(图 10.2).

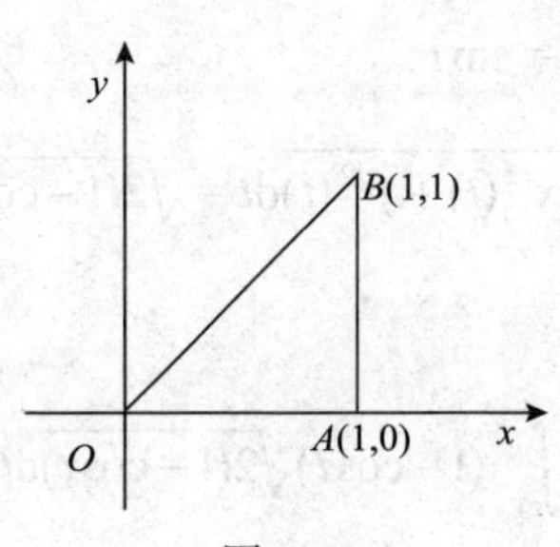

图 10.2

解 $I=\oint_L(x+y)\mathrm{d}s=\int_{OA}(x+y)\mathrm{d}s+\int_{AB}(x+y)\mathrm{d}s+\int_{BO}(x+y)\mathrm{d}s$.

在直线段OA上, $y=0,\mathrm{d}s=\mathrm{d}x$, 可得

$$\int_{OA}(x+y)\mathrm{d}s=\int_0^1 x\mathrm{d}x=\frac{1}{2},$$

在直线段AB上, $x=1,\mathrm{d}s=\mathrm{d}y$, 得

$$\int_{AB}(x+y)\mathrm{d}s=\int_0^1(1+y)\mathrm{d}y=\frac{3}{2},$$

在直线段BO上, $y=x,\mathrm{d}s=\sqrt{2}\mathrm{d}x$, 得

$$\int_{BO}(x+y)\mathrm{d}s=\int_0^1 2x\sqrt{2}\mathrm{d}x=\sqrt{2}.$$

综上, $I=2+\sqrt{2}$.

公式(1)可以推广到L为空间曲线弧段的情形, 设L的参数方程为

$$\begin{cases}x=\varphi(t),\\ y=\psi(t), \quad \alpha\leqslant t\leqslant\beta,\\ \mathrm{z}=\omega(t),\end{cases}$$

则

$$\int_L f(x,y,z)\mathrm{d}s=\int_\alpha^\beta f[\varphi(t),\psi(t),\omega(t)]\sqrt{\varphi'^2(t)+\psi'^2(t)+\omega'^2(t)}\mathrm{d}t \quad (\alpha<\beta). \quad (2)$$

例 1.3　计算 $\int_L \frac{ds}{x^2+y^2+z^2}$，其中 L 是螺线 $x=a\cos t, y=a\sin t, z=bt$ 的第一圈 $(0\leqslant t\leqslant 2\pi)$.

解　$ds=\sqrt{x'^2(t)+y'^2(t)+z'^2(t)}dt=\sqrt{a^2+b^2}dt$，由公式(2)可得

$$\int_L \frac{ds}{x^2+y^2+z^2}=\sqrt{a^2+b^2}\int_0^{2\pi}\frac{dt}{a^2+b^2t^2}$$

$$=\frac{\sqrt{a^2+b^2}}{ab}\left(\arctan\frac{bt}{a}\right)\Bigg|_0^{2\pi}=\frac{\sqrt{a^2+b^2}}{ab}\arctan\frac{2\pi b}{a}.$$

习题 10.1

习题 10.1 解答

(A)

1. 计算 $\int_L \sqrt{y}ds$，其中 L 是抛物线 $y=x^2$ 上的点 $O(0,0)$ 与点 $B(1,1)$ 之间的一段弧.

2. 计算 $\int_L (x^2+y^2)ds$，其中 L 是中心在 $(0,0)$，半径为 R 的上半圆周.

3. 计算 $\int_L (x+y)ds$，其中 L 为连接 $(1,0)$ 与 $(0,1)$ 两点之间的直线段.

4. 计算 $\oint_L (x^2+y^2)^n ds$，其中 $L: x=a\cos t, y=a\sin t (0\leqslant t\leqslant 2\pi)$.

5. 计算 $\oint_L e^{\sqrt{x^2+y^2}}ds$，其中 L 为圆周 $x^2+y^2=a^2$，直线 $y=x$ 及 x 轴在第一象限内所围成的扇形的整个边界.

6. 计算 $\oint_L (x+y)ds$，其中 L 为以 $O(0,0), A(1,0), B(0,1)$ 为顶点的三角形的边界.

7. 计算 $\int_L y^2 ds$，其中 L 为摆线一拱，

$$x=a(t-\sin t),\quad y=a(1-\cos t)\quad (0\leqslant t\leqslant 2\pi).$$

8. 计算 $\int_L \frac{ds}{x^2+y^2+z^2}$，其中 L 为曲线 $x=e^t\cos t, y=e^t\sin t, z=e^t$ 上相应于 t 从 0 变到 2 的弧段.

9. 计算 $\int_L \frac{z^2}{x^2+y^2}ds$，其中 L 为螺线:

$$x=a\cos t,\quad y=a\sin t,\quad z=at\quad (0\leqslant t\leqslant 2\pi).$$

(注: $\oint_L$ 表示 L 为闭曲线的曲线积分符号)

(B)

求$\oint_L (2xy+3x^2+4y^2)\mathrm{d}s$，其中$L$是圆$x^2+y^2=a^2$.

10.2 对坐标的曲线积分

10.2.1 对坐标的曲线积分的概念和性质

变力做功的问题 我们知道，一个质点在常力作用下沿直线由A移动到B所做的功等于向量$\boldsymbol{F}$与向量$\overrightarrow{AB}$的数量积，即$W=\boldsymbol{F}\cdot\overrightarrow{AB}$. 但是，如果一质点在变力作用下，沿$xOy$平面内的一光滑曲线$L$由$A$移动到$B$，且变力是

$$\boldsymbol{F}=P(x,y)\boldsymbol{i}+Q(x,y)\boldsymbol{j},$$

其中$P(x,y),Q(x,y)$是定义在L上的连续函数，因此，变力$\boldsymbol{F}$对质点所做的功W就不能按上述公式计算. 我们将曲线L从点A起，用分点

$$A=M_0(x_0,y_0),M_1(x_1,y_1),\cdots,M_n(x_n,y_n)=B$$

把曲线段AB按顺序任意地分成n个有向小弧段$\overset{\frown}{M_{i-1}M_i}$，其长度记为$\Delta s_i(i=1,2,\cdots,n)$. 由于弧$\overset{\frown}{M_{i-1}M_i}$光滑且很短，因此可以用有向线段$\overrightarrow{M_{i-1}M_i}=(\Delta x_i)\boldsymbol{i}+(\Delta y_i)\boldsymbol{j}$来近似代替它，其中$\Delta x_i=x_i-x_{i-1},\Delta y_i=y_i-y_{i-1}$，又由于函数$P(x,y),Q(x,y)$在$L$上的连续性，力$\boldsymbol{F}$在其上的变化很小，可以近似地看作常力，以弧$\overset{\frown}{M_{i-1}M_i}$上的任意一点$(\xi_i,\eta_i)$处的力

$$\boldsymbol{F}(\xi_i,\eta_i)=P(\xi_i,\eta_i)\boldsymbol{i}+Q(\xi_i,\eta_i)\boldsymbol{j}$$

来近似代替这小弧段上各点的力，那么，变力$\boldsymbol{F}(x,y)$沿小弧段$\overset{\frown}{M_{i-1}M_i}$所做的功$\Delta W_i$，可以近似地用常力$\boldsymbol{F}(\xi_i,\eta_i)$ 沿$\overrightarrow{M_{i-1}M_i}$所做的功来代替，即

$$\Delta W_i\approx\boldsymbol{F}(\xi_i,\eta_i)\cdot\overrightarrow{M_{i-1}M_i}=P(\xi_i,\eta_i)\Delta x_i+Q(\xi_i,\eta_i)\Delta y_i,$$

于是

$$W=\sum_{i=1}^{n}\Delta W_i\approx\sum_{i=1}^{n}[P(\xi_i,\eta_i)\Delta x_i+Q(\xi_i,\eta_i)\Delta y_i].$$

其中$\sum\limits_{i=1}^{n}P(\xi_i,\eta_i)\Delta x_i$， $\sum\limits_{i=1}^{n}Q(\xi_i,\eta_i)\Delta y_i$分别是力$\boldsymbol{F}$在两个坐标轴方向分力所做的功

的近似值. 记 $d=\max\limits_{1\leqslant i\leqslant n}\{\Delta s_i\}$，令 $d\to 0$ 取极限, 则得到

$$W=\lim_{d\to 0}\sum_{i=1}^{n}[P(\xi_i,\eta_i)\Delta x_i+Q(\xi_i,\eta_i)\Delta y_i].$$

从变力沿曲线做功的问题引出了上述的和式极限问题, 因此我们给出下面的定义.

定义 2.1　设 L 为 xOy 平面内的从点 A 到点 B 一条有向光滑曲线弧, 函数 $P(x,y),Q(x,y)$ 在 L 上有界.在有向弧段 L 上沿 L 的方向任意插入 $n-1$ 个分点: $M_1(x_1,y_1),M_2(x_2,y_2),\cdots,M_{n-1}(x_{n-1},y_{n-1})$，把 L 分成 n 个有向小弧段

$$\overset{\frown}{M_{i-1}M_i}\quad(i=1,2,\cdots,n;M_0=A,M_n=B),$$

设 $\Delta x_i=x_i-x_{i-1},\Delta y_i=y_i-y_{i-1}$, 任取弧段 $\overset{\frown}{M_{i-1}M_i}$ 上的一点 (ξ_i,η_i)，作和

$$\sum_{i=1}^{n}[P(\xi_i,\eta_i)\Delta x_i+Q(\xi_i,\eta_i)\Delta y_i],$$

令 n 个弧段长度最大值 $d\to 0$ 时, 如果极限

$$\lim_{d\to 0}\sum_{i=1}^{n}[P(\xi_i,\eta_i)\Delta x_i+Q(\xi_i,\eta_i)\Delta y_i]$$

存在, 并且此极限不依赖于对有向曲线 L 的分割方式和点 (ξ_i,η_i) 的选取方式, 则称此极限为函数 $P(x,y),Q(x,y)$ 沿光滑有向曲线 L 从点 A 到点 B 对**坐标的曲线积分或第二型曲线积分**, 记作

$$\int_L P\mathrm{d}x+Q\mathrm{d}y. \tag{1}$$

有向曲线 L 称为积分路径, 也可以将(1)式写成

$$\int_L P\mathrm{d}x+\int_L Q\mathrm{d}y.$$

这里 P,Q 分别为 $P(x,y),Q(x,y)$ 的简写, 其中 $\int_L P\mathrm{d}x$ 称作函数 $P(x,y)$ 在 L 上关于坐标 x 的曲线积分; $\int_L Q\mathrm{d}y$ 称作函数 $Q(x,y)$ 关于坐标 y 的曲线积分.也可以写成向量形式

$$\int_L \boldsymbol{F}(x,y)\cdot\mathrm{d}\boldsymbol{s},$$

其中 $\boldsymbol{F}(x,y)=P(x,y)\boldsymbol{i}+Q(x,y)\boldsymbol{j}$ 为向量函数，$\mathrm{d}\boldsymbol{s}=\mathrm{d}x\boldsymbol{i}+\mathrm{d}y\boldsymbol{j}$. 于是本节开始讲的变力做功就可以表达成

$$\begin{aligned}W&=\int_L \boldsymbol{F}(x,y)\cdot\mathrm{d}\boldsymbol{s}\\&=\int_L P(x,y)\mathrm{d}x+Q(x,y)\mathrm{d}y.\end{aligned}$$

当函数 $P(x,y),Q(x,y)$ 在有向光滑曲线 L 上连续时，两函数在 L 上对坐标的曲线积分存在，今后我们总是假定 $P(x,y),Q(x,y)$ 在 L 上是连续的.

类似地可以定义空间曲线弧 $\varGamma$ 上的对坐标的曲线积分，并记为

$$\int_\varGamma P(x,y,z)\mathrm{d}x+Q(x,y,z)\mathrm{d}y+R(x,y,z)\mathrm{d}z,$$

或记为

$$\int_\varGamma P\mathrm{d}x+Q\mathrm{d}y+R\mathrm{d}z.$$

由对坐标的曲线积分的定义很容易得到下面的性质，为了简单起见，我们用向量形式表达.

性质 1 设 α,β 为常数，则

$$\int_L[\alpha\boldsymbol{F}_1(x,y)+\beta\boldsymbol{F}_2(x,y)]\cdot\mathrm{d}\boldsymbol{s}=\alpha\int_L\boldsymbol{F}_1(x,y)\cdot\mathrm{d}\boldsymbol{s}+\beta\int_L\boldsymbol{F}_2(x,y)\cdot\mathrm{d}\boldsymbol{s}.$$

性质 2 若有向曲线弧 L 可分成 L_1,L_2，则

$$\int_L\boldsymbol{F}(x,y)\cdot\mathrm{d}\boldsymbol{s}=\int_{L_1}\boldsymbol{F}(x,y)\cdot\mathrm{d}\boldsymbol{s}+\int_{L_2}\boldsymbol{F}(x,y)\cdot\mathrm{d}\boldsymbol{s}.$$

性质 3 设 L 是有向光滑曲线弧，L^- 是 L 的反向曲线弧，则

$$\int_{L^-}\boldsymbol{F}(x,y)\cdot\mathrm{d}\boldsymbol{s}=-\int_L\boldsymbol{F}(x,y)\cdot\mathrm{d}\boldsymbol{s}.$$

需要注意的是性质 3，它告诉我们，当积分弧段的方向改变时，对坐标的曲线积分要改变符号，这也是对坐标的曲线积分与对弧长的曲线积分的重要区别.

10.2.2 对坐标的曲线积分的计算

关于对坐标的曲线积分的计算，方法与对弧长的曲线积分一样，也是化为定积分来计算.

设曲线 L 的参数方程是

$$\begin{cases} x=\varphi(t), \\ y=\psi(t), \end{cases} \quad t\in[\alpha\to\beta],$$

函数 $x=\varphi(t), y=\psi(t)$ 都在闭区间 $[\alpha,\beta]$ 上有连续的导数，又设函数 $P(x,y),Q(x,y)$ 为 L 上的连续函数，则 L 上从 $A(\varphi(\alpha),\psi(\alpha))$ 到 $B(\varphi(\beta),\psi(\beta))$ 的对坐标的曲线积分存在，且

$$\int_{L(A,B)} P(x,y)\mathrm{d}x+Q(x,y)\mathrm{d}y=\int_{\alpha}^{\beta}[P(\varphi(t),\psi(t))\varphi'(t)+Q(\varphi(t),\psi(t))\psi'(t)]\mathrm{d}t\,. \quad (2)$$

上面结论的证明方法与 10.1 节定理 1.1 的证明方法类似，因此这里从略. 在这里，特别要注意上面的定积分的积分限的上限不一定要大于下限，而应该是起点 A 所对应的参数值为下限，终点 B 对应的参数值为上限.对空间曲线情形也有相应的计算公式.

例 2.1　计算 $\int_L xy\mathrm{d}y$，其中 L 为抛物线 $y=x^2$ 上从点 $A\,(-1,1)$ 到点 $B\,(1,1)$ 的一段弧(图 10.3).

解　由于曲线 L 的方程为 $y=x^2$，因此取 x 为参数，得到曲线 L 的参数方程为

$$\begin{cases} x=x, \\ y=x^2, \end{cases} \quad x\in[-1,1].$$

于是，由公式(2)有

$$\int_L xy\mathrm{d}y=\int_{-1}^{1} x\cdot x^2\cdot 2x\mathrm{d}x=2\int_{-1}^{1}x^4\mathrm{d}x=\frac{4}{5}.$$

当然，我们也可以取 y 为参数，将曲线 L 改写为

$$AO:\begin{cases} x=-\sqrt{y}, \\ y=y, \end{cases} \quad y\text{ 从 1 变到 0;}$$

$$OB:\begin{cases} x=\sqrt{y}, \\ y=y, \end{cases} \quad y\text{ 从 0 变化到 1,}$$

同样得到

$$\begin{aligned}\int_L xy\mathrm{d}y&=\int_{AO}xy\mathrm{d}y+\int_{OB}xy\mathrm{d}y=\int_1^0(-\sqrt{y})y\mathrm{d}y+\int_0^1\sqrt{y}\,y\mathrm{d}y\\&=-\int_1^0 y^{\frac{3}{2}}\mathrm{d}y+\int_0^1 y^{\frac{3}{2}}\mathrm{d}y=\frac{4}{5}.\end{aligned}$$

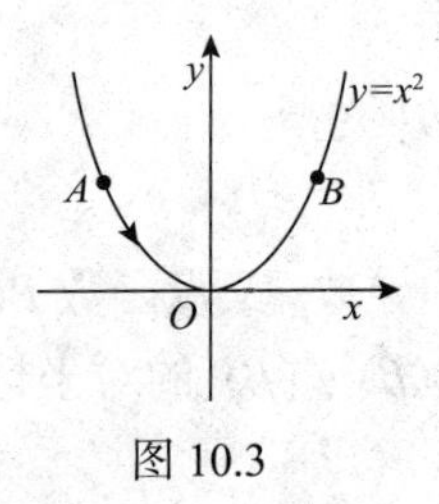

图 10.3

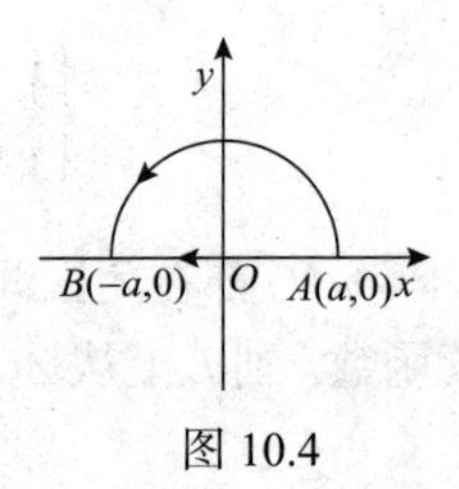

图 10.4

例 2.2 计算 $\int_L xy\mathrm{d}y-y\mathrm{d}x$，其中 L 为(图 10.4)

(1) 半径为 a，圆心为原点按逆时针方向绕行的上半圆周;

(2) 从点 $A(a,0)$ 沿 x 轴到点 $B(-a,0)$ 的直线段.

解 (1) L 的参数方程

$$\begin{cases}x=a\cos\theta,\\ y=a\sin\theta,\end{cases}\quad \theta \text{ 从 } 0 \text{ 变到 } \pi,$$

于是

$$\begin{aligned}\int_L xy\mathrm{d}y-y\mathrm{d}x&=\int_0^{\pi}[a\cos\theta\cdot a\sin\theta\cdot a\cos\theta-a\sin\theta(-a\sin\theta)]\mathrm{d}\theta\\ &=a^3\int_0^{\pi}\cos^2\theta\sin\theta\mathrm{d}\theta+a^2\int_0^{\pi}\sin^2\theta\mathrm{d}\theta\\ &=-a^3\int_0^{\pi}\cos^2\theta\mathrm{d}(\cos\theta)+a^2\int_0^{\pi}\frac{1-\cos2\theta}{2}\mathrm{d}\theta\\ &=-a^3\left(\frac{\cos^3\theta}{3}\right)\bigg|_0^{\pi}+\frac{a^2\pi}{2}-\frac{a^2}{2}\int_0^{\pi}\cos2\theta\mathrm{d}\theta\\ &=\frac{2}{3}a^3+\frac{a^2\pi}{2}.\end{aligned}$$

(2) AB 的参数方程为 $\begin{cases}y=0,\\ x=x,\end{cases}$ x 从 a 变到 $-a$. 因此

$$\int_L xy\mathrm{d}y-y\mathrm{d}x=\int_a^{-a}(0-0)\mathrm{d}x=0.$$

例 2.3 计算 $\int_L xy\mathrm{d}x+\frac{x^2}{2}\mathrm{d}y$，其中 L 为(图 10.5)

(1) 抛物线 $y=x^2$ 上，从 $O(0,0)$ 到 $B(1,1)$ 的一段弧;

(2) 抛物线 $x=y^2$ 上，从 $O(0,0)$ 到 $B(1,1)$ 的一段弧.

解　(1) 取 x 为参数，L 的参数方程 $\begin{cases} y = x^2, \\ x = x, \end{cases}$ $x \in [0,1]$. 所以

$$\int_L xy\mathrm{d}x + \frac{x^2}{2}\mathrm{d}y = \int_0^1 \left(x^3 + \frac{x^2}{2} \cdot 2x \right)\mathrm{d}x = 2\int_0^1 x^3 \mathrm{d}x = \frac{1}{2}.$$

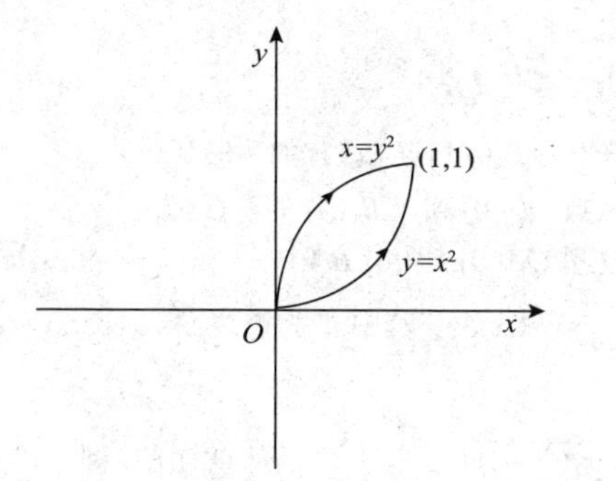

图 10.5

(2) 取 y 为参数，L 的参数方程为 $\begin{cases} x = y^2, \\ y = y, \end{cases}$ $y \in [0,1]$. 所以

$$\int_L xy\mathrm{d}x + \frac{x^2}{2}\mathrm{d}y = \int_0^1 \left(y^3 \cdot 2y + \frac{y^4}{2} \right)\mathrm{d}y = \frac{5}{2}\int_0^1 y^4 \mathrm{d}y = \frac{1}{2}.$$

例 2.4　计算 $\int_L x^2\mathrm{d}x + 2z\mathrm{d}y - xy\mathrm{d}z$，其中 L 是从点 $O(0,0,0)$ 到点 $A(1,2,3)$ 的直线段 OA.

解　直线段 OA 的方程是 $\frac{x}{1} = \frac{y}{2} = \frac{z}{3}$，得到其参数方程为

$$x = t, \quad y = 2t, \quad z = 3t, \quad t \in [0,1].$$

所以

$$\begin{aligned}\int_L x^2\mathrm{d}x + 2z\mathrm{d}y - xy\mathrm{d}z &= \int_0^1 [t^2 + 2(3t) \cdot 2 - t(2t) \cdot 3]\mathrm{d}t \\ &= \int_0^1 (12t - 5t^2)\mathrm{d}t = \frac{13}{3}.\end{aligned}$$

习题 10.2

习题 10.2 解答

(A)

1. 计算 $\int_L (x^2 + y^2)\mathrm{d}x$，其中 L 是抛物线 $y = x^2$ 上从点 $(-1,1)$ 到点 $(2,4)$ 的一段弧.

2. 计算$\int_L xy\mathrm{d}x$，其中L是抛物线$y^2=x$上从点$(1,-1)$到点$(1,1)$的一段弧.

3. 计算$\int_L y\mathrm{d}x+x\mathrm{d}y$，其中$L$为圆周$x=R\cos t,y=R\sin t$上对应$t$从0到$\dfrac{\pi}{2}$的一段弧.

4. 计算$\int_L (x^2-2xy)\mathrm{d}x+(y^2-2xy)\mathrm{d}y$，其中$L$是抛物线$y=x^2$上从点$(-1,1)$到点$(1,1)$的一段弧.

5. 计算$\int_L 2xy\mathrm{d}x+x^2\mathrm{d}y$，其中$L$为

(1) 抛物线$y=x^2$上从点$O(0,0)$到点$B(1,1)$的一段弧;

(2) 抛物线$y^2=x$上从点$O(0,0)$到点$B(1,1)$的一段弧;

(3) 有向折线OAB，这里$O(0,0),A(1,0),B(1,1)$.

6. 计算$\int_\Gamma xy\mathrm{d}x+(x-y)\mathrm{d}y+x^2\mathrm{d}z$，其中$\Gamma$为螺线$x=a\cos t,y=a\sin t,z=bt$上$t$从0到$\pi$的一段弧.

7. 计算$\int_\Gamma x\mathrm{d}x+y\mathrm{d}y+(x+y-1)\mathrm{d}z$，其中$\Gamma$是从点$(1,1,1)$到点$(2,3,4)$的直线段.

(B)

计算$\oint_L \dfrac{(x+y)\mathrm{d}x-(x-y)\mathrm{d}y}{x^2+y^2}$，其中$L$为圆周$x^2+y^2=a^2$（按逆时针方向）.

10.3 格林公式及其应用

10.3.1 格林公式

下面介绍的格林公式将平面有界闭区域D上的二重积分与该区域D的边界上的曲线积分建立起联系.

定理 3.1 设有界闭区域D是由分段光滑的曲线L围成，函数$P(x,y),Q(x,y)$在D上有连续的偏导数，则有

$$\oint_L P\mathrm{d}x+Q\mathrm{d}y=\iint_D\left(\frac{\partial Q}{\partial x}-\frac{\partial P}{\partial y}\right)\mathrm{d}x\mathrm{d}y, \tag{1}$$

其中L取逆时针方向.

公式(1)称为**格林公式**.

证明 先证明

$$\oint_L P(x,y)\mathrm{d}x=-\iint_D\frac{\partial P}{\partial y}\mathrm{d}x\mathrm{d}y. \tag{2}$$

设区域 D 是 x-型域(图 10.6), 因此

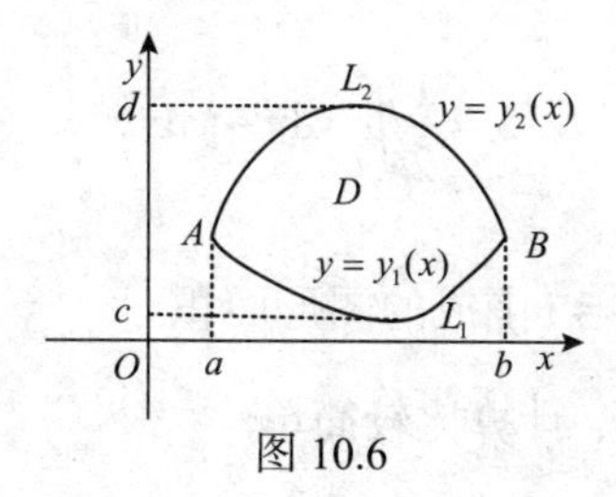

图 10.6

$$D=\{(x,y)\big|y_1(x)\leqslant y\leqslant y_2(x),a\leqslant x\leqslant b\},$$

由二重积分计算法有

$$\iint_D\frac{\partial P}{\partial y}\mathrm{d}x\mathrm{d}y=\int_a^b\mathrm{d}x\int_{y_1(x)}^{y_2(x)}\frac{\partial P}{\partial y}\mathrm{d}y=\int_a^b[P(x,y_2(x))-P(x,y_1(x))]\mathrm{d}x. \tag{3}$$

又

$$\begin{aligned}\oint_L P(x,y)\mathrm{d}x&=\int_{L_1}P(x,y)\mathrm{d}x+\int_{L_2}P(x,y)\mathrm{d}x\\&=\int_a^b P(x,y_1(x))\mathrm{d}x+\int_b^a P(x,y_2(x))\mathrm{d}x\\&=\int_a^b[P(x,y_1(x))-P(x,y_2(x))]\mathrm{d}x.\end{aligned} \tag{4}$$

因此比较(3), (4)式有

$$\oint_L P(x,y)\mathrm{d}x=-\iint_D\frac{\partial P}{\partial y}\mathrm{d}x\mathrm{d}y.$$

用同样的方法可以证明

$$\oint_L Q\mathrm{d}y=\iint_D\frac{\partial Q}{\partial x}\mathrm{d}x\mathrm{d}y.$$

将上式与(2)式相加便得到格林公式(1). □

容易证明, 如果 D 是更一般的区域, 只要是由分段光滑曲线围成的区域, 格林公式依然成立.

如果取 $P=-y,\ Q=x$, 得到

$$2\iint_D\mathrm{d}x\mathrm{d}y=\oint_L x\mathrm{d}y-y\mathrm{d}x,$$

因此区域 D 的面积

$$S=\frac{1}{2}\oint_L x\mathrm{d}y-y\mathrm{d}x. \tag{5}$$

例 3.1 求椭圆 $\frac{x^2}{a^2}+\frac{y^2}{b^2}=1$ 围成的图形面积.

解 将其写成参数方程, 计算比较简单:

$$x=a\cos\theta,\quad y=b\sin\theta,\quad 0\leqslant\theta\leqslant 2\pi.$$

根据公式(5)有

$$\begin{aligned}S&=\frac{1}{2}\oint_L x\mathrm{d}y-y\mathrm{d}x=\frac{1}{2}\int_0^{2\pi}(ab\cos^2\theta+ab\sin^2\theta)\mathrm{d}\theta\\&=\frac{1}{2}ab\int_0^{2\pi}\mathrm{d}\theta=\pi ab.\end{aligned}$$

例 3.2 计算 $\oint_L(x^2-2y)\mathrm{d}x+(3x+y\mathrm{e}^y)\mathrm{d}y$, 其中 L 为由曲线 $y=0,x+2y=2$ 及圆弧 $x^2+y^2=1$ $(x\leqslant 0, y\geqslant 0)$ 所围成的区域 D 的边界, 方向如图 10.7.

解 由格林公式

$$\begin{aligned}&\oint_L(x^2-2y)\mathrm{d}x+(3x+y\mathrm{e}^y)\mathrm{d}y\\&=\iint_D(3+2)\mathrm{d}x\mathrm{d}y\\&=5+\frac{5\pi}{4}.\end{aligned}$$

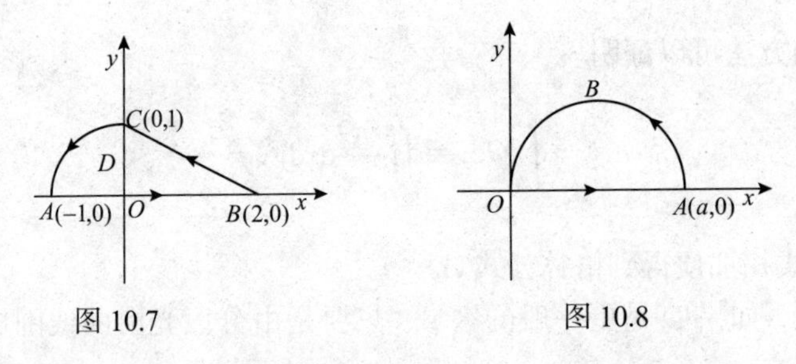

图 10.7　　图 10.8

例 3.3 求 $\int_L(\mathrm{e}^x\sin y-y)\mathrm{d}x+(\mathrm{e}^x\cos y-1)\mathrm{d}y$, 其中 L 由点 $A(a,0)$ 到点 $O(0,0)$ 的上半圆周 $x^2+y^2=ax$ (图 10.8).

解 添辅助线 OA, 使之与上半圆周构成封闭曲线 $ABOA$. 于是

$$\int_{ABO}=\oint_{ABOA}-\int_{OA},$$

由格林公式

$$\begin{aligned}&\oint_{ABOA}(e^x\sin y-y)dx+(e^x\cos y-1)dy\\&=\iint_D[e^x\cos y-(e^x\cos y-1)]dxdy\\&=\iint_D dxdy=\frac{1}{2}\pi\left(\frac{a}{2}\right)^2=\frac{\pi a^2}{8}.\end{aligned}$$

而

$$OA:\begin{cases}y=0,\\x=x,\end{cases}\quad x\in[0,a],$$

$$\int_{OA}(e^x\sin y-y)dx+(e^x\cos y-1)dy=0.$$

因此

$$\int_{ABO}(e^x\sin y-y)dx+(e^x\cos y-1)dy=\frac{\pi a^2}{8}.$$

10.3.2　平面曲线积分与路径无关的条件

曲线积分 $\int_L Pdx+Qdy$ 在 G 内与路径无关是指对区域 G 内的任意两点 A,B，如果沿着任何两条以 A,B 为端点且完全含在 G 内的曲线段 L_1,L_2（图 10.9）都有

$$\int_{L_1}Pdx+Qdy=\int_{L_2}Pdx+Qdy,$$

否则就说曲线积分与路径有关.

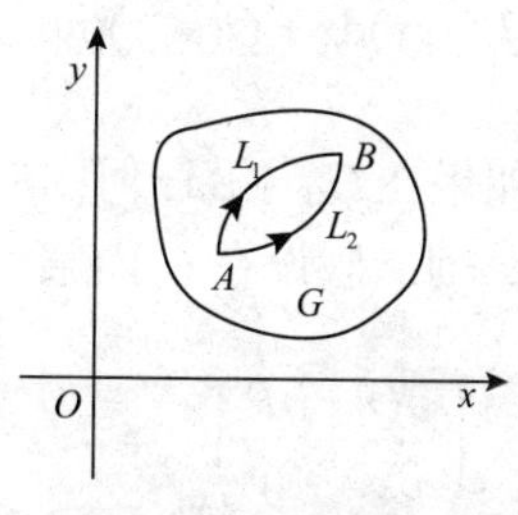

图 10.9

在上述的曲线积分与路径无关中，由于

$$\int_{L_1} P\mathrm{d}x + Q\mathrm{d}y = \int_{L_2} P\mathrm{d}x + Q\mathrm{d}y,$$

因此

$$\int_{L_1} P\mathrm{d}x + Q\mathrm{d}y - \int_{L_2} P\mathrm{d}x + Q\mathrm{d}y = \int_{L_1} P\mathrm{d}x + Q\mathrm{d}y + \int_{L_2^-} P\mathrm{d}x + Q\mathrm{d}y = 0,$$

即 $\oint_{L_1+L_2^-} P\mathrm{d}x + Q\mathrm{d}y = 0$. 这里 $L_1 + L_2^-$ 是 G 内一条有向闭曲线，因此曲线积分 $\int_L P\mathrm{d}x + Q\mathrm{d}y$ 在 G 内与路径无关也等价于对区域 G 内任意一条分段光滑闭曲线 L 上的曲线积分为零，即

$$\oint_L P\mathrm{d}x + Q\mathrm{d}y = 0.$$

定理 3.2 设函数 $P(x,y), Q(x,y)$ 在 G 内具有一阶连续偏导数，则曲线积分 $\int_L P(x,y)\mathrm{d}x + Q(x,y)\mathrm{d}y$ 在 G 内与路径无关充分必要条件是

$$\frac{\partial P}{\partial y} = \frac{\partial Q}{\partial x} \tag{6}$$

在 G 内恒成立.

证明 充分性. 在 G 内任取一条闭曲线 L，设其所围成的有界闭区域 D，由格林公式，有

$$\oint_L P(x,y)\mathrm{d}x + Q(x,y)\mathrm{d}y = \iint_D \left(\frac{\partial Q}{\partial x} - \frac{\partial P}{\partial y}\right)\mathrm{d}x\mathrm{d}y,$$

由于 $\frac{\partial Q}{\partial x} = \frac{\partial P}{\partial y}$ 在 D 上恒成立，于是上式右端二重积分等于零. 因此有

$$\oint_L P(x,y)\mathrm{d}x + Q(x,y)\mathrm{d}y = 0.$$

再证必要性. 即要证明：如果在 G 内沿任何闭曲线的曲线积分为零，则(6)式在 G 内恒成立. 我们用反证法来证. 假设在 G 内某一点 M_0 有

$$\left(\frac{\partial Q}{\partial x} - \frac{\partial P}{\partial y}\right)_{M_0} \neq 0,$$

不妨设$\left(\frac{\partial Q}{\partial x}-\frac{\partial P}{\partial y}\right)_{M_0}=\sigma>0$，由于$\frac{\partial Q}{\partial x}$，$\frac{\partial P}{\partial y}$在$G$内连续，因此在$M_0$点连续. 于是存在以$M_0$为心，以充分小的正数$r$为半径的闭圆域$K$，在$K$上恒有

$$\frac{\partial Q}{\partial x}-\frac{\partial P}{\partial y}\geqslant\frac{\sigma}{2},$$

于是，由格林公式及二重积分的性质有

$$\oint_l P\mathrm{d}x+Q\mathrm{d}y=\iint_K\left(\frac{\partial Q}{\partial x}-\frac{\partial P}{\partial y}\right)\mathrm{d}x\mathrm{d}y\geqslant\frac{\sigma}{2}S(K),$$

这里l表示区域K的边界，$S(K)$表示区域K的面积. 从而

$$\oint_l P\mathrm{d}x+Q\mathrm{d}y>0.$$

这与沿区域G内任意闭曲线的曲线积分为零的假设矛盾，因此(6)式在G内恒成立.

□

例 3.4　计算$\int_L(6xy^2-x^3)\mathrm{d}x+(6x^2y-3y^2)\mathrm{d}y$，其中$L$为圆周$x^2+y^2=1$上半圆周从点$A(1,0)$到点$B(-1,0)$的弧段.

解　这里$P=6xy^2-x^3, Q=6x^2y-3y^2$. 由于$\frac{\partial P}{\partial y}=12xy=\frac{\partial Q}{\partial x}$，因此，曲线积分在全平面上与路径无关，于是有

$$\begin{aligned}I&=\int_L(6xy^2-x^3)\mathrm{d}x+(6x^2y-3y^2)\mathrm{d}y\\&=\int_{AB}(6xy^2-x^3)\mathrm{d}x+(6x^2y-3y^2)\mathrm{d}y.\end{aligned}$$

由$AB: y=0, x=t, t$从1变到-1，因此$I=\int_1^{-1}(-t^3)\mathrm{d}t=0$.

定理 3.3　设函数$P(x,y), Q(x,y)$在区域G内有一阶连续的偏导数，则曲线积分在G内与路径无关的充分必要条件是表达式$P\mathrm{d}x+Q\mathrm{d}y$为$G$内某一个二元函数$u(x,y)$的全微分，即$\mathrm{d}u=P\mathrm{d}x+Q\mathrm{d}y$.

*__证明__　先证充分性. 假设存在二元函数$u(x,y)$，使得在G内有$\mathrm{d}u=P\mathrm{d}x+Q\mathrm{d}y$，于是有$\frac{\partial u}{\partial x}=P$，$\frac{\partial u}{\partial y}=Q$.

由于在G内，函数P,Q有一阶连续偏导数，从而在G内$u(x,y)$有二阶连续偏导

数，因此上面左式两端同时对 y 求导以及右式两端同时对 x 求导有 $\dfrac{\partial^2 u}{\partial x\partial y}=\dfrac{\partial^2 u}{\partial y\partial x}$，即有 $\dfrac{\partial P}{\partial y}=\dfrac{\partial Q}{\partial x}$.

由定理 3.2 知 $\int_L P\mathrm{d}x+Q\mathrm{d}y$ 在 G 内与路径无关.

再证必要性. 由于曲线积分 $\int_L P\mathrm{d}x+Q\mathrm{d}y$ 在 G 内与路径无关，因此仅与 L 弧段的始点、终点有关.设 $A(x_0,y_0)$ 为 G 内某固定点，$B(x,y)$ 为 G 内任意一点，因此，曲线积分是终点的二元函数，记为

$$u(x,y)=\int_{(x_0,y_0)}^{(x,y)} P\mathrm{d}x+Q\mathrm{d}y. \tag{7}$$

下面证明 $\mathrm{d}u=P\mathrm{d}x+Q\mathrm{d}y$，即 $\dfrac{\partial u}{\partial x}=P$，$\dfrac{\partial u}{\partial y}=Q$.为此取 Δx 充分小，使 $(x+\Delta x,y)\in G$，考察

$$\begin{aligned}
&u(x+\Delta x,y)-u(x,y)\\
&=\int_{(x_0,y_0)}^{(x+\Delta x,y)} P\mathrm{d}x+Q\mathrm{d}y-\int_{(x_0,y_0)}^{(x,y)} P\mathrm{d}x+Q\mathrm{d}y\\
&=\int_{(x_0,y_0)}^{(x,y)} P\mathrm{d}x+Q\mathrm{d}y+\int_{(x,y)}^{(x+\Delta x,y)} P\mathrm{d}x+Q\mathrm{d}y-\int_{(x_0,y_0)}^{(x,y)} P\mathrm{d}x+Q\mathrm{d}y\\
&=\int_{(x,y)}^{(x+\Delta x,y)} P\mathrm{d}x+Q\mathrm{d}y.
\end{aligned}$$

因为曲线积分与路径无关，取路径点 $A(x_0,y_0)$ 到点 $B(x,y)$ 是 G 内任意一分段光滑曲线段，而由点 B 到 $M(x+\Delta x,y)$ 为一平行于 x 轴的直线段(图10.10)，由于此线段的参数方程

$$y=y+0t \quad （右端\ y\ 看作常数，\mathrm{d}y=0），$$
$$x=t,\ t\in[x,x+\Delta x] \quad （或\ t\in[x+\Delta x,x]）.$$

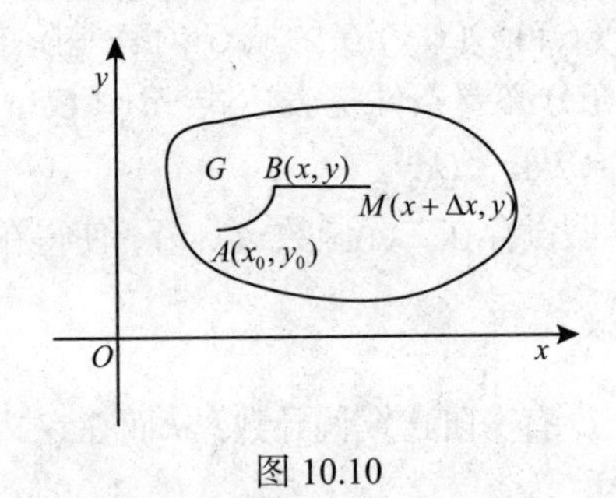

图 10.10

则 $\Delta u = u(x+\Delta x, y) - u(x, y) = \int_{x}^{x+\Delta x} P(t, y)\mathrm{d}t$. 由积分中值定理有

$$\Delta u = P(x+\theta\Delta x, y)\Delta x \quad (0<\theta<1),$$

由于函数 P 在 G 内有连续的偏导数(因此可微)，所以函数 P 在 G 内也是连续的，对上式两端同时除以 Δx，并令 $\Delta x \to 0$ 取极限，就有

$$\frac{\partial u}{\partial x} = \lim_{\Delta x\to 0}\frac{\Delta u}{\Delta x} = \lim_{\Delta x\to 0} P(x+\theta\Delta x, y) = P(x, y).$$

同理可证 $\frac{\partial u}{\partial y} = Q(x, y)$，于是得到

$$\mathrm{d}u = \frac{\partial u}{\partial x}\mathrm{d}x + \frac{\partial u}{\partial y}\mathrm{d}y = P\mathrm{d}x + Q\mathrm{d}y.$$

这就证明了充分性. □

对于定理中的二元函数 $u(x, y)$，称为 $P\mathrm{d}x + Q\mathrm{d}y$ 的一个原函数，而此函数可以用公式(7)来求出，但由于曲线积分与路径无关，为计算简单，可以选择平行于坐标轴的直线段连成的折线 M_0NM 或 M_0SM 作为积分路径(图 10.11(a))，当然要假设这些折线完全位于 G 内.

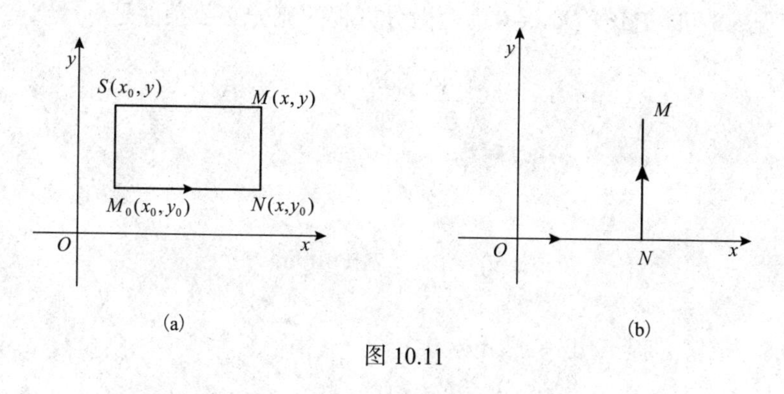

图 10.11

在公式(7)中，取 M_0NM 为积分路径，则可以表示为

$$u(x, y) = \int_{x_0}^{x} P(x, y_0)\mathrm{d}x + \int_{y_0}^{y} Q(x, y)\mathrm{d}y;$$

若路径取 M_0SM 时，则

$$u(x, y) = \int_{y_0}^{y} Q(x_0, y)\mathrm{d}y + \int_{x_0}^{x} P(x, y)\mathrm{d}x.$$

例 3.5 求u，使得$\mathrm{d}u=(6xy^2-y^3)\mathrm{d}x+(6x^2y-3xy^2)\mathrm{d}y$，并计算

$$I=\int_{(1,2)}^{(3,4)}(6xy^2-y^3)\mathrm{d}x+(6x^2y-3xy^2)\mathrm{d}y.$$

解 由于$\dfrac{\partial Q}{\partial x}=12xy-3y^2=\dfrac{\partial P}{\partial y}$，因此，由定理 3.2 可知，积分与路径无关. 由(6)式（取$(x_0,y_0)=(0,0)$）得

$$u(x,y)=\int_0^x 0\mathrm{d}x+\int_0^y(6x^2y-3xy^2)\mathrm{d}y=3x^2y^2-xy^3.$$

所以$I=(3x^2y^2-3xy^3)\Big|_{(1,2)}^{(3,4)}=236$.

在学习一阶微分方程中，一阶对称式的方程

$$P(x,y)\mathrm{d}x+Q(x,y)\mathrm{d}y=0 \tag{8}$$

称为全微分方程，如果存在二元函数$u(x,y)$，使得

$$\mathrm{d}u(x,y)=P(x,y)\mathrm{d}x+Q(x,y)\mathrm{d}y.$$

从而$u(x,y)=C$为全微分方程的隐式通解，其中C为任意常数.

由定理 3.3 知，$P\mathrm{d}x+Q\mathrm{d}y=0$为全微分方程的充分必要条件是

$$\frac{\partial Q}{\partial x}=\frac{\partial P}{\partial y},$$

且

$$u(x,y)=\int_{(x_0,y_0)}^{(x,y)}P\mathrm{d}x+Q\mathrm{d}y.$$

例 3.6 求解方程$xy^2\mathrm{d}x+x^2y\mathrm{d}y=0$.

解 这里$P=xy^2,Q=x^2y$，且$\dfrac{\partial P}{\partial y}=\dfrac{\partial Q}{\partial x}$在全平面成立，知此方程为全微分方程，因此取积分路径如图 10.11(b)所示，于是

$$\begin{aligned}u(x,y)&=\int_{(0,0)}^{(x,y)}xy^2\mathrm{d}x+x^2y\mathrm{d}y=\int_{ON}xy^2\mathrm{d}x+x^2y\mathrm{d}y+\int_{NM}xy^2\mathrm{d}x+x^2y\mathrm{d}y\\&=0+\int_0^y x^2y\mathrm{d}y=\frac{x^2y^2}{2},\end{aligned}$$

从而方程的隐式通解为 $\dfrac{x^2y^2}{2}=C$.

习题 10.3

习题 10.3 解答

(A)

1. 应用格林公式计算下列曲线积分:

(1) $\oint_L (x+y)\mathrm{d}x+(y-x)\mathrm{d}y$, 其中 L 为以 $O(0,0)$, $A(1,0)$, $B(1,1)$为顶点的三角形的边界(逆时针方向);

(2) $\oint_L \dfrac{x\mathrm{d}y-y\mathrm{d}x}{x^2+y^2}$, 其中 L 为任一不包含原点的闭区域的边界线(逆时针方向);

(3) $\oint_L xy^2\mathrm{d}x-x^2y\mathrm{d}y$, 其中 L 为圆周 $x^2+y^2=1$ (逆时针方向);

(4) $\oint_L (2xy-x^2)\mathrm{d}x+(x+y^2)\mathrm{d}y$, 其中 L 是由曲线 $y=x^2$ 及 $y^2=x$ 所围成的区域的边界(逆时针方向);

(5) $\oint_L (x^2-xy^3)\mathrm{d}x+(y^2-2xy)\mathrm{d}y$, 其中 L 是顶点分别为 $(0,0),(2,0)(2,2)$ 和 $(0,2)$ 的正方形区域的边界(逆时针方向);

(6) $\oint_L \mathrm{e}^x[(1-\cos y)\mathrm{d}x-(y-\sin y)\mathrm{d}y]$, 其中 L 为闭区域 $0\leqslant y\leqslant \sin x, 0\leqslant x\leqslant \pi$ 的边界曲线(逆时针方向).

2. 计算下列曲线积分:

(1) $\int_L (x^2-y)\mathrm{d}x-(x+\sin y)\mathrm{d}y$, 其中 L 是在圆周 $y=\sqrt{2x-x^2}$ 上由点 $(0,0)$ 到点 $(2,0)$ 的一段弧;

(2) $\int_L (\mathrm{e}^x\sin y-y^2)\mathrm{d}x+\mathrm{e}^x\cos y\mathrm{d}y$, 其中 L 为圆周 $x^2+y^2=ax(a>0)$ 的上半圆周从 $A(a,0)$ 到 $O(0,0)$ 的一段弧;

(3) $\int_L x^3\mathrm{d}y-y^3\mathrm{d}x$, 其中 L 是圆 $x^2+y^2=1$ 在第一象限的部分, 沿逆时针方向.

3. 计算下列曲线所围成区域的面积:

(1) 椭圆 $9x^2+16y^2=144$ 所围成的平面图形的面积;

(2) 星形线 $x=a\cos^3 t, y=a\sin^3 t$.

4. 验证下列曲线积分与路径无关, 并求其值:

(1) $\int_{(1,1)}^{(2,3)} (x+y)\mathrm{d}x+(x-y)\mathrm{d}y$;

(2) $\int_{(1,0)}^{(2,1)} (2xy-y^4)\mathrm{d}x+(x^2-4xy^3)\mathrm{d}y$;

(3) $\int_{(0,0)}^{(2,3)} (2x\cos y-y^2\sin x)\mathrm{d}x+(2y\cos x-x^2\sin y)\mathrm{d}y$.

5. 求原函数 $u(x,y)$:

（1）$du=(x^2+2xy-y^2)dx+(x^2-2xy-y^2)dy$；

（2）$du=(x+2y)dx+(2x+y)dy$.

6. 验证下列方程是全微分方程，并求解：

$$(2x\cos y-y^2\sin x)dx+(2y\cos x-x^2\sin y)dy=0.$$

（B）

1. 求 $I=\int_L(e^x\sin y-b(x+y))dx+(e^x\cos y-ax)dy$，其中 a,b 为正的常数，L 为从点 $A(2a,0)$ 沿曲线 $y=\sqrt{2ax-x^2}$ 到点 $O(0,0)$ 的弧.

2. 求 $I=\int_L xdy-2ydx$，其中 L 为圆周 $x^2+y^2=2$ 在第一象限中的部分(逆时针方向).

3. 求 $I=\int_L ydy+|y-x^2|dy$，其中 L 为圆周 $x^2+y^2=2$（逆时针方向).

4. 已知曲线积分 $\int_L\phi(x)\sin ydx+\phi(x)\cos ydy$ 在整个 xOy 面内与路径无关，其中 $\phi(x)$ 在 $(-\infty,+\infty)$ 内可导，且 $\phi(0)=1$.

（1）求函数 $\phi(x)$；

（2）计算曲线积分 $\int_{(0,0)}^{(3,4)}\phi(x)\sin ydx+\phi(x)\cos ydy$.

10.4 对面积的曲面积分

10.4.1 对面积的曲面积分的概念和性质

曲面块的质量 为求空间一光滑曲面块 Σ 的质量，如果其面密度 ρ 是一个常数，面积为 S，则其质量为 $m=\rho\cdot S$.如果其面密度 $\rho=\rho(x,y,z)$ 是定义在曲面块 Σ 上的有界函数，类似于求金属丝质量的方法，将曲面块 Σ 任意分成 n 个小块 $\{\Delta S_i\}$（ΔS_i 又表示第 i 个小曲面块的面积)，任取一点 $(\xi_i,\eta_i,\zeta_i)\in\Delta S_i$，并作和有

$$m\approx\sum_{i=1}^{n}\rho(\xi_i,\eta_i,\zeta_i)\Delta S_i,$$

如果令 n 个小曲面块中直径最大者 $d\to 0$，对上述和式取极限，就得到曲面块质量的精确值

$$m=\lim_{d\to 0}\sum_{i=1}^{n}\rho(\xi_i,\eta_i,\zeta_i)\Delta S_i.$$

对上述的和式极限抛开其物理背景，就得到对面积的曲面积分的定义.

定义 4.1　设曲面 Σ 是光滑的，函数 $f(x,y,z)$ 在 Σ 上有界，把 Σ 任意分成 n 个小块 $\{\Delta S_i\}$（ΔS_i 也表示第 i 个小曲面块的面积）. 设 (ξ_i,η_i,ζ_i) 是 ΔS_i 上任意取定的一点，作乘积 $f(\xi_i,\eta_i,\zeta_i)\Delta S_i$ 并作和 $\sum\limits_{i=1}^{n} f(\xi_i,\eta_i,\zeta_i)\Delta S_i$，如果令各曲面块的直径最大值 $d\to 0$ 时，这和的极限总存在，并且该极限不依赖于曲面 Σ 的分法与点 (ξ_i,η_i,ζ_i) 的选取方式，则称此极限为函数 $f(x,y,z)$ 在曲面 Σ 上的**对面积的曲面积分或第一型曲面积分**，记为 $\iint\limits_{\Sigma} f(x,y,z)\mathrm{d}S$，即

$$\iint\limits_{\Sigma} f(x,y,z)\mathrm{d}S=\lim_{d\to 0}\sum_{i=1}^{n} f(\xi_i,\eta_i,\zeta_i)\Delta S_i,$$

其中 $f(x,y,z)$ 称为被积函数，Σ 称为积分曲面.

需要指出的是，如果被积函数 $f(x,y,z)$ 在光滑曲面 Σ 上连续，则对面积的曲面积分就存在. 因此，若光滑曲面块的面密度 $\rho(x,y,z)$ 为一连续函数，则曲面块的质量为 $m=\iint\limits_{\Sigma}\rho(x,y,z)\mathrm{d}S$.

由定义 4.1，易得下面几条性质.

(1) 线性性质：设 α,β 为任意常数，则有

$$\iint\limits_{\Sigma}[\alpha f(x,y,z)+\beta g(x,y,z)]\mathrm{d}S=\alpha\iint\limits_{\Sigma} f(x,y,z)\mathrm{d}S+\beta\iint\limits_{\Sigma} g(x,y,z)\mathrm{d}S;$$

(2) 对曲面块 Σ 的可加性：将曲面 Σ 分成 Σ_1 和 Σ_2 时有

$$\iint\limits_{\Sigma} f(x,y,z)\mathrm{d}S=\iint\limits_{\Sigma_1} f(x,y,z)\mathrm{d}S+\iint\limits_{\Sigma_2} f(x,y,z)\mathrm{d}S;$$

(3) 当 $f(x,y,z)=1$ 时，有 $\iint\limits_{\Sigma}\mathrm{d}S=S(\Sigma)$，其中 $S(\Sigma)$ 表示曲面块 Σ 的面积.

10.4.2　对面积的曲面积分的计算

对于第一型曲面积分的计算有下面定理:

定理 4.1　设曲面 Σ 由方程 $z=z(x,y)$ 确定，在 xOy 面上的投影为 D_{xy}（图 10.12），函数 $z=z(x,y)$ 在 D_{xy} 上具有一阶连续偏导数，$f(x,y,z)$ 在 Σ 上连续，则

$$\iint_{\Sigma} f(x,y,z)\mathrm{d}S = \iint_{D_{xy}} f(x,y,z(x,y))\sqrt{1+z_x^2+z_y^2}\,\mathrm{d}x\mathrm{d}y . \tag{1}$$

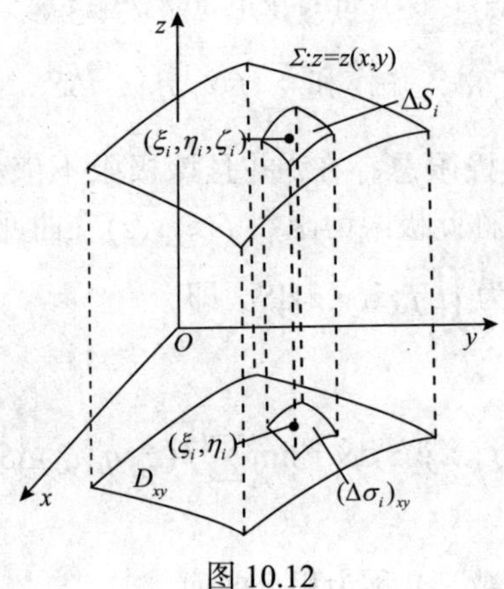

图 10.12

*__证明__　由对面积的曲面积分的定义, 有

$$\iint_{\Sigma} f(x,y,z)\mathrm{d}S = \lim_{d\to 0}\sum_{i=1}^{n} f(\xi_i,\eta_i,\zeta_i)\Delta S_i ,$$

又由曲面的面积计算公式

$$\Delta S_i = \iint_{(\Delta\sigma_i)_{xy}} \sqrt{1+z_x^2+z_y^2}\,\mathrm{d}x\mathrm{d}y ,$$

其中 $(\Delta\sigma_i)_{xy}$ 为 ΔS_i 在 xOy 面上的投影, 由二重积分中值定理, 上式又可以写成

$$\Delta S_i = \sqrt{1+z_x^2(\xi_i',\eta_i')+z_y^2(\xi_i',\eta_i')}(\Delta\sigma_i)_{xy} ,$$

其中 (ξ_i',η_i') 是小闭区域 $(\Delta\sigma_i)_{xy}$ 上的某一点, 又因为 (ξ_i,η_i,ζ_i) 是 ΔS_i 上的一点, 因此 $\zeta_i = z(\xi_i,\eta_i)$，于是

$$\sum_{i=1}^{n} f(\xi_i,\eta_i,\zeta_i)\Delta S_i = \sum_{i=1}^{n} f(\xi_i,\eta_i,z(\xi_i,\eta_i))\sqrt{1+z_x^2(\xi_i',\eta_i')+z_y^2(\xi_i',\eta_i')}(\Delta\sigma_i)_{xy} .$$

由于函数 $f(x,y,z(x,y))\sqrt{1+z_x^2+z_y^2}$ 在有界闭区域 D_{xy} 上连续, 如果令 λ 是 $\{(\Delta\sigma_i)_{xy}\}$ 的直径最大值, 则有

$$\lim_{\lambda\to 0}\sum_{i=1}^{n} f(\xi_i,\eta_i,z(\xi_i,\eta_i))\sqrt{1+z_x^2(\xi_i',\eta_i')+z_y^2(\xi_i',\eta_i')}(\Delta\sigma_i)_{xy}$$
$$=\lim_{\lambda\to 0}\sum_{i=1}^{n} f(\xi_i,\eta_i,z(\xi_i,\eta_i))\sqrt{1+z_x^2(\xi_i,\eta_i)+z_y^2(\xi_i,\eta_i)}(\Delta\sigma_i)_{xy}.$$

由于函数 $z=z(x,y)$ 的连续性, 当 $\lambda\to 0$ 时就有 $d\to 0$, 因此

$$\iint_{\Sigma} f(x,y,z)\mathrm{d}S=\lim_{d\to 0}\sum_{i=1}^{n} f(\xi_i,\eta_i,\zeta_i)\Delta S_i$$
$$=\lim_{\lambda\to 0}\sum_{i=1}^{n} f(\xi_i,\eta_i,z(\xi_i,\eta_i))\sqrt{1+z_x^2(\xi_i,\eta_i)+z_y^2(\xi_i,\eta_i)}(\Delta\sigma_i)_{xy}$$
$$=\iint_{D_{xy}} f(x,y,z(x,y))\sqrt{1+z_x^2(x,y)+z_y^2(x,y)}\mathrm{d}x\mathrm{d}y.$$

□

当曲面 Σ 的方程为 $x=x(y,z)$ 或 $y=y(z,x)$, 且定理 4.1 的条件满足时, 则有

$$\iint_{\Sigma} f(x,y,z)\mathrm{d}S=\iint_{D_{yz}} f(x(y,z),y,z)\sqrt{1+x_y^2(y,z)+x_z^2(y,z)}\mathrm{d}y\mathrm{d}z,$$

或者

$$\iint_{\Sigma} f(x,y,z)\mathrm{d}S=\iint_{D_{zx}} f(x,y(z,x),z)\sqrt{1+y_x^2(z,x)+y_z^2(z,x)}\mathrm{d}z\mathrm{d}x.$$

例 4.1　计算曲面积分 $\iint_{\Sigma} z\mathrm{d}S$, 其中 Σ 为曲面 $z=\frac{1}{2}(x^2+y^2)(0\leqslant z\leqslant 1)$ (图 10.13).

解　曲面 Σ 在 xOy 面上的投影 D_{xy} 为圆形闭区域 $\{(x,y)\,|\,x^2+y^2\leqslant 2\}$, 又

$$\sqrt{1+z_x^2+z_y^2}=\sqrt{1+x^2+y^2},$$

根据公式(1), 有

$$\iint_{\Sigma} z\mathrm{d}S=\iint_{D_{xy}}\frac{1}{2}(x^2+y^2)\sqrt{1+x^2+y^2}\mathrm{d}x\mathrm{d}y$$
$$=\frac{1}{2}\int_0^{2\pi}\mathrm{d}\theta\int_0^{\sqrt{2}} r^3\sqrt{1+r^2}\mathrm{d}r=\frac{\pi}{2}\int_0^{\sqrt{2}} r^2\sqrt{1+r^2}\mathrm{d}(r^2)$$
$$=\frac{\pi}{2}\int_0^2 u\sqrt{1+u}\mathrm{d}u=\frac{2\pi(6\sqrt{3}+1)}{15}.$$

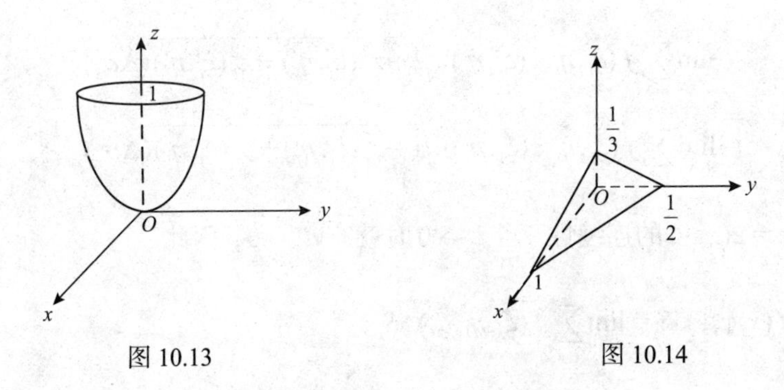

图 10.13　　图 10.14

例 4.2　计算曲面积分 $\oiint\limits_{\Sigma} xyz\mathrm{d}S$，其中 Σ 是由平面 $x+2y+3z=1$ 与三个坐标面所围成的区域的边界曲面(图 10.14).

解　设曲面 Σ 位于平面 $x=0, y=0, z=0$ 及 $x+2y+3z=1$ 的部分分别记作 $\Sigma_1, \Sigma_2, \Sigma_3$ 及 Σ_4，但由于在 $\Sigma_1, \Sigma_2, \Sigma_3$ 上，被积函数 $f(x,y,z)=xyz$ 均为零，则有

$$\oiint\limits_{\Sigma} xyz\mathrm{d}S = \iint\limits_{\Sigma_1} + \iint\limits_{\Sigma_2} + \iint\limits_{\Sigma_3} + \iint\limits_{\Sigma_4} xyz\mathrm{d}S = \iint\limits_{\Sigma_4} xyz\mathrm{d}S.$$

曲面 Σ_4 的方程为

$$z = \frac{1}{3}(1-x-2y), \quad (x,y)\in D,$$

其中

$$D = \left\{(x,y) \middle| 0 \leqslant y \leqslant \frac{1}{2}(1-x), 0 \leqslant x \leqslant 1\right\},$$

并且

$$z_x = -\frac{1}{3}, \quad z_y = -\frac{2}{3}, \quad \sqrt{1+z_x^2+z_y^2} = \frac{\sqrt{14}}{3},$$

由公式(1)便得到

$$\begin{aligned}\oiint\limits_{\Sigma} xyz\mathrm{d}S &= \iint\limits_{\Sigma_4} xyz\mathrm{d}S = \frac{\sqrt{14}}{9}\iint\limits_{D} xy(1-x-2y)\mathrm{d}x\mathrm{d}y \\ &= \frac{\sqrt{14}}{9}\int_0^1 \mathrm{d}x \int_0^{\frac{1}{2}(1-x)} xy(1-x-2y)\mathrm{d}y = \frac{\sqrt{14}}{4320}.\end{aligned}$$

注　$\oint\!\!\!\oint_{\Sigma}$ 表示在闭曲面 Σ 上的积分.

习题 10.4 解答

习题 10.4

(A)

1. 计算曲面积分 $\iint_{\Sigma} f(x,y,z)\mathrm{d}S$，其中 Σ 为抛物面 $z=2-(x^2+y^2)$ 在 xOy 平面上方的部分，$f(x,y,z)$ 分别如下:

(1) $f(x,y,z)=1$;　(2) $f(x,y,z)=x^2+y^2$;　(3) $f(x,y,z)=3z$.

2. 计算曲面积分 $\iint_{\Sigma} \frac{\mathrm{d}S}{z}$，其中 Σ 是球面 $x^2+y^2+z^2=a^2$ 被平面 $z=h(0<h<a)$ 截出的顶部.

3. 计算曲面积分 $\iint_{\Sigma}(x^2+y^2)\mathrm{d}S$，其中 Σ 是

(1)锥面 $z=\sqrt{x^2+y^2}$ 及平面 $z=1$ 所围成的区域的整个边界;

(2)锥面 $z^2=3(x^2+y^2)$ 被平面 $z=0$ 和 $z=3$ 所截得的部分.

4. 计算 $\iint_{\Sigma}\left(z+2x+\frac{4}{3}y\right)\mathrm{d}S$，其中 Σ 为平面 $\frac{x}{2}+\frac{y}{3}+\frac{z}{4}=1$ 在第一卦限中的部分.

5. 计算 $\oint\!\!\!\oint_{\Sigma}\frac{\mathrm{d}S}{(1+x+y)^2}$，其中 Σ 为平面 $x+y+z=1$ 及三个坐标面所围成的四面体的表面.

6. 计算 $\iint_{\Sigma}(x+y+z)\mathrm{d}S$，其中 Σ 为上半球面 $z=\sqrt{a^2-x^2-y^2}$.

(B)

1. 计算 $\iint_{\Sigma}(xy+yz+zx)\mathrm{d}S$，其中 Σ 为锥面 $z=\sqrt{x^2+y^2}$ 被柱面 $x^2+y^2=2ax(a>0)$ 截得的部分.

2. 求上半球壳 $x^2+y^2+z^2=4(z\geqslant 0)$ 被平面 $z=1$ 截出的顶部的质量，已知此球壳的密度为 $\rho=\frac{1}{z}$.

10.5　对坐标的曲面积分

10.5.1　对坐标的曲面积积分的概念和性质

流体的流量问题　由于要计算单位时间里流经曲面的不可压缩流体(假定密

度为 1)的质量, 即流量(或通量), 因此, 所涉及的曲面均为双侧曲面. 同时要规定曲面的侧, 也即是要指明流体流经曲面时, 是从曲面的哪一侧流向曲面的另一侧.由于曲面是双侧的, 因此, 光滑曲面上的任意一点的法向量也有相反的两个方向, 我们就借助曲面上的法向量的指向确定曲面的侧.

如果曲面 Σ 的方程为 $z=z(x,y),(x,y)\in D$.其中函数 $z(x,y)$ 在区域 D 上有连续的一阶偏导数(保证曲面光滑), 曲面 Σ 上的点 $M(x,y,z(x,y))$ 处的单位法向量有两种取法:

$$\boldsymbol{e}=\pm\left\{\frac{-z_x}{\sqrt{1+z_x^2+z_y^2}},\frac{-z_y}{\sqrt{1+z_x^2+z_y^2}},\frac{1}{\sqrt{1+z_x^2+z_y^2}}\right\},$$

向量 $\boldsymbol{e}$ 与 z 轴正向的夹角 γ 的余弦为

$$\cos\gamma=\pm\frac{1}{\sqrt{1+z_x^2+z_y^2}},$$

当 $\cos\gamma>0$ 时, 即 $0<\gamma<\dfrac{\pi}{2}$ 时, 则曲面 Σ 上每一点的法向量均指向曲面 Σ 的上方;当 $\cos\gamma<0$ 时, 即 $\dfrac{\pi}{2}<\gamma<\pi$ 时, 则曲面 Σ 上的每一点的法向量均指向 Σ 的下方, 取定了法向量的曲面 Σ 称作**有向曲面**.

在实际上, 就上面讨论的曲面往往记为 $\Sigma_{上}$ 和 $\Sigma_{下}$ (图 10.15). 类似地, 若曲面的方程为 $x=x(y,z)$ (或 $y=y(z,x)$)则可以定义其前(右)侧和后(左)侧(图 10.16).对于闭曲面我们自然可以定义内侧和外侧.

设流体的流速场为

$$\boldsymbol{v}(x,y,z)=P(x,y,z)\boldsymbol{i}+Q(x,y,z)\boldsymbol{j}+R(x,y,z)\boldsymbol{k}.$$

Σ 是流速场中一片有向光滑曲面, 函数 $P(x,y,z),Q(x,y,z),R(x,y,z)$ 在 Σ 上连续, 求在单位时间内流向曲面 Σ 指定一侧的流体的体积 Φ .

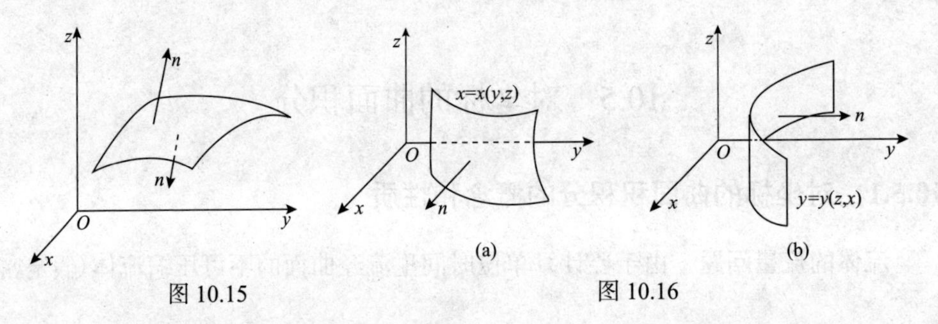

图 10.15　　图 10.16

先看一种简单情形.设 Σ 是一个面积为 S 的平面闭区域，它的单位法向量为 $\boldsymbol{e}$，流速为常向量 $\boldsymbol{v}$（图10.17），单位时间沿法向量 $\boldsymbol{e}$ 的方向流过平面 Σ 的流体的体积是一个底面积为 S，斜高为 $|\boldsymbol{v}|$ 的斜柱体，其体积为 $S|\boldsymbol{v}|\cos\theta = S\boldsymbol{v}\cdot\boldsymbol{e}$，即在单位时间里流体通过区域 S 流向 $\boldsymbol{e}$ 所指向一侧的流量为 $\Phi = S\boldsymbol{v}\cdot\boldsymbol{e}$.

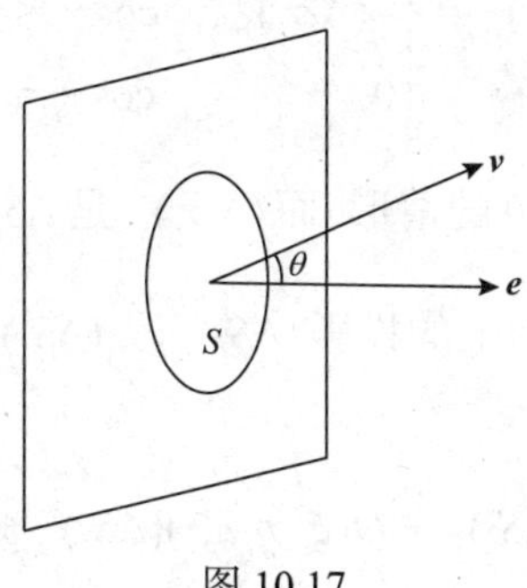

图 10.17

由于现在所考虑的流体的速度 $\boldsymbol{v}=\boldsymbol{v}(x, y, z)$ 是空间的向量函数，而 Σ 是速度场一有向光滑曲面，因此计算流量就不能按上述方法计算.我们采用微元法来解决，把曲面 Σ 分成 n 个小曲面块 $\{\Delta S_i\}$（ΔS_i 也代表第 i 个小块的面积），在 ΔS_i 上任取一点 (ξ_i,η_i,ζ_i)，并记该点处的流速及单位法向量分别为

$$\boldsymbol{v}_i = \boldsymbol{v}(\xi_i,\eta_i,\zeta_i) = P(\xi_i,\eta_i,\zeta_i)\boldsymbol{i} + Q(\xi_i,\eta_i,\zeta_i)\boldsymbol{j} + R(\xi_i,\eta_i,\zeta_i)\boldsymbol{k}$$

及

$$\boldsymbol{e}_i = \cos\alpha_i\boldsymbol{i} + \cos\beta_i\boldsymbol{j} + \cos\gamma_i\boldsymbol{k}.$$

于是，通过 ΔS_i 流向指定侧的流量近似值为

$$\Delta\Phi_i \approx \boldsymbol{v}_i\cdot\boldsymbol{e}_i\Delta S_i \quad (i=1,2,\cdots,n),$$

从而，通过曲面 Σ 的流量的近似值

$$\begin{aligned}\Phi &\approx \sum_{i=1}^{n}\boldsymbol{v}_i\cdot\boldsymbol{e}_i\Delta S_i\\ &= \sum_{i=1}^{n}[P(\xi_i,\eta_i,\zeta_i)\cos\alpha_i + Q(\xi_i,\eta_i,\zeta_i)\cos\beta_i + R(\xi_i,\eta_i,\zeta_i)\cos\gamma_i]\Delta S_i,\end{aligned}$$

但是

$$\cos\alpha_i\Delta S_i = (\Delta S_i)_{yz};\quad \cos\beta_i\Delta S_i = (\Delta S_i)_{zx};\quad \cos\gamma_i\Delta S_i = (\Delta S_i)_{xy}.$$

其中 $(\Delta S_i)_{yz},(\Delta S_i)_{zx},(\Delta S_i)_{xy}$ 依次是曲面块 ΔS_i 在 yOz,zOx,xOy 坐标面上的投影.

我们规定 ΔS_i 在 xOy 面上的投影 $(\Delta S_i)_{xy}$ 为

$$(\Delta S_i)_{xy}=\begin{cases}(\Delta\sigma_i)_{xy}, & \cos\gamma_i>0,\\ -(\Delta\sigma_i)_{xy}, & \cos\gamma_i<0,\\ 0, & \cos\gamma_i\equiv 0,\end{cases}$$

其中 $\cos\gamma_i\equiv 0$ 就是 $(\Delta\sigma_i)_{xy}=0$ 的情形. 而 $(\Delta\sigma_i)_{xy}$ 是 ΔS_i 投影区域的面积. 类似地可以定义 ΔS_i 在 yOz 面， zOx 面上的投影 $(\Delta S_i)_{yz}$ 及 $(\Delta S_i)_{zx}$. 因此上式可以写成

$$\Phi\approx\sum_{i=1}^{n}[P(\xi_i,\eta_i,\zeta_i)(\Delta S_i)_{yz}+Q(\xi_i,\eta_i,\zeta_i)(\Delta S_i)_{zx}+R(\xi_i,\eta_i,\zeta_i)(\Delta S_i)_{xy}],$$

令曲面块 $\{\Delta S_i\}$ 中的直径最大值 $d\to 0$, 对上述和取极限, 就得到流量的精确值:

$$\Phi=\lim_{d\to 0}\sum_{i=1}^{n}[P(\xi_i,\eta_i,\zeta_i)(\Delta S_i)_{yz}+Q(\xi_i,\eta_i,\zeta_i)(\Delta S_i)_{zx}+R(\xi_i,\eta_i,\zeta_i)(\Delta S_i)_{xy}].$$

为了计算流体的流量问题, 需要计算上述和的极限, 如果抽去其物理背景, 就得到以下对坐标的曲面积分.

定义 5.1 设 Σ 为光滑的有向曲面, 函数 $R(x,y,z)$ 是定义在 Σ 上的有界函数. 把 Σ 任意分成 n 块小曲面 ΔS_i （ΔS_i 同时又表示第 i 块的面积), ΔS_i 在 xOy 面上的投影为 $(\Delta S_i)_{xy}$, 并且令 (ξ_i,η_i,ζ_i) 是 ΔS_i 上任意取定的一点, 如果, 当各小曲面块的直径最大值 $d\to 0$ 时, 极限

$$\lim_{d\to 0}\sum_{i=1}^{n}R(\xi_i,\eta_i,\zeta_i)(\Delta S_i)_{xy}$$

总存在, 则称此极限为函数 $R(x,y,z)$ 在有向曲面 Σ 上的对坐标 x,y 的**曲面积分**, 记作 $\iint\limits_{\Sigma}R(x,y,z)\mathrm{d}x\mathrm{d}y$, 即

$$\iint\limits_{\Sigma}R(x,y,z)\mathrm{d}x\mathrm{d}y=\lim_{d\to 0}\sum_{i=1}^{n}R(\xi_i,\eta_i,\zeta_i)(\Delta S_i)_{xy},$$

其中 $R(x,y,z)$ 称作**被积函数**，Σ 称作**积分曲面**.

类似地可以定义函数 $P(x,y,z)$ 在有向曲面 Σ 上对坐标 y,z 的曲面积分，及 $Q(x,y,z)$ 在有向曲面 Σ 上的对坐标 z,x 的曲面积分，分别为

$$\iint_{\Sigma} P(x,y,z)\mathrm{d}y\mathrm{d}z = \lim_{d\to 0}\sum_{i=1}^{n} P(\xi_i,\eta_i,\zeta_i)(\Delta S_i)_{yz}$$

及

$$\iint_{\Sigma} Q(x,y,z)\mathrm{d}z\mathrm{d}x = \lim_{d\to 0}\sum_{i=1}^{n} Q(\xi_i,\eta_i,\zeta_i)(\Delta S_i)_{zx} .$$

上面三个曲面积分又称为**第二型曲面积分**.

如果函数 $P(x,y,z),Q(x,y,z),R(x,y,z)$ 在 Σ 上连续时，它们对坐标的曲面积分是存在的，今后我们总是假定 P,Q,R 在 Σ 上是连续的. 由对坐标的曲面积分的定义，流过曲面 Σ 的流量 Φ 可以表示为

$$\Phi = \iint_{\Sigma} P(x,y,z)\mathrm{d}y\mathrm{d}z + \iint_{\Sigma} Q(x,y,z)\mathrm{d}z\mathrm{d}x + \iint_{\Sigma} R(x,y,z)\mathrm{d}x\mathrm{d}y ,$$

为简单，上式又可以记为

$$\Phi = \iint_{\Sigma} P\mathrm{d}y\mathrm{d}z + Q\mathrm{d}z\mathrm{d}x + R\mathrm{d}x\mathrm{d}y .$$

对坐标的曲面积分有与对坐标的曲线积分相类似的性质.

(1) 可加性：若 Σ 分成 Σ_1 和 Σ_2，则

$$\iint_{\Sigma} P\mathrm{d}y\mathrm{d}z + Q\mathrm{d}z\mathrm{d}x + R\mathrm{d}x\mathrm{d}y = \iint_{\Sigma_1} + \iint_{\Sigma_2} P\mathrm{d}y\mathrm{d}z + Q\mathrm{d}z\mathrm{d}x + R\mathrm{d}x\mathrm{d}y .$$

(2) 有向性：设 Σ^- 表示与 Σ 取相反方向的有向曲面，则

$$\iint_{\Sigma^-} P\mathrm{d}y\mathrm{d}z = -\iint_{\Sigma} P\mathrm{d}y\mathrm{d}z ;$$

$$\iint_{\Sigma^-} Q\mathrm{d}z\mathrm{d}x = -\iint_{\Sigma} Q\mathrm{d}z\mathrm{d}x ;$$

$$\iint_{\Sigma^-} R\mathrm{d}x\mathrm{d}y = -\iint_{\Sigma} R\mathrm{d}x\mathrm{d}y .$$

这些性质的证明从略.

10.5.2 对坐标的曲面积分的计算

下面转而研究对坐标的曲面积分的计算问题，以 $\iint\limits_{\Sigma} R(x,y,z)\mathrm{d}x\mathrm{d}y$ 为例. 设积分曲面 Σ 由方程 $z=z(x,y)$ 确定，其在 xOy 面上的投影区域为 D_{xy}，函数 $z(x,y)$ 在区域 D_{xy} 上具有一阶连续偏导数(保证曲面光滑)，而函数 $R(x,y,z)$ 在曲面 Σ 上连续.

由对坐标的曲面积分的定义，有

$$\iint\limits_{\Sigma} R(x,y,z)\mathrm{d}x\mathrm{d}y=\lim_{d\to 0}\sum_{i=1}^{n}R(\xi_i,\eta_i,\zeta_i)(\Delta S_i)_{xy}.$$

由于点 (ξ_i,η_i,ζ_i) 在 Σ 上，因此有 $\zeta_i=z(\xi_i,\eta_i)$.如果积分曲面 Σ 取上侧，则 $\cos\gamma_i>0$，从而有 $(\Delta S_i)_{xy}=(\Delta\sigma_i)_{xy}$，这里 $(\Delta\sigma_i)_{xy}$ 表示区域 D_{xy} 上的小面积，于是有

$$\sum_{i=1}^{n}R(\xi_i,\eta_i,\zeta_i)(\Delta S_i)_{xy}=\sum_{i=1}^{n}R\big(\xi_i,\eta_i,z(\xi_i,\eta_i)\big)(\Delta\sigma_i)_{xy}.$$

由函数 $z=z(x,y)$ 在区域 D_{xy} 上的连续性，当 $\{(\Delta\sigma_i)_{xy}\}$ 的直径最大值 $\lambda\to 0$ 时就有 $\{\Delta S_i\}$ 的直径最大值 $d\to 0$，于是就有

$$\begin{aligned}\iint\limits_{\Sigma} R(x,y,z)\mathrm{d}x\mathrm{d}y&=\lim_{d\to 0}\sum_{i=1}^{n}R(\xi_i,\eta_i,\zeta_i)(\Delta S_i)_{xy}\\&=\lim_{\lambda\to 0}\sum_{i=1}^{n}R\big(\xi_i,\eta_i,z(\xi_i,\eta_i)\big)(\Delta\sigma_i)_{xy}\\&=\iint\limits_{D_{xy}} R(x,y,z(x,y))\mathrm{d}x\mathrm{d}y.\end{aligned}$$

当积分曲面取下侧时，$\cos\gamma_i<0$，因此

$$(\Delta S_i)_{xy}=-(\Delta\sigma_i)_{xy},$$

于是 $\iint\limits_{\Sigma} R(x,y,z)\mathrm{d}x\mathrm{d}y=-\iint\limits_{D_{xy}} R(x,y,z(x,y))\mathrm{d}x\mathrm{d}y$.

类似地，如果 Σ 是由 $x=x(y,z),(y,z)\in D_{yz}$，则有

$$\iint_{\Sigma} P(x,y,z)\mathrm{d}y\mathrm{d}z = \pm\iint_{D_{yz}} P(x(y,z),y,z)\mathrm{d}y\mathrm{d}z,$$

等式右端的符号这样取法：如果积分曲面 Σ 取的前侧，即 $\cos\alpha_i > 0$，应取正号；反之，如果 Σ 取后侧，即 $\cos\alpha_i < 0$，应取负号.

如果 Σ 是由 $y = y(z,x),(z,x)\in D_{zx}$，则有

$$\iint_{\Sigma} Q(x,y,z)\mathrm{d}z\mathrm{d}x = \pm\iint_{D_{zx}} Q(x,y(z,x),z)\mathrm{d}z\mathrm{d}x,$$

等式右端的符号这样取法:如果积分曲面 Σ 取的右侧，即 $\cos\beta_i > 0$，应取正号；反之如果 Σ 取左侧，即 $\cos\beta_i < 0$，应取负号.

例 5.1　计算曲面积分 $\iint_{\Sigma} x^2\mathrm{d}y\mathrm{d}z + y^2\mathrm{d}z\mathrm{d}x + z^2\mathrm{d}x\mathrm{d}y$，其中 Σ 是长方体

$$\Omega = \{(x,y,z)\big|0\leqslant x\leqslant a, 0\leqslant y\leqslant b, 0\leqslant z\leqslant c\}$$

整个表面的外侧.

解　把有向曲面分成六部分(图 10.18)

$$\Sigma_1 : z = c(0\leqslant x\leqslant a, 0\leqslant y\leqslant b)\text{ 的上侧;}$$

$$\Sigma_2 : z = 0(0\leqslant x\leqslant a, 0\leqslant y\leqslant b)\text{ 的下侧;}$$

$$\Sigma_3 : x = a(0\leqslant y\leqslant b, 0\leqslant z\leqslant c)\text{ 的前侧;}$$

$$\Sigma_4 : x = 0(0\leqslant y\leqslant b, 0\leqslant z\leqslant c)\text{ 的后侧;}$$

$$\Sigma_5 : y = b(0\leqslant x\leqslant a, 0\leqslant z\leqslant c)\text{ 的右侧;}$$

$$\Sigma_6 : y = 0(0\leqslant x\leqslant a, 0\leqslant z\leqslant c)\text{ 的左侧.}$$

除 Σ_3,Σ_4 外，其于四片曲面在 yOz 面上的投影为零，因此

$$\begin{aligned}\iint_{\Sigma} x^2\mathrm{d}y\mathrm{d}z &= \iint_{\Sigma_3} x^2\mathrm{d}y\mathrm{d}z + \iint_{\Sigma_4} x^2\mathrm{d}y\mathrm{d}z\\ &= \iint_{D_{yz}} a^2\mathrm{d}y\mathrm{d}z + \iint_{D_{yz}} 0^2\,\mathrm{d}y\mathrm{d}z = a^2bc.\end{aligned}$$

类似地可得

$$\iint_{\Sigma} y^2\mathrm{d}z\mathrm{d}x = b^2ac,\quad \iint_{\Sigma} z^2\mathrm{d}x\mathrm{d}y = c^2ab.$$

于是所求曲面积分为 $(a+b+c)abc$.

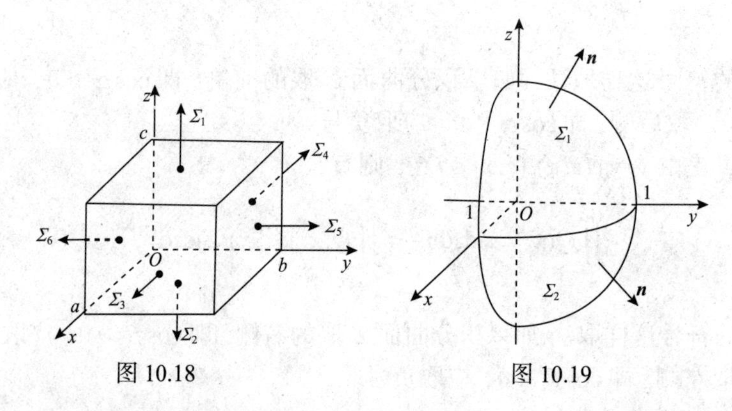

图 10.18　　　　图 10.19

例 5.2 计算 $\iint\limits_{\Sigma} xyz\mathrm{d}x\mathrm{d}y$ ，其中 Σ 是球面 $x^2+y^2+z^2=1$ 外侧在 $x\geqslant 0, y\geqslant 0$ 的部分.

解 如图 10.19 所示, 把 Σ 分成 Σ_1 和 Σ_2 两部分, 则曲面

$$\Sigma_1 \text{的方程为} z=z_1(x,y)=\sqrt{1-x^2-y^2} ;$$

$$\Sigma_2 \text{的方程为} z=z_2(x,y)=-\sqrt{1-x^2-y^2} .$$

按题意, 取球面的外侧, 因此对曲面 Σ_1 取上侧, 对 Σ_2 取下侧, 因此有

$$\begin{aligned}\iint\limits_{\Sigma} xyz\mathrm{d}x\mathrm{d}y &= \iint\limits_{\Sigma_1} xyz\mathrm{d}x\mathrm{d}y+\iint\limits_{\Sigma_2} xyz\mathrm{d}x\mathrm{d}y \\ &= \iint\limits_{D_{xy}} xy\sqrt{1-x^2-y^2}\mathrm{d}x\mathrm{d}y-\iint\limits_{D_{xy}} xy(-\sqrt{1-x^2-y^2})\mathrm{d}x\mathrm{d}y \\ &= 2\iint\limits_{D_{xy}} xy\sqrt{1-x^2-y^2}\mathrm{d}x\mathrm{d}y=2\iint\limits_{D_{xy}} r^2\sin\theta\cos\theta\sqrt{1-r^2}\,r\mathrm{d}r\mathrm{d}\theta \\ &= \int_0^{\frac{\pi}{2}}\sin 2\theta\mathrm{d}\theta\int_0^1 r^3\sqrt{1-r^2}\mathrm{d}r=\frac{2}{15}.\end{aligned}$$

习题 10.5

习题 10.5 解答

（A）

1. 当 Σ 是 xOy 面内的一个闭区域时, 曲面积分 $\iint\limits_{\Sigma} f(x,y,z)\mathrm{d}x\mathrm{d}y$ 与二重积分有什么关系?

2. 计算 $\iint\limits_{\Sigma} x^2y^2z\mathrm{d}x\mathrm{d}y$，其中 Σ 为球面 $x^2+y^2+z^2=R^2$ 的下半部分的下侧.

3. 计算 $\iint\limits_{\Sigma} z\mathrm{d}x\mathrm{d}y + x\mathrm{d}y\mathrm{d}z + y\mathrm{d}z\mathrm{d}x$，其中 Σ 是柱面 $x^2+y^2=1$ 被平面 $z=0$ 及 $z=3$ 所截得的在第一卦限内的部分的前侧.

4. 计算 $\iint\limits_{\Sigma} xy^2\mathrm{d}x\mathrm{d}y + y\mathrm{d}z\mathrm{d}x + \mathrm{d}y\mathrm{d}z$，其中 Σ 为

$$x=1,\quad x=-1,\quad y=1,\quad y=-1,\quad z=1,\quad z=-1$$

所围成立体表面外侧.

5. 计算 $\iint\limits_{\Sigma} (y-z)\mathrm{d}y\mathrm{d}z + (z-x)\mathrm{d}z\mathrm{d}x + (x-y)\mathrm{d}x\mathrm{d}y$，其中 Σ 为锥面 $x^2+y^2=z^2(0\leqslant z\leqslant h)$ 下侧.

(B)

1. 设 $f(x,y,z)$ 为连续函数，Σ 是平面 $x-y+z=1$ 在第四卦限部分的上侧，计算 $\iint\limits_{\Sigma}[f(x,y,z)+x]\mathrm{d}y\mathrm{d}z+[2f(x,y,z)+y]\mathrm{d}z\mathrm{d}x+[f(x,y,z)+z]\mathrm{d}x\mathrm{d}y$.

2. 计算 $\oiint\limits_{\Sigma} xz\mathrm{d}x\mathrm{d}y + xy\mathrm{d}y\mathrm{d}z + yz\mathrm{d}z\mathrm{d}x$，其中 Σ 是平面 $x+y+z=1, x=0, y=0, z=0$ 围成的空间区域的整个边界的外侧.

10.6 高 斯 公 式

格林公式是将平面闭区域上的二重积分与其边界上曲线积分联系起来，高斯公式则是把空间闭区域上的三重积分与其边界上的曲面积分联系起来.

定理 6.1　设空间闭区域 Ω 是由分片光滑的闭曲面 Σ 所围成，函数 $P(x,y,z),Q(x,y,z),R(x,y,z)$ 在 Ω 上具有一阶连续偏导数，则有

$$\oiint\limits_{\Sigma} P\mathrm{d}y\mathrm{d}z + Q\mathrm{d}z\mathrm{d}x + R\mathrm{d}x\mathrm{d}y = \iiint\limits_{\Omega}\left(\frac{\partial P}{\partial x}+\frac{\partial Q}{\partial y}+\frac{\partial R}{\partial z}\right)\mathrm{d}x\mathrm{d}y\mathrm{d}z, \tag{1}$$

这里 Σ 取外侧. 公式(1)称为**高斯公式**.

***证明**　设闭区域 Ω 在 xOy 面上的投影为区域 D_{xy}，且平行于 z 轴穿过区域 Ω 内部的直线与 Ω 的边界至多有两个交点，于是可设曲面 Σ 是由 Σ_1,Σ_2 和 Σ_3 三部分组成(图 10.20)，其中 Σ_1 的方程为 $z=z_1(x,y)$，Σ_2 的方程为 $z=z_2(x,y)$，这里有 $z_1(x,y)\leqslant z_2(x,y)$，$\Sigma_1$ 取下侧，Σ_2 取上侧，Σ_3 是以区域 D_{xy} 的边界为准线，母线平行于 z 轴的柱面上的一部分，取外侧.

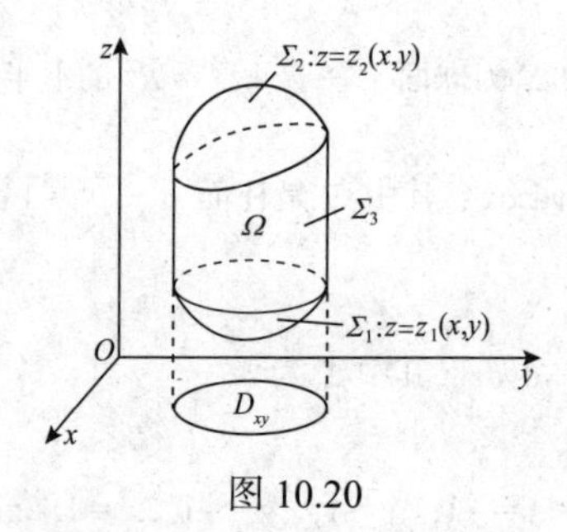

图 10.20

由三重积分的计算方法有

$$\iiint\limits_{\Omega} \frac{\partial R}{\partial z} \mathrm{d}x\mathrm{d}y\mathrm{d}z = \iint\limits_{D_{xy}} \mathrm{d}x\mathrm{d}y \int_{z_1(x,y)}^{z_2(x,y)} \frac{\partial R}{\partial z} \mathrm{d}z$$

$$= \iint\limits_{D_{xy}} [R(x,y,z_2(x,y)) - R(x,y,z_1(x,y))] \mathrm{d}x\mathrm{d}y. \tag{2}$$

根据曲面积分的计算方法有

$$\iint\limits_{\Sigma_1} R(x,y,z) \mathrm{d}x\mathrm{d}y = -\iint\limits_{D_{xy}} R(x,y,z_1(x,y)) \mathrm{d}x\mathrm{d}y,$$

$$\iint\limits_{\Sigma_2} R(x,y,z) \mathrm{d}x\mathrm{d}y = \iint\limits_{D_{xy}} R(x,y,z_2(x,y)) \mathrm{d}x\mathrm{d}y.$$

因为 Σ_3 上任意一块曲面在 xOy 面上的投影均为零, 所以由对坐标的曲面积分的定义可知

$$\iint\limits_{\Sigma_3} R(x,y,z) \mathrm{d}x\mathrm{d}y = 0.$$

把上面三式相加就得到

$$\iint\limits_{\Sigma} R(x,y,z) \mathrm{d}x\mathrm{d}y = \iint\limits_{D_{xy}} [R(x,y,z_2(x,y)) - R(x,y,z_2(x,y))] \mathrm{d}x\mathrm{d}y, \tag{3}$$

比较(2)和(3)两式, 得

$$\iiint\limits_{\Omega} \frac{\partial R}{\partial z} \mathrm{d}x\mathrm{d}y\mathrm{d}z = \oiint\limits_{\Sigma} R(x,y,z) \mathrm{d}x\mathrm{d}y.$$

类似地可以证明

$$\iiint\limits_{\Omega} \frac{\partial P}{\partial x} \mathrm{d}x\mathrm{d}y\mathrm{d}z = \oiint\limits_{\Sigma} P(x,y,z) \mathrm{d}y\mathrm{d}z, \quad \iiint\limits_{\Omega} \frac{\partial Q}{\partial y} \mathrm{d}x\mathrm{d}y\mathrm{d}z = \oiint\limits_{\Sigma} Q(x,y,z) \mathrm{d}z\mathrm{d}x,$$

再把上面三式相加, 即得高斯公式(1). 如果区域 Ω 不满足所设的条件, 可以证明高斯公式照样成立. □

例 6.1 利用高斯公式计算曲面积分 $\oiint\limits_{\Sigma}(x-y)\mathrm{d}x\mathrm{d}y+(y-z)x\mathrm{d}y\mathrm{d}z$, 其中 Σ 为柱面 $x^2+y^2=1$ 及平面 $z=0,z=3$ 所围成的空间闭区域 Ω 的整个边界曲面的外侧(图 10.21).

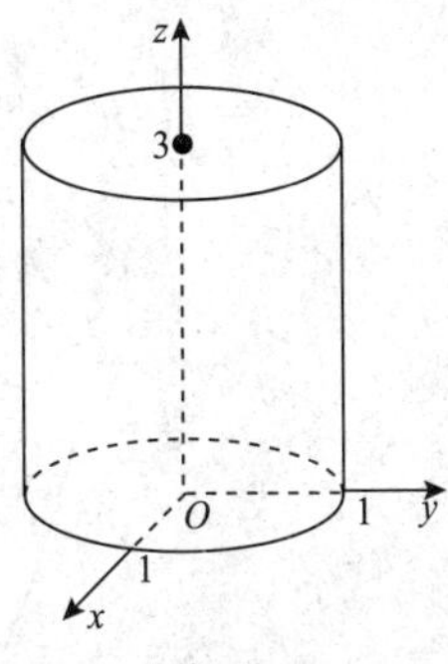

图 10.21

解 这里, $P=(y-z)x,Q=0,R=x-y,\dfrac{\partial P}{\partial x}=y-z,\dfrac{\partial R}{\partial z}=0$, 利用高斯公式将其化成三重积分, 再利用柱坐标计算三重积分

$$
\begin{aligned}
\oiint\limits_{\Sigma}(x-y)\mathrm{d}x\mathrm{d}y+(y-z)x\mathrm{d}y\mathrm{d}z&=\iiint\limits_{\Omega}(y-z)\mathrm{d}x\mathrm{d}y\mathrm{d}z\\
&=\iiint\limits_{\Omega}(r\sin\theta-z)r\mathrm{d}r\mathrm{d}\theta\mathrm{d}z=\int_0^{2\pi}\mathrm{d}\theta\int_0^1 r\mathrm{d}r\int_0^3(r\sin\theta-z)\mathrm{d}z\\
&=-\frac{9\pi}{2}.
\end{aligned}
$$

例 6.2 利用高斯公式计算曲面积分 $\oiint\limits_{\Sigma}x^2\mathrm{d}y\mathrm{d}z+y^2\mathrm{d}z\mathrm{d}x+z^2\mathrm{d}x\mathrm{d}y$, 其中 Σ 为锥面 $x^2+y^2=z^2$ 及平面 $z=h(h>0)$ 所围成的空间闭区域 Ω 的整个边界的外侧(图 10.22).

解 这里, $P=x^2,Q=y^2,R=z^2$, 因此由高斯公式有

$$
\begin{aligned}
\oiint\limits_{\Sigma}x^2\mathrm{d}y\mathrm{d}z+y^2\mathrm{d}z\mathrm{d}x+z^2\mathrm{d}x\mathrm{d}y&=2\iiint\limits_{\Omega}(x+y+z)\mathrm{d}x\mathrm{d}y\mathrm{d}z\\
&=2\iint\limits_{D_{xy}}\mathrm{d}x\mathrm{d}y\int_{\sqrt{x^2+y^2}}^{h}(x+y+z)\mathrm{d}z,
\end{aligned}
$$

其中 $D_{xy}=\{(x,y)\big|x^2+y^2\leqslant h^2\}$，再利用对称性得

$$\iint\limits_{D_{xy}}\mathrm{d}x\mathrm{d}y\int_{\sqrt{x^2+y^2}}^{h}(x+y)\mathrm{d}z=0,$$

$$\begin{aligned}\oiint\limits_{\Sigma}x^2\mathrm{d}y\mathrm{d}z+y^2\mathrm{d}z\mathrm{d}x+z^2\mathrm{d}x\mathrm{d}y&=2\iint\limits_{D_{xy}}\mathrm{d}x\mathrm{d}y\int_{\sqrt{x^2+y^2}}^{h}z\mathrm{d}z\\&=\iint\limits_{D_{xy}}(h^2-x^2-y^2)\mathrm{d}x\mathrm{d}y=\frac{1}{2}\pi h^4.\end{aligned}$$

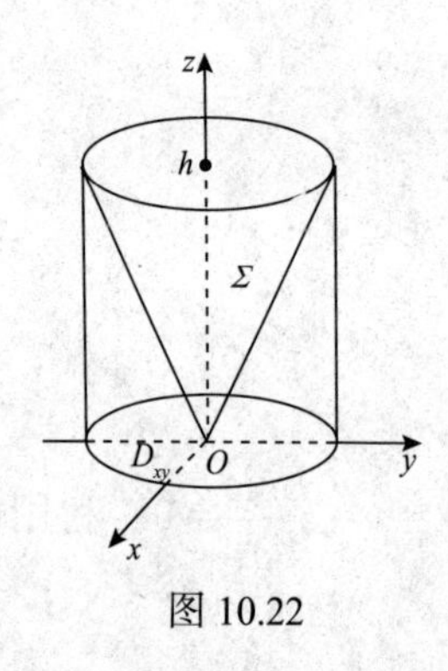

图 10.22

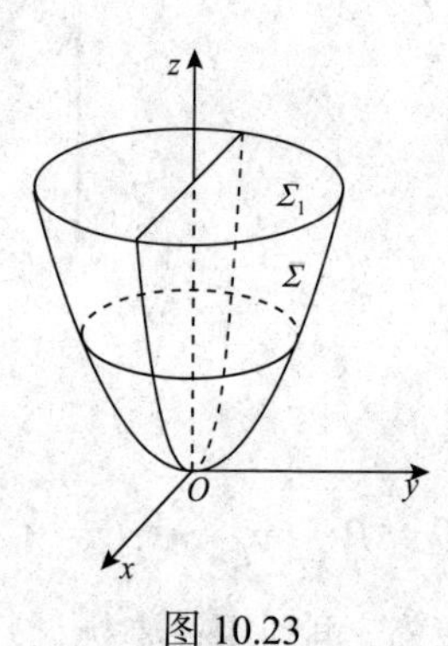

图 10.23

例 6.3 利用高斯公式计算曲面积分 $\iint\limits_{\Sigma}x\mathrm{d}y\mathrm{d}z+y\mathrm{d}z\mathrm{d}x+z\mathrm{d}x\mathrm{d}y$，其中 Σ 为旋转抛物面 $z=x^2+y^2$ 介于平面 $z=0$ 及 $z=1$ 之间的下侧.

解 由于 Σ 不是封闭的曲面, 因此不能直接应用高斯公式, 为此我们作一辅助平面 $\Sigma_1:z=1(x^2+y^2\leqslant 1)$，取 Σ_1 的上侧, 则 $\Sigma+\Sigma_1$ 构成封闭的曲面(图 10.23)，设它所围成的空间闭区域为 Ω，在 xOy 面上投影为 D_{xy}，则由高斯公式可得

$$\oiint\limits_{\Sigma+\Sigma_1}x\mathrm{d}y\mathrm{d}z+y\mathrm{d}z\mathrm{d}x+z\mathrm{d}x\mathrm{d}y=3\iiint\limits_{\Omega}\mathrm{d}x\mathrm{d}y\mathrm{d}z,$$

其中 $D_{xy}=\{(x,y)\big|x^2+y^2\leqslant 1\}$，利用柱坐标计算上面的三重积分得

$$3\iiint\limits_{\Omega}\mathrm{d}x\mathrm{d}y\mathrm{d}z=3\int_0^{2\pi}\mathrm{d}\theta\int_0^1 r\mathrm{d}r\int_{r^2}^{1}\mathrm{d}z=6\pi\int_0^1 r(1-r^2)\mathrm{d}r=\frac{3\pi}{2},$$

而在 Σ_1 上, 由于其在 zOx 面及 yOz 面上投影均为零, 因此

$$\iint_{\Sigma_1} x\mathrm{d}y\mathrm{d}z + y\mathrm{d}z\mathrm{d}x + z\mathrm{d}x\mathrm{d}y = \iint_{\Sigma_1} z\mathrm{d}x\mathrm{d}y = \iint_{D_{xy}} \mathrm{d}x\mathrm{d}y = \pi,$$

于是

$$\iint_{\Sigma} x\mathrm{d}y\mathrm{d}z + y\mathrm{d}z\mathrm{d}x + z\mathrm{d}x\mathrm{d}y = \frac{3\pi}{2} - \pi = \frac{\pi}{2}.$$

习题 10.6

习题 10.6 解答

(A)

1. 计算 $\oiint_{\Sigma} y(x-z)\mathrm{d}y\mathrm{d}z + x^2\mathrm{d}z\mathrm{d}x + (y^2+xz)\mathrm{d}x\mathrm{d}y$，其中 Σ 为平面 $x=0,\ y=0,\ z=0, x=a,$ $y=a,\ z=a$ 所围成的立体表面的外侧.

2. 计算 $\oiint_{\Sigma} 4xz\mathrm{d}y\mathrm{d}z + y\mathrm{d}z\mathrm{d}x + z\mathrm{d}x\mathrm{d}y$，其中 Σ 是平面 $x=0, y=0, z=0$ 与平面 $x=1, y=1, z=1$ 所围成立体全表面的外侧.

3. 计算 $\oiint_{\Sigma} x^3\mathrm{d}y\mathrm{d}z + y^3\mathrm{d}z\mathrm{d}x + z^3\mathrm{d}x\mathrm{d}y$，其中 Σ 为球面 $x^2+y^2+z^2=a^2$ 的外侧.

4. 计算 $\oiint_{\Sigma} x\mathrm{d}y\mathrm{d}z + y\mathrm{d}z\mathrm{d}x + z\mathrm{d}x\mathrm{d}y$，其中 Σ 是介于 $z=0$ 和 $z=3$ 之间圆柱体 $x^2+y^2 \leqslant 9$ 的整个表面的外侧.

(B)

1. 计算 $\oiint_{\Sigma} xz^3\mathrm{d}y\mathrm{d}z + (x^2y - z^3)\mathrm{d}z\mathrm{d}x + (2xy + y^3z)\mathrm{d}x\mathrm{d}y$，其中 Σ 是上半球体 $0 \leqslant z \leqslant \sqrt{a^2-x^2-y^2}$ 的表面的外侧.

2. 计算 $I=\iint_{\Sigma} xz\mathrm{d}y\mathrm{d}z + yz\mathrm{d}z\mathrm{d}x + z^2\mathrm{d}x\mathrm{d}y$，其中 Σ 是曲面 $z=x^2+y^2 (0 \leqslant z \leqslant 4)$ 的下侧.

第 11 章　无穷级数

级数是高等数学的一个重要组成部分, 这是因为级数在表示函数、研究函数的性质、计算函数的近似值和求解微分方程等方面都是非常有用的.

11.1　级数的概念和性质

在一些问题中, 需要讨论无穷多个数的“和”, 例如循环小数 $0.\dot{3}\dot{4}=0.34+0.0034+0.000034+\cdots$ 和不循环小数 $\sqrt{2}=1+0.4+0.01+0.004+\cdots$ 都是无穷多个数的“和”.

11.1.1　级数的收敛与发散

给定一个数列 $u_1,u_2,\cdots,u_n,\cdots$, 把它们用加号连接起来, 得

$$u_1+u_2+\cdots+u_n+\cdots, \tag{1}$$

称之为**常数项无穷级数**, 简称**级数**, 记作 $\sum\limits_{n=1}^{\infty}u_n$, 亦即

$$\sum_{n=1}^{\infty}u_n=u_1+u_2+\cdots+u_n+\cdots,$$

其中第 n 项 u_n 叫做级数的**一般项或通项**.

上述级数的定义只是一个形式化的定义, 它未明确无限多个数相加的含义. 无限多个数的相加并不能简单地认为是一项一项地累加起来, 需要用极限的语言来刻画.

为给出级数中无限多个数相加的数学定义, 我们引入部分和的概念. 设

$$S_1=u_1,\ S_2=u_1+u_2,\ \cdots,\ S_n=u_1+u_2+\cdots+u_n,\ \cdots,$$

我们把 S_n 称为级数 (1) 的**部分和**, 当 n 依次取 $1,2,3,\cdots$ 时, 它们构成一个新数列 $\{S_n\}$, 被称为级数 (1) 的部分和数列. 如果部分和数列 $\{S_n\}$ 的极限 $\lim\limits_{n\to\infty}S_n$ 存在且等于 S, 则称级数 (1) 是**收敛**的, 且**收敛于** S, 并称此**级数的和**为 S, 记作 $\sum\limits_{n=1}^{\infty}u_n=S$. 如果 $\lim\limits_{n\to\infty}S_n$ 不存在, 则称级数 (1) 为**发散**的.

按上面的定义, 对于收敛级数 $\sum_{n=1}^{\infty}u_n$, $\sum_{n=1}^{\infty}u_n$ 不仅可表示该级数, 同时也表示该级数的和. 由于级数 $\sum_{n=1}^{\infty}u_n$ 的敛散性是用数列 $\{S_n\}$ 是否有极限定义的, 因此可以用数列极限的 ε-N 语言来表示 $\sum_{n=1}^{\infty}u_n$ 的敛散性: 若 $\forall\varepsilon>0,\exists$ 正整数 N, 当 $n>N$ 时, 使得 $|S_n-S|<\varepsilon$, 则称级数(1)收敛于 S, 否则, 称级数(1)发散. 由此可见, 如果级数 $\sum_{n=1}^{\infty}u_n$ 收敛于 S, 则当 n 充分大时, 用部分和 S_n 可以近似计算 S, 并且误差可以任意小.

例 1.1　判定级数 $\sum_{n=1}^{\infty}\frac{1}{n(n+1)}=\frac{1}{1\times2}+\frac{1}{2\times3}+\cdots$ 的敛散性.

解　由

$$
\begin{aligned}
S_n&=\sum_{k=1}^{\infty}\frac{1}{k(k+1)}=\frac{1}{1\times2}+\frac{1}{2\times3}+\cdots+\frac{1}{n\times(n+1)}\\
&=\left(1-\frac{1}{2}\right)+\left(\frac{1}{2}-\frac{1}{3}\right)+\cdots+\left(\frac{1}{n}-\frac{1}{n+1}\right)=1-\frac{1}{n+1},
\end{aligned}
$$

可得 $\lim\limits_{n\to\infty}S_n=\lim\limits_{n\to\infty}\left(1-\frac{1}{n+1}\right)=1$, 故该级数收敛, 且其和等于1.

例 1.2　设 $a\neq0$, 讨论**等比级数(几何级数)** $\sum_{n=0}^{\infty}aq^n=a+aq+aq^2+\cdots+aq^n+\cdots$ 的敛散性.

解　$S_n=a+aq+aq^2+\cdots+aq^{n-1}=\begin{cases}\dfrac{a(1-q^n)}{1-q}, & q\neq1,\\ na, & q=1.\end{cases}$

当 $|q|<1$ 时, 由于 $\lim\limits_{n\to\infty}q^n=0$, 可得 $\lim\limits_{n\to\infty}S_n=\frac{a}{1-q}$; 当 $|q|>1$ 时, 由于 $\lim\limits_{n\to\infty}q^n=\infty$, 可得 $\lim\limits_{n\to\infty}S_n=\infty$; 当 $q=1$ 时, $\lim\limits_{n\to\infty}S_n=\lim\limits_{n\to\infty}na=\infty$; 当 $q=-1$ 时,

$$
S_n=\begin{cases}0, & 当n为偶数,\\ a, & 当n为奇数,\end{cases}
$$

故 $\lim\limits_{n\to\infty}S_n$ 不存在.

总之, 当 $|q|<1$ 时, 等比级数 $\sum_{n=0}^{\infty}aq^n$ 收敛, 且和为 $\frac{a}{1-q}$; 当 $|q|\geqslant1$ 时, 等比级

数 $\sum\limits_{n=0}^{\infty} aq^n$ 发散.

例 1.3 判定级数 $\sum\limits_{n=1}^{\infty} 2^{2n} \cdot 3^{1-n}$ 的敛散性.

解 该级数的通项可写作 $u_n = 4 \cdot \left(\frac{4}{3}\right)^{n-1}$，可知该级数为等比级数, 且公比为 $q = \frac{4}{3} > 1$，根据例 1.2 的结论可知, 该级数发散.

例 1.4 试把循环小数 $2.3\dot{1}\dot{7} = 2.3171717\cdots$ 表示为分数的形式.

解 $2.3\dot{1}\dot{7} = 2.3171717\cdots = 2.3 + \frac{17}{10^3} + \frac{17}{10^5} + \cdots$

$$= 2.3 + \frac{17}{1000}\sum_{n=0}^{\infty}\frac{1}{(100)^n} = 2.3 + \frac{17}{1000}\cdot\left(\frac{1}{1-\frac{1}{100}}\right) = \frac{1147}{495}.$$

例 1.5 证明调和级数 $\sum\limits_{n=1}^{\infty}\frac{1}{n}$ 发散.

证明 假设该级数 $\sum\limits_{n=1}^{\infty}\frac{1}{n}$ 收敛, 则其部分和数列的极限存在, 令 $\lim\limits_{n\to\infty} S_n = S$，从而 $\lim\limits_{n\to\infty} S_{2n} = S$. 显然,

$$S_{2n} - S_n = \frac{1}{n+1} + \frac{1}{n+2} + \cdots + \frac{1}{2n} \geqslant n \cdot \frac{1}{2n} = \frac{1}{2},$$

而由假设可知

$$\lim_{n\to\infty}(S_{2n} - S_n) = \lim_{n\to\infty} S_{2n} - \lim_{n\to\infty} S_n = S - S = 0.$$

推出矛盾, 从而假设错误, 因此 $\sum\limits_{n=1}^{\infty}\frac{1}{n}$ 发散.

生命科学中的几何级数

例 1.6（药物治疗） 假定某患者每天需服用 100mg 的药物, 同时每天人体又将 20%的药物排出体外, 现分三种情况:

(1) 连续服用药物 30 天;

(2) 连续服用药物 90 天;

(3) 一直连续服用药物.

试估计留存在患者体内的药物长效水平.

解 因为是连续几天服用药物, 所以, 留存体内的药物水平是前一天药物量的 80%加上当天服用的 100mg 药物量, 于是, 我们可以得到表 11.1.

表 11.1

天数	药物水平
1	100
2	$100+100\times 0.8$
3	$100+(100+100\times 0.8)0.8=100+100\times 0.8+100\times 0.8^2$
4	$100+100\times 0.8+100\times 0.8^2+100\times 0.8^3$
$\vdots$	$\vdots$
n	$100+100\times 0.8+100\times 0.8^2+\cdots+100\times 0.8^{n-1}$
$n\to\infty$	$100+100\times 0.8+100\times 0.8^2+\cdots+100\times 0.8^n+\cdots$

(1) 连续服用药物 30 天

$$S_{30}=100+100\times 0.8+100\times 0.8^2+\cdots+100\times 0.8^{29}$$
$$=100\times\frac{1-0.8^{30}}{1-0.8}=499.38\,(\text{mg}).$$

(2) 连续服用药物 90 天

$$S_{90}=100+100\times 0.8+100\times 0.8^2+\cdots+100\times 0.8^{89}$$
$$=100\times\frac{1-0.8^{90}}{1-0.8}=499.99\,(\text{mg}).$$

(3) 一直连续服用药物

此时，$n\to\infty$，问题归结为求几何级数之和，即

$$S=\frac{100}{1-0.8}=500\,(\text{mg}).$$

由例 1.6 中看出，药物疗法中留存体内的药物长效水平是与几何级数有关的. 因此，医生为了治病的需要，使患者体内保持一定的药物水平，来确定每天的用药量是可以做到的.

例 1.7(药物用量) 为了治病的需要，医生希望某一药物在体内的长效水平达到 200 mg，同时又知道每天人体排放 25%的药物，试问医生确定每天的用药量是多少?

解 由几何级数的求和公式 $S=\dfrac{a}{1-q}$ 容易求出. $S=200$ mg，$q=0.75$，所以，

$$a=(1-0.75)\times 200=50\,(\text{mg}),$$

即医生确定每天用药量为 50mg.

经济学中的几何级数(乘数效应)

例 1.8(乘数效应) A 国地方政府为了刺激经济发展, 减免税收 100 万. 假定居民中收入的安排为: 国民收入的 90%用于消费, 10%用于储蓄. 经济学家把这个 90%称为**边际消费倾向**(MPC), 10%称为边际储蓄倾向. 在这种情况下, 政府想知道由于减免税收会产生多大的消费? 现将 100 万元返还纳税人, 那么将有 $0.9\times100=90$ 万元用于消费, 这个 90 万元又成为其他人的收入, 又将有 $0.9\times90=81$ 万元用于消费, 如此类推下去, 那么由于减免税收所产生的消费支出之和为

$$100\times0.9+100\times0.9^2+100\times0.9^3+\cdots=0.9\times100\times\frac{1}{1-0.9}=900\text{(万元)}.$$

由此可见, 100 万元的减免税收可以产生 900 万元的消费支出. 这种由消费引起更多消费的经济现象, 称为**乘数效应**. 在现代西方经济学中, 乘数是被用来分析经济中某一变量的增减所产生的连锁反应的大小. 而且, 在国民收入中, 由于消费的比例越大(即边际消费倾向越大), 所引起的连锁反应就越大.

由上面的分析可知, 减免税收 100 万元所产生的乘数效应为

$$0.9\times100\times\frac{1}{1-0.9}=100\times\frac{0.9}{1-0.9}=\text{减免税收量}\times\frac{\text{MPC}}{1-\text{MPC}},$$

而 $\frac{\text{MPC}}{1-\text{MPC}}$ 称为乘数, 记为 λ, 即

$$\text{乘数}\lambda=\frac{\text{MPC}}{1-\text{MPC}}.$$

例 1.9(投资乘数) 设某乡镇投资 50 万元, 有两种消费方案:

(1) 边际消费倾向为 4/5;

(2) 边际消费倾向为 2/3.

试比较两种方案的投资乘数效应.

解 (1) MPC=4/5, 则投资乘数 $\lambda=\frac{4/5}{1-4/5}=4$;

(2) MPC=2/3, 则投资乘数 $\lambda=\frac{2/3}{1-2/3}=2$.

第一种方案的乘数效应为 $50\times4=200$ (万元),

第二种方案的乘数效应为 $50\times2=100$ (万元).

这表明: 边际消费倾向越大, 所引起的连锁反应越大.

11.1.2　收敛级数的基本性质

性质 1　级数 $\sum_{n=1}^{\infty}u_n$ 与 $\sum_{n=1}^{\infty}k\cdot u_n$($k$为非零常数)具有相同的敛散性, 即级数的每一项同乘一个非零的常数后, 级数的敛散性不变. 当 $\sum_{n=1}^{\infty}u_n$ 与 $\sum_{n=1}^{\infty}k\cdot u_n$ 都收敛时, 有 $\sum_{n=1}^{\infty}k\cdot u_n=k\sum_{n=1}^{\infty}u_n$.

证明　设级数 $\sum_{n=1}^{\infty}u_n$ 的前 n 项和为 S_n, 则 $\sum_{n=1}^{\infty}k\cdot u_n$ 的前 n 项和为 kS_n. 如果级数 $\sum_{n=1}^{\infty}u_n$ 收敛, 则其部分和数列的极限存在, 令 $\lim\limits_{n\to\infty}S_n=S$, 从而 $\lim\limits_{n\to\infty}kS_n=kS$, 即级数 $\sum_{n=1}^{\infty}k\cdot u_n$ 也收敛. 若级数 $\sum_{n=1}^{\infty}u_n$ 发散, 则 $\lim\limits_{n\to\infty}S_n$ 不存在. 又因 $k\neq 0$, 故 $\lim\limits_{n\to\infty}kS_n$ 也不存在, 即级数 $\sum_{n=1}^{\infty}k\cdot u_n$ 发散.　□

性质 2　若级数 $\sum_{n=1}^{\infty}u_n$, $\sum_{n=1}^{\infty}v_n$ 分别收敛于 S,σ, 则级数 $\sum_{n=1}^{\infty}(u_n\pm v_n)$ 也收敛, 且收敛于 $S\pm\sigma$, 即满足 $\sum_{n=1}^{\infty}(u_n\pm v_n)=\sum_{n=1}^{\infty}u_n\pm\sum_{n=1}^{\infty}v_n$.

证明　设级数 $\sum_{n=1}^{\infty}u_n$ 和 $\sum_{n=1}^{\infty}v_n$ 的前 n 项和为 S_n 和 σ_n. 由于级数 $\sum_{n=1}^{\infty}u_n$, $\sum_{n=1}^{\infty}v_n$ 分别收敛于 S,σ, 则有 $\lim\limits_{n\to\infty}S_n=S$ 且 $\lim\limits_{n\to\infty}\sigma_n=\sigma$. 而级数 $\sum_{n=1}^{\infty}(u_n\pm v_n)$ 的前 n 项和为 $S_n\pm\sigma_n$, 从而 $\lim\limits_{n\to\infty}(S_n\pm\sigma_n)=S\pm\sigma$, 即级数 $\sum_{n=1}^{\infty}(u_n\pm v_n)$ 收敛, 且收敛于 $S\pm\sigma$.　□

推论 1　若级数 $\sum_{n=1}^{\infty}u_n$ 收敛, 而级数 $\sum_{n=1}^{\infty}v_n$ 发散, 则级数 $\sum_{n=1}^{\infty}(u_n\pm v_n)$ 必发散.

证明　先证明前一部分. 假设级数 $\sum_{n=1}^{\infty}(u_n+v_n)$ 收敛, 根据已知条件级数 $\sum_{n=1}^{\infty}u_n$ 收敛, 且 $\sum_{n=1}^{\infty}v_n=\sum_{n=1}^{\infty}\{(u_n+v_n)-u_n\}$, 根据性质 2 可知, 级数 $\sum_{n=1}^{\infty}v_n$ 收敛, 推出矛盾, 因此假设错误, 从而级数 $\sum_{n=1}^{\infty}(u_n+v_n)$ 发散. 同理可证级数 $\sum_{n=1}^{\infty}(u_n-v_n)$ 发散.　□

需要注意的是，当级数 $\sum_{n=1}^{\infty} u_n$ 和 $\sum_{n=1}^{\infty} v_n$ 都发散时，级数 $\sum_{n=1}^{\infty}(u_n \pm v_n)$ 的敛散性无法判定. 可以通过以下两个例子说明. 例如级数 $\sum_{n=1}^{\infty} 1$ 发散，且级数 $\sum_{n=1}^{\infty}(-1)^n$ 发散，而级数 $\sum_{n=1}^{\infty}((-1)^n+1)=0+2+0+2+\cdots$ 是发散的，再如级数 $\sum_{n=1}^{\infty}(-1)^{n+1}$ 发散，且级数 $\sum_{n=1}^{\infty}(-1)^n$ 发散，而级数 $\sum_{n=1}^{\infty}\{(-1)^{n+1}+(-1)^n\}=0+0+\cdots$ 是收敛的.

一般来说，$\sum_{n=1}^{\infty} u_n \pm \sum_{n=1}^{\infty} v_n$ 没有意义，但对于两个收敛级数，它表示两个级数的和与差. 性质 2 表明，在计算两个收敛级数的和或差时，可以先逐项相加或逐项相减而得一新级数，然后通过求新级数的和来实现.

例 1.10　判定级数 $\sum_{n=1}^{\infty}\left(\frac{5}{n(n+1)}+\frac{1}{2^n}\right)$ 的敛散性.

解　由例 1.1 可知级数 $\sum_{n=1}^{\infty}\frac{1}{n(n+1)}$ 收敛，再由性质 1 可知级数 $\sum_{n=1}^{\infty}\frac{5}{n(n+1)}$ 收敛. 级数 $\sum_{n=1}^{\infty}\frac{1}{2^n}$ 为等比级数，且公比 $q=\frac{1}{2}<1$，从而该级数收敛. 根据性质 2 可知，级数 $\sum_{n=1}^{\infty}\left(\frac{5}{n(n+1)}+\frac{1}{2^n}\right)$ 收敛.

性质 3　$\sum_{n=1}^{\infty} u_n$ 与 $\sum_{n=k+1}^{\infty} u_n$ 具有相同的敛散性（k 为某正整数），即在级数的前面去掉有限项不会改变级数的敛散性.

证明　不妨设 $\sum_{n=1}^{\infty} u_n$ 收敛，下证 $\sum_{n=k+1}^{\infty} u_n$ 也收敛（对于发散的情形可以类似地证明）. 设级数 $\sum_{n=1}^{\infty} u_n$ 的前 n 项和为 S_n，且级数 $\sum_{n=k+1}^{\infty} u_n$ 的前 n 项和为 σ_n，这里 $\sigma_n=u_{k+1}+u_{k+2}+\cdots+u_{k+n}=S_{n+k}-S_k$. 由级数 $\sum_{n=1}^{\infty} u_n$ 收敛可知，$\lim_{n\to\infty} S_n$ 存在，令 $\lim_{n\to\infty} S_n=S$，从而

$$\lim_{n\to\infty}\sigma_n=\lim_{n\to\infty}\left(S_{n+k}-S_k\right)=\lim_{n\to\infty}S_{n+k}-\lim_{n\to\infty}S_k=S-S_k,$$

即级数 $\sum_{n=k+1}^{\infty} u_n$ 收敛.　□

可以类似地证明在级数前面加上有限项，不改变级数的敛散性，从而可以证明在级数中改变有限项的值，并不改变级数的敛散性.

性质 4(级数收敛的必要条件) 若级数 $\sum_{n=1}^{\infty} u_n$ 收敛，则 $\lim_{n\to\infty} u_n = 0$.

证明 由级数 $\sum_{n=1}^{\infty} u_n$ 收敛，可知其部分和数列的极限存在，令 $\lim_{n\to\infty} S_n = S$，而 $u_n = S_n - S_{n-1}$，取极限得

$$\lim_{n\to\infty} u_n = \lim_{n\to\infty}(S_n - S_{n-1}) = \lim_{n\to\infty} S_n - \lim_{n\to\infty} S_{n-1} = S - S = 0. \qquad \square$$

必须特别注意，该命题的逆命题不成立，例如 $\lim_{n\to\infty}\frac{1}{n} = 0$，而调和级数 $\sum_{n=1}^{\infty}\frac{1}{n}$ 已证明是发散的. 所以特别要注意不能用性质 4 去判定级数是收敛的，但是可以用性质 4 的逆否命题来判定级数是发散的.

性质 4 的逆否命题 对于级数 $\sum_{n=1}^{\infty} u_n$，若 $\lim_{n\to\infty} u_n$ 不存在或 $\lim_{n\to\infty} u_n$ 存在但是不等于零，则级数 $\sum_{n=1}^{\infty} u_n$ 必发散.

例 1.11 证明级数 $\sum_{n=1}^{\infty}\left(1+\frac{1}{n}\right)^n$ 发散.

证明 由于 $\lim_{n\to\infty} u_n = \lim_{n\to\infty}\left(1+\frac{1}{n}\right)^n = \mathrm{e} \neq 0$，根据性质 4 的逆否命题可知，级数 $\sum_{n=1}^{\infty}\left(1+\frac{1}{n}\right)^n$ 发散. $\square$

例 1.12 判定级数 $\sum_{n=1}^{\infty}\cos n$ 的敛散性.

解 由于 $\lim_{n\to\infty} u_n = \lim_{n\to\infty}\cos n$ 不存在，根据性质 4 的逆否命题可知，级数 $\sum_{n=1}^{\infty}\cos n$ 发散.

习题 11.1

习题 11.1 解答

1. 写出下列级数的一般项:

(1) $\frac{2}{1}-\frac{3}{2}+\frac{4}{3}-\frac{5}{4}+\cdots$；

(2) $\frac{1}{1\cdot 2}+\frac{1}{2\cdot 4}+\frac{1}{3\cdot 8}+\frac{1}{4\cdot 16}+\cdots$；

(3) $\dfrac{\sqrt{x}}{2}+\dfrac{x}{2\cdot 4}+\dfrac{x\sqrt{x}}{2\cdot 4\cdot 6}+\dfrac{x^2}{2\cdot 4\cdot 6\cdot 8}+\cdots$;

(4) $\left(\dfrac{1}{2}+\dfrac{1}{3}\right)+\left(\dfrac{1}{2^2}+\dfrac{1}{3^2}\right)+\left(\dfrac{1}{2^3}+\dfrac{1}{3^3}\right)+\cdots$.

2. 用级数敛散性的定义判断下列级数的敛散性:

(1) $\sum\limits_{n=1}^{\infty}(2n+1)$;

(2) $\sum\limits_{n=1}^{\infty}\dfrac{1}{\sqrt{n+1}+\sqrt{n}}$;

(3) $\sum\limits_{n=1}^{\infty}[\ln(n+1)-\ln n]$;

(4) $\sum\limits_{n=1}^{\infty}(\sqrt{n+2}-2\sqrt{n+1}+\sqrt{n})$.

3. 利用级数的性质判别下列级数的敛散性:

(1) $\dfrac{1}{2}+\dfrac{1}{4}+\dfrac{1}{6}+\dfrac{1}{8}+\cdots+\dfrac{1}{2n}+\cdots$;

(2) $\sum\limits_{n=1}^{\infty}\left(\dfrac{1}{5n}+\left(-\dfrac{8}{9}\right)^n\right)$;

(3) $\sum\limits_{n=1}^{\infty}\left(\dfrac{1}{2^n}-\dfrac{1}{3^n}\right)$;

(4) $\sum\limits_{n=1}^{\infty}\dfrac{1}{\left(1+\dfrac{1}{n}\right)^n}$;

(5) $\dfrac{1}{2}+\dfrac{1}{10}+\dfrac{1}{4}+\dfrac{1}{20}+\cdots+\dfrac{1}{2^n}+\dfrac{1}{10n}+\cdots$;

(6) $\sum\limits_{n=1}^{\infty}\dfrac{3n^n}{(1+n)^n}$.

4.（药物治疗） 设一患者每天服药物 50mg, 如果人体每天排放体内药物的 40%, 且此计划无限地进行下去, 试估计药物的长效水平.

5.（药物用量） 假设某一药物维持的患者需要有250mg药物留存在体内. 如果人体每天排放体内药物量的 80%, 试求出维持 250mg 药物水平的每天用药量.

6.（乘数效应） 设两个地区的边际消费倾向（MPC）分别为

（1）MPC=90%;　　　（2）MPC=50%.

试评价其乘数效应.

7.（减免税收） 设某地区国民收入中, 80%用于消费, 20%用于储蓄. 为了刺激经济的发展, 该地区减免税收 150 万元, 试估计这种减免税收对经济发展的总影响.

11.2 正 项 级 数

考察级数的敛散性是一项重要且困难的工作, 因为只有收敛的级数, 它的和才有意义. 最简单的数项级数是正项级数, 此类级数也特别重要, 许多级数的敛散性问题都要利用正项级数的敛散性来判定.

定义 2.1 若级数 $\sum\limits_{n=1}^{\infty}u_n$ 中的各项都是非负的, 即 $u_n\geqslant 0$, 则称此级数为**正项级数**.

定理 2.1 正项级数 $\sum\limits_{n=1}^{\infty}u_n$ 收敛当且仅当其部分和数列 $\{S_n\}$ 有上界.

证明 设级数 $\sum\limits_{n=1}^{\infty}u_n$ 是一个正项级数, 即 $u_n\geqslant 0$, 它的部分和数列

$$S_1 = u_1,\ S_2 = u_1 + u_2,\ S_3 = u_1 + u_2 + u_3,\ \cdots,\ S_n = u_1 + u_2 + \cdots + u_n,\ \cdots$$

是单调增加的, 即 $S_1 \leqslant S_2 \leqslant S_3 \leqslant \cdots \leqslant S_n \leqslant \cdots$.

若数列 $\{S_n\}$ 有上界 M, 根据单调有界数列必有极限的准则可知 $\lim\limits_{n\to\infty} S_n$ 存在, 设为 S, 因此正项级数 $\sum\limits_{n=1}^{\infty} u_n$ 必收敛于和 S, 且 $0 \leqslant S_n \leqslant S \leqslant M$.

反之, 若正项级数 $\sum\limits_{n=1}^{\infty} u_n$ 收敛, 则其部分和数列 $\{S_n\}$ 的极限存在, 根据数列极限存在必有界, 可推知数列 $\{S_n\}$ 有界, 进而有上界. □

例 2.1 判断下列级数的敛散性:

(1) $\sum\limits_{n=1}^{\infty} \dfrac{1}{n^2}$;　　(2) $\sum\limits_{n=1}^{\infty} \dfrac{1}{\sqrt{n}}$.

解 (1) 级数 $\sum\limits_{n=1}^{\infty} \dfrac{1}{n^2}$ 的前 n 项和

$$\begin{aligned} S_n &= 1 + \frac{1}{4} + \frac{1}{9} + \cdots + \frac{1}{n^2} \leqslant 1 + \frac{1}{1\cdot 2} + \frac{1}{2\cdot 3} + \cdots + \frac{1}{(n-1)\cdot n} \\ &= 1 + 1 - \frac{1}{2} + \frac{1}{2} - \frac{1}{3} + \cdots + \frac{1}{n-1} - \frac{1}{n} = 2 - \frac{1}{n} < 2, \end{aligned}$$

即该正项级数的部分和数列有上界, 根据定理 2.1 知, 该级数收敛.

(2) 级数 $\sum\limits_{n=1}^{\infty} \dfrac{1}{\sqrt{n}}$ 的前 n 项和

$$S_n = 1 + \frac{1}{\sqrt{2}} + \cdots + \frac{1}{\sqrt{n}} \geqslant n \cdot \frac{1}{\sqrt{n}} = \sqrt{n},$$

可知随着 $n \to \infty$, 亦有 $S_n \to +\infty$, 从而该正项级数的部分和数列无上界, 根据定理 2.1 知, 该级数发散.

例 2.1 中的两个级数与调和级数都称为 p-级数, p-**级数**的一般形式为

$$\sum_{n=1}^{\infty} \frac{1}{n^p} = 1 + \frac{1}{2^p} + \frac{1}{3^p} + \cdots + \frac{1}{n^p} + \cdots,\quad p > 0.$$

从定理 2.1 出发, 可以推出若干判定正项级数敛散性的方法.

11.2.1 比较判别法

定理 2.2(比较判别法)　设有两个正项级数 $\sum\limits_{n=1}^{\infty} u_n$, $\sum\limits_{n=1}^{\infty} v_n$, 且 $0 \leqslant u_n \leqslant v_n$ $(n=1, 2, \cdots)$,

(1)若级数$\sum_{n=1}^{\infty} v_n$收敛, 则级数$\sum_{n=1}^{\infty} u_n$也收敛;

(2)若级数$\sum_{n=1}^{\infty} u_n$发散, 则级数$\sum_{n=1}^{\infty} v_n$也发散.

证明 先证明(1). 设$\sum_{n=1}^{\infty} v_n$收敛于σ, 由$u_n \leqslant v_n (n=1,2,\cdots)$可知, $\sum_{n=1}^{\infty} u_n$的部分和S_n满足

$$S_n = u_1 + u_2 + \cdots + u_n \leqslant v_1 + v_2 + \cdots + v_n \leqslant \sigma ,$$

即正项级数$\sum_{n=1}^{\infty} u_n$的部分和数列S_n有上界, 据定理知, 正项级数$\sum_{n=1}^{\infty} u_n$收敛. 而(2)式是(1)式的逆否命题, 因此也成立. □

由于级数的每一项同乘一个不为零的常数k, 或去掉级数的有限项, 不会影响级数的敛散性, 因此可得到如下推论:

推论 1 设有两个正项级数$\sum_{n=1}^{\infty} u_n$, $\sum_{n=1}^{\infty} v_n$, 且$0 \leqslant u_n \leqslant k v_n$, 这里$k>0, n \geqslant N$, N为自然数,

(1)若级数$\sum_{n=1}^{\infty} v_n$收敛, 则级数$\sum_{n=1}^{\infty} u_n$也收敛;

(2)若级数$\sum_{n=1}^{\infty} u_n$发散, 则级数$\sum_{n=1}^{\infty} v_n$也发散.

例 2.2 证明级数$\sum_{n=1}^{\infty} \frac{1}{2n-1}$发散.

证明 由于级数$\sum_{n=1}^{\infty} \frac{1}{2n-1}$为正项级数, 且$\frac{1}{2n-1} > \frac{1}{2n} > 0$, 而级数$\sum_{n=1}^{\infty} \frac{1}{2n}$可以看作调和级数$\sum_{n=1}^{\infty} \frac{1}{n}$的每一项前乘以一个常数$\frac{1}{2}$, 故级数$\sum_{n=1}^{\infty} \frac{1}{2n}$发散, 再由比较判别法可知级数$\sum_{n=1}^{\infty} \frac{1}{2n-1}$也发散. □

例 2.3 讨论p-级数$\sum_{n=1}^{\infty} \frac{1}{n^p}$的敛散性.

解 (1)当$0 < p \leqslant 1$时, 由于$\frac{1}{n^p} \geqslant \frac{1}{n}$, 而调和级数$\sum_{n=1}^{\infty} \frac{1}{n}$发散, 根据比较判别法可知, 此时级数$\sum_{n=1}^{\infty} \frac{1}{n^p}$发散.

(2) 当 $p>1$ 时, 由图 11.1 可知 $\frac{1}{n^p}<\int_{n-1}^{n}\frac{1}{x^p}\mathrm{d}x$. 该级数的前 n 项和

$$\begin{aligned}S_n&=1+\frac{1}{2^p}+\cdots+\frac{1}{n^p}<1+\int_1^2\frac{1}{x^p}\mathrm{d}x+\cdots+\int_{n-1}^{n}\frac{1}{x^p}\mathrm{d}x\\&=1+\int_1^n\frac{1}{x^p}\mathrm{d}x=1+\frac{1}{p-1}\left(1-\frac{1}{n^{p-1}}\right)<1+\frac{1}{p-1},\end{aligned}$$

即该级数的部分和数列 $\{S_n\}$ 有上界, 由定理 2.1 可知, 该正项级数收敛.

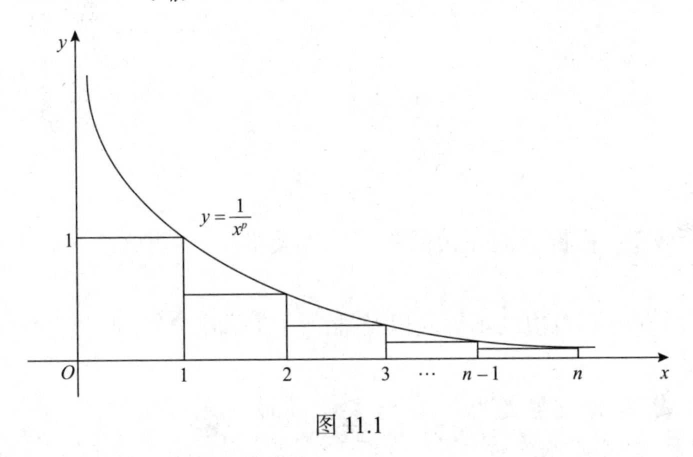

图 11.1

例 2.4 判别级数 $\sum_{n=1}^{\infty}\frac{1}{\sqrt{n(n+1)}}$ 的敛散性.

解 由于级数 $\sum_{n=1}^{\infty}\frac{1}{\sqrt{n(n+1)}}$ 为正项级数, 且 $\frac{1}{\sqrt{n(n+1)}}>\frac{1}{\sqrt{(n+1)^2}}=\frac{1}{n+1}>0$, 而级数 $\sum_{n=1}^{\infty}\frac{1}{n+1}=\frac{1}{2}+\frac{1}{3}+\cdots$ 发散, 由比较判别法可知正项级数 $\sum_{n=1}^{\infty}\frac{1}{\sqrt{n(n+1)}}$ 发散.

例 2.5 设 $a>0$ 时, 讨论级数 $\sum_{n=1}^{\infty}\frac{1}{a^n+1}$ 的敛散性.

解 当 $a=1$ 时, 由于 $\lim_{n\to\infty}\frac{1}{a^n+1}=\frac{1}{2}\neq 0$, 则级数 $\sum_{n=1}^{\infty}\frac{1}{a^n+1}$ 发散; 当 $a<1$ 时, 由于 $\lim_{n\to\infty}\frac{1}{a^n+1}=1\neq 0$, 则该级数发散; 当 $a>1$ 时, $\frac{1}{a^n+1}<\frac{1}{a^n}$, 由于 $0<\frac{1}{a}<1$, 则等比级数 $\sum_{n=1}^{\infty}\frac{1}{a^n}$ 收敛, 从而根据比较判别法可知, 级数 $\sum_{n=1}^{\infty}\frac{1}{a^n+1}$ 收敛.

在使用比较判别法判定一个正项级数的敛散性时, 总是通过适当放大或缩小这个级数的通项, 找到一个已知敛散性的正项级数 (称为**比较级数**) 以供比较, 从

而作出判断. 常用的比较级数有等比级数和 p - 级数.

比较判别法还可用极限形式给出, 使用起来更加方便.

定理 2.3(比较判别法的极限形式) 设 $\sum_{n=1}^{\infty} u_n$ 及 $\sum_{n=1}^{\infty} v_n$ 为两个正项级数, 若极限 $\lim_{n\to\infty}\frac{u_n}{v_n}=l(0<l<\infty)$, 则级数 $\sum_{n=1}^{\infty} u_n$ 与 $\sum_{n=1}^{\infty} v_n$ 同时收敛或同时发散.

证明 由极限的定义, 取 $\varepsilon=\frac{l}{2}$, 存在着正整数 N, 当 $n>N$ 时, 有不等式 $\left|\frac{u_n}{v_n}-l\right|<\frac{l}{2}$ 成立, 从而

$$\frac{l}{2}\cdot v_n<u_n<\frac{3l}{2}\cdot v_n .$$

若 $\sum_{n=1}^{\infty} u_n$ 收敛, 根据上面左边的不等式以及推论 1 可知, $\sum_{n=1}^{\infty} v_n$ 收敛; 反之若 $\sum_{n=1}^{\infty} v_n$ 收敛, 根据上面右边的不等式以及推论 1 可知, $\sum_{n=1}^{\infty} u_n$ 收敛, 即级数 $\sum_{n=1}^{\infty} u_n$ 与 $\sum_{n=1}^{\infty} v_n$ 同时收敛. 类似地可证明 $\sum_{n=1}^{\infty} u_n$ 与 $\sum_{n=1}^{\infty} v_n$ 同时发散. □

例 2.6 判定级数 $\sum_{n=1}^{\infty}\frac{1}{3n^2+n+1}$ 的敛散性.

解 **方法一** 由于 $0<\frac{1}{3n^2+n+1}<\frac{1}{3n^2}$, 而级数 $\sum_{n=1}^{\infty}\frac{1}{3n^2}$ 收敛, 根据比较判别法可知, 正项级数 $\sum_{n=1}^{\infty}\frac{1}{3n^2+n+1}$ 收敛.

方法二 由于 $\lim_{n\to\infty}\frac{\frac{1}{3n^2+n+1}}{\frac{1}{n^2}}=\frac{1}{3}$, 而级数 $\sum_{n=1}^{\infty}\frac{1}{n^2}$ 收敛, 根据比较判别法的极限形式可知, 正项级数 $\sum_{n=1}^{\infty}\frac{1}{3n^2+n+1}$ 收敛.

例 2.7 判定级数 $\sum_{n=1}^{\infty}\sin\frac{1}{3n}$ 的敛散性.

解 由于 $\lim_{n\to\infty}\frac{\sin\frac{1}{3n}}{\frac{1}{3n}}=1$, 而级数 $\sum_{n=1}^{\infty}\frac{1}{3n}$ 发散, 根据比较判别法的极限形式可

知, 级数$\sum_{n=1}^{\infty}\sin\frac{1}{3n}$也发散.

例 2.8 判定级数$\sum_{n=1}^{\infty}\ln\left(1+\frac{1}{n^2}\right)$的敛散性.

解 由于$\lim_{n\to\infty}\frac{\ln\left(1+\frac{1}{n^2}\right)}{\frac{1}{n^2}}=1$, 而级数$\sum_{n=1}^{\infty}\frac{1}{n^2}$收敛, 根据比较判别法的极限形式可知, 级数$\sum_{n=1}^{\infty}\ln\left(1+\frac{1}{n^2}\right)$收敛.

例 2.9 判定级数$\sum_{n=1}^{\infty}\frac{4}{3^n-n}$的敛散性.

解 由于$\lim_{n\to\infty}\frac{\frac{4}{3^n-n}}{\frac{4}{3^n}}=\lim_{n\to\infty}\frac{3^n}{3^n-n}=\lim_{n\to\infty}\frac{1}{1-\frac{n}{3^n}}=1$, 而等比级数$\sum_{n=1}^{\infty}\frac{4}{3^n}$收敛, 根据比较判别法的极限形式可知, 级数$\sum_{n=1}^{\infty}\frac{4}{3^n-n}$收敛.

例 2.10 判定级数$\sum_{n=1}^{\infty}\sqrt{n+1}\left(1-\cos\frac{\pi}{n}\right)$的敛散性.

解 由于当$n\to\infty$时, $1-\cos\frac{\pi}{n}\sim\frac{1}{2}\left(\frac{\pi}{n}\right)^2$, 则

$$\lim_{n\to\infty}\frac{\sqrt{n+1}\left(1-\cos\frac{\pi}{n}\right)}{\sqrt{n}\cdot\left(\frac{\pi}{n}\right)^2}=\lim_{n\to\infty}\sqrt{\frac{n+1}{n}}=1,$$

而级数$\sum_{n=1}^{\infty}\frac{1}{2}\left(\frac{\pi}{n}\right)^2\cdot\sqrt{n}=\sum_{n=1}^{\infty}\frac{\pi^2}{2}\frac{1}{n^{\frac{3}{2}}}$收敛, 根据比较判别法的极限形式可知, 所给级数收敛.

11.2.2 比值判别法

运用比较判别法来确定正项级数$\sum_{n=1}^{\infty}u_n$的敛散性, 需要选择一个合适的比较级数, 对于某些级数来说, 要选好比较级数并非易事, 因此下面要介绍一个利用级数自身来判定级数敛散性的方法.

定理 2.4（比值判别法） 若 $\sum_{n=1}^{\infty} u_n$ 是一个正项级数，且 $\lim_{n\to\infty}\frac{u_{n+1}}{u_n}=\rho$，则当 $0\leqslant\rho<1$ 时，级数 $\sum_{n=1}^{\infty} u_n$ 收敛；当 $\rho>1$ （也包括 $\rho=+\infty$）时，级数 $\sum_{n=1}^{\infty} u_n$ 发散；当 $\rho=1$ 时，级数 $\sum_{n=1}^{\infty} u_n$ 的敛散性无法判定.

证明 (1) 当 $0\leqslant\rho<1$ 时，由于 $\lim_{n\to\infty}\frac{u_{n+1}}{u_n}=\rho$，取 ε 足够小，使得 $\rho+\varepsilon=q<1$，则存在正整数 N，使得当 $n>N$ 时，$\frac{u_{n+1}}{u_n}<\rho+\varepsilon=q$，故得

$$u_{N+1}<q\cdot u_N,\quad u_{N+2}<q\cdot u_{N+1}<q^2\cdot u_N,\quad \cdots.$$

比较正项级数 $u_{N+1}+u_{N+2}+u_{N+3}+\cdots$ 与级数 $qu_N+q^2u_N+q^3u_N+\cdots$，由于 $u_{N+n}<q^n\cdot u_N$，而当 $q<1$ 时，等比级数 $\sum_{n=1}^{\infty} q^n\cdot u_N$ 收敛，根据比较判别法可知，级数 $u_{N+1}+u_{N+2}+\cdots$ 收敛，从而级数 $\sum_{n=1}^{\infty} u_n$ 也收敛.

(2) 当 $\rho>1$ 时，由于 $\lim_{n\to\infty}\frac{u_{n+1}}{u_n}=\rho$，取 ε 足够小，使得 $\rho-\varepsilon>1$，存在正整数 N，当 $n>N$ 时，$1<\rho-\varepsilon<\frac{u_{n+1}}{u_n}$，故得 $u_{N+1}>u_N$，$u_{N+2}>u_{N+1},\cdots$，可知 $\lim_{n\to\infty}u_n\neq 0$，根据 11.1 节性质 4 可知级数 $\sum_{n=1}^{\infty} u_n$ 发散.

(3) 当 $\rho=1$ 时，级数有可能收敛也可能发散. 例如，对于 p-级数 $\sum_{n=1}^{\infty}\frac{1}{n^p}$，不论 p 取何值，总有

$$\lim_{n\to\infty}\frac{u_{n+1}}{u_n}=\lim_{n\to\infty}\frac{1}{(n+1)^p}\bigg/\frac{1}{n^p}=\lim_{n\to\infty}\left(\frac{n}{n+1}\right)^p=1.$$

但是当 $p>1$ 时，p-级数收敛，而当 $p\leqslant 1$ 时，p-级数是发散的. □

例 2.11 判定级数 $\sum_{n=1}^{\infty}\frac{1}{(n-1)!}$ 的敛散性.

解 由于 $\lim_{n\to\infty}\frac{u_{n+1}}{u_n}=\lim_{n\to\infty}\frac{\frac{1}{n!}}{\frac{1}{(n-1)!}}=\lim_{n\to\infty}\frac{1}{n}=0<1$，根据比值判别法可知，级数

$\sum_{n=1}^{\infty}\frac{1}{(n-1)!}$收敛.

例 2.12 判定级数$\sum_{n=1}^{\infty}\frac{n!}{10^n}$的敛散性.

解 由于$\lim_{n\to\infty}\frac{u_{n+1}}{u_n}=\lim_{n\to\infty}\frac{\frac{(n+1)!}{10^{n+1}}}{\frac{n!}{10^n}}=\lim_{n\to\infty}\frac{n+1}{10}=+\infty$，根据比值判别法可知，级数$\sum_{n=1}^{\infty}\frac{n!}{10^n}$发散.

例 2.13 判定级数$\sum_{n=1}^{\infty}\frac{1}{(2n+1)\cdot 3^{2n+1}}$的敛散性.

解 由于

$$\lim_{n\to\infty}\frac{u_{n+1}}{u_n}=\lim_{n\to\infty}\frac{\frac{1}{(2n+3)\cdot 3^{2n+3}}}{\frac{1}{(2n+1)\cdot 3^{2n+1}}}=\lim_{n\to\infty}\frac{(2n+1)\cdot 3^{2n+1}}{(2n+3)\cdot 3^{2n+3}}=\lim_{n\to\infty}\frac{(2n+1)}{(2n+3)\cdot 3^2}=\frac{1}{9}<1,$$

根据比值判别法可知，级数$\sum_{n=1}^{\infty}\frac{1}{(2n+1)\cdot 3^{2n+1}}$收敛.

例 2.14 设$a>0$，讨论级数$\sum_{n=1}^{\infty}\frac{a^n\cdot n!}{n^n}$的敛散性.

解 由于$\lim_{n\to\infty}\frac{u_{n+1}}{u_n}=\lim_{n\to\infty}\frac{an^n}{(n+1)^n}=a\lim_{n\to\infty}\frac{1}{\left(1+\frac{1}{n}\right)^n}=\frac{a}{\mathrm{e}}$，故当$0<a<\mathrm{e}$时，$\lim_{n\to\infty}\frac{u_{n+1}}{u_n}<1$，因此级数收敛；当$a>\mathrm{e}$时，$\lim_{n\to\infty}\frac{u_{n+1}}{u_n}>1$，因此级数发散；当$a=\mathrm{e}$时，$\lim_{n\to\infty}\frac{u_{n+1}}{u_n}=1$，此时比值判别法失效. 这时$\frac{u_{n+1}}{u_n}=\frac{\mathrm{e}}{\left(1+\frac{1}{n}\right)^n}$，由于数列$\left(1+\frac{1}{n}\right)^n$单调增加且趋于e，故$\left(1+\frac{1}{n}\right)^n<\mathrm{e}$，因此$\frac{u_{n+1}}{u_n}=\frac{\mathrm{e}}{\left(1+\frac{1}{n}\right)^n}>1$，即$u_{n+1}>u_n$，进而$\lim_{n\to\infty}u_n\neq 0$，则所给级数发散.

因此，当$0<a<\mathrm{e}$时，级数$\sum_{n=1}^{\infty}\frac{a^n\cdot n!}{n^n}$收敛；当$a\geqslant\mathrm{e}$时，级数$\sum_{n=1}^{\infty}\frac{a^n\cdot n!}{n^n}$发散.

例 2.15 证明 $\lim\limits_{n\to\infty}\frac{n^k}{a^n}=0\quad(a>1, k\text{为常数})$.

证明 对于正项级数 $\sum\limits_{n=1}^{\infty}\frac{n^k}{a^n}$，由于

$$\lim_{n\to\infty}\frac{u_{n+1}}{u_n}=\lim_{n\to\infty}\frac{\frac{(n+1)^k}{a^{n+1}}}{\frac{n^k}{a^n}}=\lim_{n\to\infty}\frac{1}{a}\cdot\left(1+\frac{1}{n}\right)^k=\frac{1}{a}<1,$$

根据比值判别法可知，级数 $\sum\limits_{n=1}^{\infty}\frac{n^k}{a^n}$ 收敛，从而根据级数收敛的必要条件可得 $\lim\limits_{n\to\infty}\frac{n^k}{a^n}=0$. □

11.2.3 根值判别法

对于正项级数 $\sum\limits_{n=1}^{\infty}u_n$，若 $\lim\limits_{n\to\infty}\frac{u_{n+1}}{u_n}$ 不存在，则此时比值判别法失效，特别在通项 u_n 可以写作 n 次幂的情况下，可以考虑用下面的根值判别法.

定理 2.5(根值判别法) 若级数 $\sum\limits_{n=1}^{\infty}u_n$ 是一个正项级数，且 $\lim\limits_{n\to\infty}\sqrt[n]{u_n}=\rho$，则当 $0\leqslant\rho<1$ 时，级数 $\sum\limits_{n=1}^{\infty}u_n$ 收敛；当 $\rho>1$ (也包括 $\rho=+\infty$)时，级数 $\sum\limits_{n=1}^{\infty}u_n$ 发散；当 $\rho=1$ 时，级数 $\sum\limits_{n=1}^{\infty}u_n$ 的敛散性无法判定.

证明 (1)当 $0\leqslant\rho<1$ 时，由于 $\lim\limits_{n\to\infty}\sqrt[n]{u_n}=\rho$，取 ε 足够小，使得 $\rho+\varepsilon=q<1$，存在正整数 N，当 $n>N$ 时，$\sqrt[n]{u_n}<\rho+\varepsilon=q$. 故得 $u_{N+1}<q^{N+1}$，$u_{N+2}<q^{N+2}$，$\cdots$.

比较正项级数 $u_{N+1}+u_{N+2}+u_{N+3}+\cdots$ 与级数 $q^{N+1}+q^{N+2}+q^{N+3}+\cdots$，由于 $u_{N+n}<q^{N+n}$，且此时等比级数 $q^{N+1}+q^{N+2}+q^{N+3}+\cdots$ 收敛，根据比较判别法可知，级数 $u_{N+1}+u_{N+2}+u_{N+3}+\cdots$ 收敛，从而所给级数 $\sum\limits_{n=1}^{\infty}u_n$ 也收敛.

(2)当 $\rho>1$ 时，由于 $\lim\limits_{n\to\infty}\sqrt[n]{u_n}=\rho$，取 ε 足够小，使得 $\rho-\varepsilon>1$，存在正整数 N，当 $n>N$ 时，$1<\rho-\varepsilon<\sqrt[n]{u_n}$. 故当 $n>N$ 时，$u_n>1$，可知 $\lim\limits_{n\to\infty}u_n\neq 0$，根据级数收敛的必要条件知级数 $\sum\limits_{n=1}^{\infty}u_n$ 发散.

(3) 当$\rho=1$时, 级数有可能收敛也可能发散, 也可以用p-级数来说明此时根值判别法失效. □

例 2.16　判断级数$1+\frac{1}{2^2}+\frac{1}{3^3}+\frac{1}{4^4}+\cdots+\frac{1}{n^n}+\cdots$的敛散性.

解　由于$\lim_{n\to\infty}\sqrt[n]{u_n}=\lim_{n\to\infty}\sqrt[n]{\frac{1}{n^n}}=\lim_{n\to\infty}\frac{1}{n}=0<1$, 根据根值判别法可知, 所给级数$\sum_{n=1}^{\infty}\frac{1}{n^n}$收敛.

例 2.17　判断级数$\sum_{n=1}^{\infty}2^{-n-(-1)^n}$的敛散性.

解　由于$\lim_{n\to\infty}\sqrt[n]{u_n}=\lim_{n\to\infty}2^{-1-\frac{(-1)^n}{n}}=\frac{1}{2}<1$, 根据根值判别法可知, 所给级数$\sum_{n=1}^{\infty}2^{-n-(-1)^n}$收敛.

例 2.18　判断级数$\sum_{n=1}^{\infty}\left(1+\frac{1}{n}\right)^{n^2}$的敛散性.

解　由于$\lim_{n\to\infty}\sqrt[n]{u_n}=\lim_{n\to\infty}\left(1+\frac{1}{n}\right)^n=\mathrm{e}>1$, 根据根值判别法可知, 所给级数$\sum_{n=1}^{\infty}\left(1+\frac{1}{n}\right)^{n^2}$发散.

例 2.19　设$a>0$, 讨论级数$\sum_{n=1}^{\infty}\frac{n}{\left(a+\frac{1}{n}\right)^n}$的敛散性.

解　由于$\lim_{n\to\infty}\sqrt[n]{u_n}=\lim_{n\to\infty}\frac{\sqrt[n]{n}}{a+\frac{1}{n}}=\frac{1}{a}$, 故当$a>1$时, 所给级数$\sum_{n=1}^{\infty}\frac{n}{\left(a+\frac{1}{n}\right)^n}$收敛; 当$0<a<1$时, 所给级数发散; 当$a=1$时, $\lim_{n\to\infty}\frac{n}{\left(1+\frac{1}{n}\right)^n}\neq0$, 因此所给级数发散.

对于比值法与根值法失效的情形($\rho=1$), 其级数的敛散性应另寻他法加以判定, 通常是构造更精细的比较级数加以判定.

习题 11.2

习题 11.2 解答

(A)

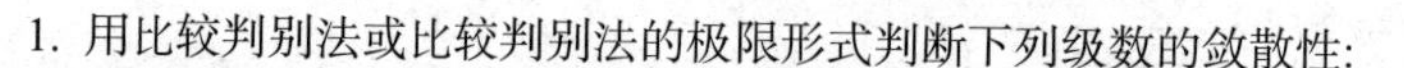
1. 用比较判别法或比较判别法的极限形式判断下列级数的敛散性:

(1) $\sum_{n=1}^{\infty}\frac{1}{n\sqrt{n}}$;　　(2) $\sum_{n=1}^{\infty}\frac{1+n}{1+n^2}$;

(3) $\sum_{n=1}^{\infty}\frac{1}{2^n}\sin\frac{\pi}{n}$;　　(4) $\sum_{n=1}^{\infty}\frac{1}{(2n-1)^2}$;

(5) $\sum_{n=1}^{\infty}\sin\frac{\pi}{2^n}$;　　(6) $\sum_{n=1}^{\infty}\frac{1}{(n+1)(n+4)}$.

2. 用比值判别法判断下列级数的敛散性:

(1) $\sum_{n=1}^{\infty}\frac{2n-1}{2^n}$;　　(2) $\sum_{n=1}^{\infty}n\tan\frac{\pi}{2^{n+1}}$;

(3) $\sum_{n=1}^{\infty}\frac{3^n}{n^2}$;　　(4) $\sum_{n=1}^{\infty}\frac{n!}{n^n}$;

(5) $\sum_{n=1}^{\infty}\frac{n^n}{3^n n!}$.　　(6) $\sum_{n=1}^{\infty}\frac{4^n}{5^n-3^n}$.

3. 用根值判别法判断下列级数的敛散性:

(1) $\sum_{n=1}^{\infty}\left(\frac{n}{4n+1}\right)^n$;　　(2) $\sum_{n=1}^{\infty}\frac{1}{[\ln(n+1)]^n}$;

(3) $\sum_{n=1}^{\infty}\left(\frac{n}{3n-1}\right)^{2n-1}$;　　(4) $\sum_{n=1}^{\infty}\frac{3^n}{1+\mathrm{e}^n}$.

4. 选择适当方法判别下列级数的敛散性:

(1) $\sum_{n=1}^{\infty}n\left(\frac{3}{4}\right)^n$;　　(2) $\sum_{n=1}^{\infty}\frac{n^4}{n!}$;

(3) $\sum_{n=1}^{\infty}\frac{n+1}{n(n+2)}$;　　(4) $\sum_{n=1}^{\infty}\sqrt{\frac{n+1}{n}}$;

(5) $\sum_{n=1}^{\infty}\frac{1}{na+b}(a>0,b>0)$;　　(6) $\sum_{n=1}^{\infty}\frac{2+(-1)^n}{2^n}$.

(B)

1. 设 $\sum_{n=1}^{\infty}a_n$ 和 $\sum_{n=1}^{\infty}b_n$ 都发散, 则下列结论一定成立的是(　　).

(A) $\sum_{n=1}^{\infty}(a_n+b_n)$ 发散;　　(B) $\sum_{n=1}^{\infty}(a_nb_n)$ 发散;

(C) $\sum_{n=1}^{\infty}(|a_n|+|b_n|)$ 发散;　　(D) $\sum_{n=1}^{\infty}(a_n^2+b_n^2)$ 发散.

2. 讨论级数 $\sum_{n=1}^{\infty}\frac{1}{1+a^n}$ $(a>0)$ 的敛散性.

3. 讨论级数 $\sum_{n=1}^{\infty}\frac{x^n}{(1+x)(1+x^2)\cdots(1+x^n)}\ (x\geqslant 0)$ 的敛散性.

4. 若级数 $\sum_{n=1}^{\infty}u_n$ 收敛，能否推出级数 $\sum_{n=1}^{\infty}u_n^2$ 也收敛？反之是否成立？

5. 证明：$\lim_{n\to\infty}\frac{b^{3n}}{n!a^n}=0$.

11.3　任意项级数

任意项级数是指级数的各项可以取正数、零或负数，例如级数 $\sum_{n=1}^{\infty}\frac{\sin n\pi}{\sqrt{n+1}}$ ，$\sum_{n=1}^{\infty}(-1)^{\frac{n(n-1)}{2}}\cdot\frac{1}{n}$ 都是任意项级数，11.2 节所讨论的正项级数可以看作任意项级数的特例.

11.3.1　交错级数的莱布尼茨判别法

除了正项级数以外，最简单的一类任意项级数是交错级数，即级数中的正项和负项交错出现. **交错级数**的一般形式是

$$\pm(u_1-u_2+u_3-\cdots)=\pm\sum_{n=1}^{\infty}(-1)^{n-1}u_n\ ,\quad u_n>0\ .$$

只需讨论首项为正项的交错级数 $\sum_{n=1}^{\infty}(-1)^{n-1}u_n$（$u_n>0$）的敛散性，有如下判别法，称为**莱布尼茨判别法**.

定理 3.1　若交错级数 $\sum_{n=1}^{\infty}(-1)^{n-1}u_n$（$u_n>0$）满足条件:

(1) $u_n\geqslant u_{n+1}\ (n=1,2,3,\cdots)$，即 $\{u_n\}$ 单调减少;

(2) $\lim_{n\to\infty}u_n=0$,

则此交错级数收敛.

证明　先证 $\lim_{n\to\infty}S_{2n}$ 存在. 将交错级数的前 $2n$ 项的部分和 S_{2n} 写成如下两种形式

$$S_{2n}=(u_1-u_2)+(u_3-u_4)+\cdots+(u_{2n-1}-u_{2n}),$$

$$S_{2n}=u_1-(u_2-u_3)-(u_4-u_5)-\cdots-(u_{2n-2}-u_{2n-1})-u_{2n}.$$

由 $u_n\geqslant u_{n+1}(n=1,2,\cdots)$ 可知所有括号内的差均非负，前一式表明：数列 S_{2n} 是单调

增加的; 而后一式表明: $S_{2n} < u_1$，即数列 S_{2n} 有上界.

由于单调有界数列必有极限, 当 n 无限增大时, S_{2n} 趋向于某一常数 S，并且 $S \leqslant u_1$，即 $\lim\limits_{n\to\infty} S_{2n} = S \leqslant u_1$.

再证明 $\lim\limits_{n\to\infty} S_{2n+1} = S$. 因为 $S_{2n+1} = S_{2n} + u_{2n+1}$，由 $\lim\limits_{n\to\infty} u_{2n+1} = 0$ 可知,

$$\lim_{n\to\infty} S_{2n+1} = \lim_{n\to\infty} S_{2n} + \lim_{n\to\infty} u_{2n+1} = S + 0 = S.$$

由于 $\lim\limits_{n\to\infty} S_{2n} = \lim\limits_{n\to\infty} S_{2n+1} = S$，即得 $\lim\limits_{n\to\infty} S_n = S$，因此交错级数收敛于 S，并且 $S \leqslant u_1$. □

例 3.1 判定交错级数 $\sum\limits_{n=1}^{\infty} (-1)^{n-1} \dfrac{1}{n} = 1 - \dfrac{1}{2} + \dfrac{1}{3} - \dfrac{1}{4} + \cdots$ 的敛散性.

解 该级数为交错级数, 且 $u_n = \dfrac{1}{n}$，显然满足条件 $u_n > u_{n+1}$ 和 $\lim\limits_{n\to\infty} u_n = 0$，根据莱布尼茨判别法可知, 该级数收敛.

例 3.2 证明交错级数 $\sum\limits_{n=1}^{\infty} (-1)^{n-1} \dfrac{1}{\ln(n+1)}$ 收敛.

证明 该级数为交错级数, 且 $u_n = \dfrac{1}{\ln(n+1)}$，由于 $\dfrac{1}{\ln(n+1)} > \dfrac{1}{\ln(n+2)}$，并且 $\lim\limits_{n\to\infty} u_n = \lim\limits_{n\to\infty} \dfrac{1}{\ln(n+1)} = 0$，根据莱布尼茨判别法知, 该级数收敛. □

11.3.2 绝对收敛和条件收敛

要讨论任意项级数的敛散性, 需要引入两个概念——级数的绝对收敛和条件收敛.

设有任意项级数 $\sum\limits_{n=1}^{\infty} u_n = u_1 + u_2 + u_3 + \cdots$，把该级数的各项取绝对值所成级数 $\sum\limits_{n=1}^{\infty} |u_n|$ 称为级数 $\sum\limits_{n=1}^{\infty} u_n$ 的**绝对值级数**.

定理 3.2 若绝对值级数 $\sum\limits_{n=1}^{\infty} |u_n|$ 收敛, 则 $\sum\limits_{n=1}^{\infty} u_n$ 收敛.

证明 令 $v_n = \dfrac{1}{2}(u_n + |u_n|)(n = 1, 2, \cdots)$，由于 $-|u_n| \leqslant u_n \leqslant |u_n|$，则 $0 \leqslant v_n \leqslant |u_n|$. 再由已知 $\sum\limits_{n=1}^{\infty} |u_n|$ 收敛, 根据比较判别法可知, 正项级数 $\sum\limits_{n=1}^{\infty} v_n$ 收敛, 从而 $\sum\limits_{n=1}^{\infty} 2v_n$ 亦收敛.

另一方面，由于$u_n = 2v_n - |u_n|$，根据11.1节级数的性质2可知级数

$$\sum_{n=1}^{\infty} u_n = \sum_{n=1}^{\infty} (2v_n - |u_n|)$$

收敛. □

定理3.2的作用在于，将判定任意项级数的敛散性问题转化为判定正项级数的敛散性问题. 需要注意的是，该定理的逆命题不成立，即由$\sum_{n=1}^{\infty} u_n$收敛，不能推出$\sum_{n=1}^{\infty} |u_n|$也收敛. 例如，$\sum_{n=1}^{\infty} (-1)^{n-1}\frac{1}{n}$收敛，但$\sum_{n=1}^{\infty}\frac{1}{n}$发散.

定义 3.1 如果绝对值级数$\sum_{n=1}^{\infty} |u_n|$收敛，则称级数$\sum_{n=1}^{\infty} u_n$**绝对收敛**；如果绝对值级数$\sum_{n=1}^{\infty} |u_n|$发散，而级数$\sum_{n=1}^{\infty} u_n$收敛，则称级数$\sum_{n=1}^{\infty} u_n$**条件收敛**.

例如，级数$\sum_{n=1}^{\infty} (-1)^{n-1}\frac{1}{n}$是条件收敛的，而级数$\sum_{n=1}^{\infty} (-1)^{n-1}\frac{1}{n^2}$是绝对收敛的.

例 3.3 判别下列级数的敛散性，并对收敛级数指明其为绝对收敛的还是条件收敛的：

(1) $\sum_{n=1}^{\infty} \frac{\sin(n\alpha)}{n^2}$ (α为实数)； (2) $\sum_{n=1}^{\infty} (-1)^{n-1}\frac{1}{\ln(n+1)}$； (3) $\sum_{n=1}^{\infty} (-1)^{n-1}\sin\frac{\pi}{2n}$.

解 (1) 先考虑绝对值级数$\sum_{n=1}^{\infty} \left|\frac{\sin(n\alpha)}{n^2}\right|$的敛散性，由于$\left|\frac{\sin(n\alpha)}{n^2}\right| \leqslant \frac{1}{n^2}$，且级数$\sum_{n=1}^{\infty}\frac{1}{n^2}$收敛可知，绝对值级数$\sum_{n=1}^{\infty} \left|\frac{\sin(n\alpha)}{n^2}\right|$收敛，从而级数$\sum_{n=1}^{\infty} \left|\frac{\sin(n\alpha)}{n^2}\right|$收敛，并为绝对收敛.

(2) 先考虑绝对值级数$\sum_{n=1}^{\infty} \left|(-1)^{n-1}\frac{1}{\ln(n+1)}\right| = \sum_{n=1}^{\infty}\frac{1}{\ln(n+1)}$的敛散性. 根据不等式$\ln(1+x) < x, x > 0$可知，$\frac{1}{\ln(1+n)} > \frac{1}{n}$，根据比较判别法可知，该绝对值级数$\sum_{n=1}^{\infty} \left|(-1)^{n-1}\frac{1}{\ln(n+1)}\right|$发散，故所给级数不是绝对收敛的. 由于例3.2中已经证明所给级数是收敛的，故此级数为条件收敛的.

(3) 先考虑绝对值级数$\sum_{n=1}^{\infty} \left|(-1)^{n-1}\sin\frac{\pi}{2n}\right| = \sum_{n=1}^{\infty}\sin\frac{\pi}{2n}$，由于$\lim_{n\to\infty}\frac{\sin\frac{\pi}{2n}}{\frac{\pi}{2n}} = 1$，而级

数 $\sum_{n=1}^{\infty}\frac{\pi}{2n}$ 发散, 故绝对值级数 $\sum_{n=1}^{\infty}\left|(-1)^{n-1}\sin\frac{\pi}{2n}\right|$ 发散, 因此所给级数不是绝对收敛的. 由于所给级数是交错级数, 并且满足莱布尼茨判别法的两个条件, 因此所给级数收敛, 并且为条件收敛的.

一般来说, 如果级数 $\sum_{n=1}^{\infty}|u_n|$ 发散, 我们不能判定级数 $\sum_{n=1}^{\infty}u_n$ 也发散. 但是, 若用比值判别法或根值判别法判定出 $\sum_{n=1}^{\infty}|u_n|$ 发散, 则能肯定 $\sum_{n=1}^{\infty}u_n$ 必定发散. 下面的定理证明了这一事实.

定理 3.3 设级数 $\sum_{n=1}^{\infty}u_n$ 为任意项级数, 如果 $\lim_{n\to\infty}\left|\frac{u_{n+1}}{u_n}\right|=\rho$ 或 $\lim_{n\to\infty}\sqrt[n]{|u_n|}=\rho$, 当 $\rho>1$ 时, 不仅级数 $\sum_{n=1}^{\infty}|u_n|$ 发散, 且级数 $\sum_{n=1}^{\infty}u_n$ 也发散.

证明 只证明 $\lim_{n\to\infty}\left|\frac{u_{n+1}}{u_n}\right|=\rho$ 的情形, 对于 $\lim_{n\to\infty}\sqrt[n]{|u_n|}=\rho$ 的情形同理可证.

当 $\rho>1$ 时, $\exists\varepsilon_0>0$, 当 n 充分大时, 有 $\left|\frac{u_{n+1}}{u_n}\right|>\rho-\varepsilon_0>1$, 进而

$$|u_{n+1}|>|u_n|,$$

所以 $\lim_{n\to\infty}|u_n|\neq 0$, 从而 $\lim_{n\to\infty}u_n\neq 0$, 因此 $\sum_{n=1}^{\infty}u_n$ 发散. □

例 3.4 判别级数 $\sum_{n=1}^{\infty}(-1)^n\frac{1}{2^n}\left(1+\frac{1}{n}\right)^{n^2}$ 的敛散性.

解 该级数的绝对值级数为 $\sum_{n=1}^{\infty}\left|(-1)^n\frac{1}{2^n}\left(1+\frac{1}{n}\right)^{n^2}\right|=\sum_{n=1}^{\infty}\frac{1}{2^n}\left(1+\frac{1}{n}\right)^{n^2}$. 由于

$$\lim_{n\to\infty}\sqrt[n]{\frac{1}{2^n}\left(1+\frac{1}{n}\right)^{n^2}}=\lim_{n\to\infty}\frac{\left(1+\frac{1}{n}\right)^n}{2}=\frac{\mathrm{e}}{2}>1,$$

因此根据根值判别法可知, 绝对值级数 $\sum_{n=1}^{\infty}\left|(-1)^n\frac{1}{2^n}\left(1+\frac{1}{n}\right)^{n^2}\right|$ 发散, 由定理 3.3 可知, 所给级数发散.

习题 11.3

习题 11.3 解答

1. 判断下列级数是否收敛, 若收敛指出是绝对收敛还是条件收敛:

(1) $\sum\limits_{n=1}^{\infty}\dfrac{(-1)^{n-1}}{\sqrt{n}}$;　　(2) $\sum\limits_{n=1}^{\infty}(-1)^{n-1}\dfrac{2n-1}{2^n}$;

(3) $\sum\limits_{n=1}^{\infty}(-1)^{n-1}\sin\dfrac{\pi}{n+1}$;　　(4) $\sum\limits_{n=1}^{\infty}(-1)^{n-1}\dfrac{n}{10n-1}$;

(5) $\sum\limits_{n=1}^{\infty}(-1)^{n-1}\dfrac{n}{2^n}$;　　(6) $\sum\limits_{n=1}^{\infty}(-1)^{n}\dfrac{\sqrt{n}}{n-1}$;

(7) $\sum\limits_{n=1}^{\infty}(-1)^{n}\dfrac{k+n}{n^2}$;　　(8) $\sum\limits_{n=1}^{\infty}\left[\dfrac{\sin(n\alpha)}{n^2}-\dfrac{1}{\sqrt{n}}\right]$.

2. 判断下列级数的敛散性:

(1) $\sum\limits_{n=1}^{\infty}\sqrt{\dfrac{n}{2n+1}}$;　　(2) $\sum\limits_{n=1}^{\infty}\dfrac{n}{1+n^2}$;

(3) $\sum\limits_{n=1}^{\infty}\dfrac{1}{\sqrt{n(n^2+1)}}$;　　(4) $\dfrac{3}{4}+2\left(\dfrac{3}{4}\right)^2+3\left(\dfrac{3}{4}\right)^3+\cdots$;

(5) $\sum\limits_{n=1}^{\infty}\dfrac{3^n}{2^n n!}$;　　(6) $\sum\limits_{n=2}^{\infty}\dfrac{(-1)^n}{n-\ln n}$.

3. 设常数 $a>0$, 级数 $\sum\limits_{n=1}^{\infty}(-1)^n\left(1-\cos\dfrac{a}{n}\right)$ 的敛散性为(　　).

(A) 发散;　　(B) 绝对收敛;　　(C) 条件收敛;　　(D) 收敛性与 a 有关.

11.4　幂　级　数

11.4.1　函数项级数的概念

设定义在区间 I 上的函数列

$$u_1(x), u_2(x), \cdots, u_n(x), \cdots,$$

由此函数列构成的表达式

$$\sum_{n=1}^{\infty}u_n(x)=u_1(x)+u_2(x)+\cdots+u_n(x)+\cdots \tag{1}$$

称作定义在区间 I 上的**函数项级数**.

对于确定的值 $x_0\in I$, 函数项级数 (1) 成为常数项级数

$$\sum_{n=1}^{\infty}u_n(x_0)=u_1(x_0)+u_2(x_0)+\cdots+u_n(x_0)+\cdots, \tag{2}$$

若(2)收敛, 则称点 x_0 是函数项级数(1)的**收敛点**; 若(2)发散, 则称点 x_0 是函数项级数(1)的**发散点**; 函数项级数的所有收敛点的全体称为它的**收敛域**; 函数项级数的所有发散点的全体称为它的**发散域**.

定义 4.1 当 x 为收敛域中的点时, 函数项级数 $\sum_{n=1}^{\infty} u_n(x)$ 的前 n 项和记作 $S_n(x)$, 有 $\lim_{n\to\infty} S_n(x) = S(x)$, 称 $S(x)$ 为函数项级数 $\sum_{n=1}^{\infty} u_n(x)$ 的**和函数**, 即 $S(x) = \sum_{n=1}^{\infty} u_n(x)$.

例 4.1 由于等比级数 $\sum_{n=1}^{\infty} x^{n-1} = 1 + x + x^2 + \cdots$ 的部分和为

$$S_n(x) = \sum_{k=1}^{n} x^{k-1} = \begin{cases} \dfrac{1-x^n}{1-x}, & x \neq 1, \\ n, & x = 1. \end{cases}$$

故当 $|x|<1$ 时, $S(x) = \lim_{n\to\infty} S_n(x) = \dfrac{1}{1-x}$, 级数收敛; 当 $|x| \geqslant 1$ 时, $\lim_{n\to\infty} S_n(x)$ 不存在, 级数发散. 因此级数 $\sum_{n=1}^{\infty} x^{n-1}$ 的收敛域为 $|x|<1$, 其和函数为 $\dfrac{1}{1-x}$, 记作

$$\sum_{n=1}^{\infty} x^{n-1} = \frac{1}{1-x} \quad (|x|<1).$$

11.4.2 幂级数及其收敛域

幂级数是最常见的一类函数项级数, 它的一般形式是

$$a_0 + a_1(x-x_0) + a_2(x-x_0)^2 + \cdots + a_n(x-x_0)^n + \cdots \tag{3}$$

或

$$a_0 + a_1 x + a_2 x^2 + \cdots + a_n x^n + \cdots, \tag{4}$$

其中 x_0 是数轴上的一个固定点, 常数 $a_0, a_1, \cdots, a_n, \cdots$ 被称作幂级数**系数**. (3)式是幂级数的**一般形式**, (4)式是幂级数的**标准形式**, 作变量代换 $t = x - x_0$ 可以把(3)式化为(4)式的形式.

因此在下述讨论中, 如不作特殊说明, 我们用幂级数(4)式作为讨论的对象. 以下我们主要来讨论幂级数 $\sum_{n=0}^{\infty} a_n x^n$ 的收敛域. 显然当 $x=0$ 时, 幂级数 $\sum_{n=0}^{\infty} a_n x^n$ 收敛于 a_0, 这说明幂级数的收敛域总是非空的, 事实上幂级数的收敛域的结构特别

简单, 可以表示为一个区间. 下面的定理证明了这个事实.

定理 4.1 (阿贝尔(Abel)定理) 设有幂级数 $\sum_{n=0}^{\infty} a_n x^n$,

(1) 若 $x = x_0 (x_0 \neq 0)$ 时, 该幂级数收敛, 则当 $|x| < |x_0|$ 时, 幂级数绝对收敛;

(2) 若 $x = x_0$ 时, 该幂级数发散, 则当 $|x| > |x_0|$ 时, 幂级数也发散.

证明 (1) 若 $\sum_{n=0}^{\infty} a_n x_0^n$ 收敛, 则 $\lim_{n\to\infty} a_n x_0^n = 0$, 故数列 $\{a_n x_0^n\}$ 必有界, 即存在正数 $M > 0$, 对于任意 n, 有 $|a_n x_0^n| < M$.

对于常数项级数 $\sum_{n=0}^{\infty} a_n x_0^n$ 的绝对值级数 $\sum_{n=0}^{\infty} |a_n x_0^n|$, 由于

$$|a_n x^n| = |a_n x_0^n| \left|\frac{x}{x_0}\right|^n < M \left|\frac{x}{x_0}\right|^n,$$

而等比级数 $\sum_{n=0}^{\infty} M \left|\frac{x}{x_0}\right|^n$, 当 $|x| < |x_0|$ 时收敛, 由比较判别法可知, $\sum_{n=0}^{\infty} |a_n x^n|$ 也收敛, 即 $\sum_{n=0}^{\infty} a_n x^n$ 绝对收敛.

(2) 利用反证法证明. 若幂级数 $\sum_{n=0}^{\infty} a_n x^n$ 当 $x = x_0$ 时发散, 而有一点 x_1 满足 $|x_1| > |x_0|$, 使得幂级数收敛, 根据该定理的(1)可知, 幂级数在 $x=x_0$ 处也收敛, 这与已知矛盾. □

阿贝尔定理的结论表明, 如果幂级数在 $x = x_0 \neq 0$ 处收敛, 则可断定对于开区间 $(-|x_0|, |x_0|)$ 内的任何 x, 幂级数必收敛; 若已知幂级数在点 x_1 处发散, 则可断定在闭区间 $[-|x_1|, |x_1|]$ 外的任何 x, 幂级数必发散. 这样, 如果幂级数在数轴上既有收敛点(不仅是原点)也有发散点时, 从数轴的原点出发沿数轴正向走去, 最初只遇到收敛点, 越过一个分界点 P 后, 就只遇到发散点, 这个分界点可能是收敛点, 也可能是发散点. 从原点出发沿数轴反向走出的情况也是一样的,最初只遇到收敛点, 越过一个分界点 P' 后, 就只遇到发散点, 且两个分界点是关于原点对称的.

根据以上的直观分析, 可以得到以下重要结论:

推论 1 如果幂级数 $\sum_{n=0}^{\infty} a_n x^n$ 不是仅在 $x = 0$ 一点收敛, 也不是在整个数轴上都收敛, 则必存在一个完全确定的正数 R, 使得

(1) 在区间 $(-R, R)$ 内, 幂级数 $\sum_{n=0}^{\infty} a_n x^n$ 绝对收敛;

(2) 在区间 $(-\infty,-R)$ 和 $(R,+\infty)$ 内，幂级数 $\sum_{n=0}^{\infty}a_nx^n$ 发散;

(3) 在区间的端点 $x=\pm R$ 处，幂级数 $\sum_{n=0}^{\infty}a_nx^n$ 可能收敛也可能发散.

上述推论中的正数 R 被称为幂级数 $\sum_{n=0}^{\infty}a_nx^n$ 的**收敛半径**，$(-R,R)$ 被称为幂级数的**收敛区间**，幂级数的收敛域是收敛区间 $(-R,R)$ 与收敛端点的并集. 当幂级数只在点 $x=0$ 处收敛时，规定其收敛半径为 $R=0$，收敛域为 $x=0$；当幂级数对于任意 $x\in(-\infty,+\infty)$ 都收敛时，规定其收敛半径为 $R=+\infty$，此时收敛域为 $(-\infty,+\infty)$.

我们可以用下面的定理求出幂级数的收敛半径.

定理 4.2 对于幂级数 $\sum_{n=0}^{\infty}a_nx^n$，如果该幂级数所有项的系数 $a_n\neq 0$，设 $\lim_{n\to\infty}\frac{|a_{n+1}|}{|a_n|}=\rho$，则

(1) 当 $\rho=0$ 时，$R=+\infty$；

(2) 当 $\rho\neq 0$ 时，$R=\frac{1}{\rho}$；

(3) 当 $\rho=+\infty$ 时，$R=0$.

证明 考察绝对值级数 $\sum_{n=0}^{\infty}|a_nx^n|$，

$$\lim_{n\to\infty}\frac{|a_{n+1}x^{n+1}|}{|a_nx^n|}=\lim_{n\to\infty}\frac{|a_{n+1}|}{|a_n|}|x|=\rho|x|.$$

(1) 当 $\rho=0$ 时，则对于一切实数 x，$\lim_{n\to\infty}\frac{|a_{n+1}x^{n+1}|}{|a_nx^n|}=0$，故由比值判别法可知，幂级数 $\sum_{n=0}^{\infty}a_nx^n$ 绝对收敛，因此 $R=+\infty$.

(2) 当 $\rho\neq 0$ 时，则由比值判别法可知，当 $\rho|x|<1$ 时，即 $|x|<\frac{1}{\rho}$ 时，幂级数 $\sum_{n=0}^{\infty}a_nx^n$ 绝对收敛；当 $\rho|x|>1$ 时，即 $|x|>\frac{1}{\rho}$ 时，绝对值级数 $\sum_{n=0}^{\infty}|a_nx^n|$ 发散，根据定理 3.3 可知幂级数 $\sum_{n=0}^{\infty}a_nx^n$ 发散. 因此 $R=\frac{1}{\rho}$.

(3) 当 $\rho=+\infty$ 时，则除了在 $x=0$ 这一点以外，按前面方法可证得：当 n 充分大

以后有 $\left|a_{n+1}x^{n+1}\right| > \left|a_n x^n\right|$，即可知 $a_n x^n$ 不趋于零，因此幂级数 $\sum_{n=0}^{\infty} a_n x^n$ 发散,故此时幂级数 $\sum_{n=0}^{\infty} a_n x^n$ 仅在 $x=0$ 处收敛，即 $R=0$. □

求出幂级数的收敛半径 R 后，当 R 为正数时，进一步讨论幂级数在区间端点 $x=\pm R$ 处的敛散性，从而确定幂级数的收敛域.

例 4.2 求幂级数 $\sum_{n=1}^{\infty}(-1)^{n-1}\dfrac{x^n}{n}$ 的收敛半径与收敛域.

解 $\rho=\lim\limits_{n\to\infty}\left|\dfrac{a_{n+1}}{a_n}\right|=\lim\limits_{n\to\infty}\dfrac{\frac{1}{n+1}}{\frac{1}{n}}=\lim\limits_{n\to\infty}\dfrac{n}{n+1}=1$，由定理 4.2 可知，幂级数的收敛半径 $R=\dfrac{1}{\rho}=1$，因此幂级数在区间 $(-1,1)$ 内收敛．当 $x=1$ 时，幂级数化为 $\sum_{n=1}^{\infty}(-1)^{n-1}\dfrac{1}{n}$，其为交错级数，根据莱布尼茨判别法可知，该级数收敛．当 $x=-1$ 时，幂级数化为 $\sum_{n=1}^{\infty}(-1)^{n-1}\dfrac{(-1)^n}{n}=-\sum_{n=1}^{\infty}\dfrac{1}{n}$，该级数发散．故所给的幂级数的收敛域为 $(-1,1]$.

例 4.3 求幂级数 $\sum_{n=0}^{\infty}\dfrac{x^n}{n!}$ 的收敛半径与收敛域.

解 $\rho=\lim\limits_{n\to\infty}\left|\dfrac{a_{n+1}}{a_n}\right|=\lim\limits_{n\to\infty}\dfrac{\frac{1}{(n+1)!}}{\frac{1}{n!}}=\lim\limits_{n\to\infty}\dfrac{1}{n+1}=0$，由定理 4.2 可知，幂级数的收敛半径为 $R=\infty$,即所给级数的收敛域为 $(-\infty,+\infty)$.

例 4.4 求幂级数 $\sum_{n=0}^{\infty} n!x^n$ 的收敛半径与收敛域.

解 $\rho=\lim\limits_{n\to\infty}\left|\dfrac{a_{n+1}}{a_n}\right|=\lim\limits_{n\to\infty}\dfrac{(n+1)!}{n!}=\lim\limits_{n\to\infty}(n+1)=+\infty$，由定理 4.2 可知，幂级数的收敛半径为 $R=0$,即所给幂级数仅在 $x=0$ 处收敛.

例 4.5 求幂级数 $\sum_{n=0}^{\infty}(-1)^n\dfrac{1}{2n+1}\cdot\dfrac{(x-1)^{2n}}{3^n}$ 的收敛域.

解 令 $t=x-1$，原幂级数可以化为标准形式：$\sum_{n=0}^{\infty}(-1)^n\dfrac{1}{2n+1}\cdot\dfrac{t^{2n}}{3^n}$，该幂级数只含有 t 的偶次幂可知 ρ 不存在，故无法利用定理 4.2 求其收敛半径和收敛域．为

此, 我们先考虑该幂级数的绝对值级数

$$\sum_{n=0}^{\infty}\left|(-1)^n\frac{1}{2n+1}\cdot\frac{t^{2n}}{3^n}\right|=\sum_{n=0}^{\infty}\frac{1}{2n+1}\cdot\frac{t^{2n}}{3^n}.$$

根据比值判别法, 由于

$$\lim_{n\to\infty}\frac{\dfrac{1}{2n+3}\cdot\dfrac{t^{2n+2}}{3^{n+1}}}{\dfrac{1}{2n+1}\cdot\dfrac{t^{2n}}{3^n}}=\lim_{n\to\infty}\frac{2n+1}{2n+3}\cdot\frac{t^2}{3}=\frac{t^2}{3},$$

当$\dfrac{t^2}{3}<1$时, 即当$-\sqrt{3}<t<\sqrt{3}$时, 幂级数收敛; 当$t<-\sqrt{3}$或$t>\sqrt{3}$时, 幂级数发散; 当$t=\pm\sqrt{3}$时, 幂级数化为$\sum\limits_{n=0}^{\infty}(-1)^n\dfrac{1}{2n+1}$, 为收敛级数. 因此幂级数的收敛域为$t\in\left[-\sqrt{3},\sqrt{3}\right]$.

由$t=x-1$可知, 原幂级数的收敛域为$x\in\left[-\sqrt{3}+1,\sqrt{3}+1\right]$.

11.4.3 幂级数的性质

对于幂级数的下列性质, 我们均不予以证明.

1. 加、减运算

设幂级数$\sum\limits_{n=0}^{\infty}a_nx^n$及$\sum\limits_{n=0}^{\infty}b_nx^n$的收敛区间分别为$(-R_1,R_1)$与$(-R_2,R_2)$, 记$R=\min\{R_1,R_2\}$, 当$|x|<R$时, 有$\sum\limits_{n=0}^{\infty}(a_n\pm b_n)x^n$收敛, 且

$$\sum_{n=0}^{\infty}(a_n\pm b_n)x^n=\sum_{n=0}^{\infty}a_nx^n\pm\sum_{n=0}^{\infty}b_nx^n.$$

2. 幂级数的和函数具有下列性质

(1) 幂级数$\sum\limits_{n=0}^{\infty}a_nx^n$的和函数$S(x)$在其收敛域内连续.

(2) 幂级数$\sum\limits_{n=0}^{\infty}a_nx^n$的和函数$S(x)$在其收敛区间内可导, 且有逐项求导公式

$$S'(x)=\left(\sum_{n=0}^{\infty}a_nx^n\right)'=\sum_{n=0}^{\infty}(a_nx^n)'=\sum_{n=1}^{\infty}n\cdot a_nx^{n-1},$$

并且求导后所得的幂级数与$\sum\limits_{n=0}^{\infty}a_nx^n$具有相同的收敛半径.

(3) 幂级数$\sum\limits_{n=0}^{\infty}a_nx^n$的和函数$S(x)$在其收敛区间内可积, 且有逐项积分公式

$$\int_0^x S(t)\mathrm{d}t=\int_0^x\left(\sum_{n=0}^{\infty}a_nt^n\right)\mathrm{d}t=\sum_{n=0}^{\infty}\int_0^x a_nt^n\mathrm{d}t=\sum_{n=0}^{\infty}\frac{a_n}{n+1}x^{n+1},$$

并且求积分后所得的幂级数与$\sum\limits_{n=0}^{\infty}a_nx^n$具有相同的收敛半径.

例 4.6 证明两个常用的等式: 当$|x|<1$时,

(1) $1+2x+3x^2+\cdots+nx^{n-1}+\cdots=\dfrac{1}{(1-x)^2}$;

(2) $x+\dfrac{1}{2}x^2+\dfrac{1}{3}x^3+\cdots+\dfrac{1}{n}x^n+\cdots=-\ln(1-x)$.

证明 (1) 首先我们知道, 当$|x|<1$时,

$$\sum_{n=1}^{\infty}x^{n-1}=\frac{1}{1-x},$$

进一步在区间$(-1,1)$内, 对该幂级数逐项求导, 得

$$1+2x+3x^2+\cdots+nx^{n-1}+\cdots=\frac{1}{(1-x)^2},\quad |x|<1.$$

(2) 同理在区间$(-1,1)$内, 该幂级数也可以逐项积分, 得

$$\sum_{n=1}^{\infty}\int_0^x t^{n-1}\mathrm{d}t=\int_0^x\frac{1}{1-t}\mathrm{d}t,$$

从而

$$x+\frac{1}{2}x^2+\frac{1}{3}x^3+\cdots+\frac{1}{n}x^n+\cdots=-\ln(1-x),\quad |x|<1. \qquad \square$$

根据和函数的性质, 对于一个幂级数, 若它的收敛半径大于零, 则可以在它的收敛区间内进行逐项求导与逐项积分, 所得的级数仍然是幂级数, 其收敛半径

不变, 但是收敛区间的端点处的敛散性可能会发生改变, 应该重新判定.

例 4.7 求幂级数 $\sum_{n=0}^{\infty} nx^n$ 的和函数.

解 先求出此幂级数的收敛半径. 由于 $\rho = \lim_{n\to\infty}\left|\frac{a_{n+1}}{a_n}\right| = \lim_{n\to\infty}\frac{n+1}{n} = 1$, 可求得该幂级数的收敛半径 $R=1$.

当 $x\in(-1,1)$ 时,

$$\sum_{n=0}^{\infty} nx^n = x(1+2x+3x^2+\cdots+nx^{n-1}+\cdots) = \frac{x}{(1-x)^2}.$$

再由级数 $\sum_{n=0}^{\infty} nx^n$ 在 $x=\pm1$ 时发散可知

$$\sum_{n=1}^{\infty} nx^n = \frac{x}{(1-x)^2}, \quad x\in(-1,1).$$

例 4.8 求幂级数 $\sum_{n=1}^{\infty}\frac{(-1)^{n-1}}{n}x^n$ 的和函数.

解 先求出此幂级数的收敛半径, 由于 $\rho = \lim_{n\to\infty}\left|\frac{a_{n+1}}{a_n}\right| = \lim_{n\to\infty}\frac{\frac{1}{n+1}}{\frac{1}{n}} = 1$, 可求得幂级数的收敛半径为 $R=1$.

当 $|x|<1$ 时, 设幂级数的和函数为 $S(x)$, 即 $S(x)=\sum_{n=1}^{\infty}\frac{(-1)^{n-1}}{n}x^n$, 对此级数进行逐项求导, 可得

$$S'(x) = \sum_{n=1}^{\infty}(-x)^{n-1} = 1-x+x^2-x^3+\cdots, \quad x\in(-1,1).$$

由于当 $|x|<1$ 时, $\sum_{n=1}^{\infty}x^{n-1}=\frac{1}{1-x}$ 可知, $\sum_{n=1}^{\infty}(-x)^{n-1}=\frac{1}{1+x}$, 因此 $S'(x)=\frac{1}{1+x}$. 对上式从 0 到 x 积分, 得

$$\int_0^x S'(t)\mathrm{d}t = \int_0^x \frac{1}{1+t}\mathrm{d}t,$$

进而可得 $S(x)-S(0)=\ln(1+x)$, 再根据 $S(0)=0$, 可得 $S(x)=\ln(1+x)$, 当 $|x|<1$ 时.

显然当 $x=1$ 时，幂级数 $\sum_{n=1}^{\infty}\frac{(-1)^{n-1}}{n}x^n$ 收敛，从而 $S(x)$ 在 $x=1$ 处左连续，即 $\lim_{x\to1^-}S(x)=S(1)$，从而 $\lim_{x\to1^-}\ln(1+x)=\ln 2=\sum_{n=1}^{\infty}\frac{(-1)^{n-1}}{n}\cdot 1^n$；当 $x=-1$ 时，幂级数 $\sum_{n=1}^{\infty}\frac{(-1)^{n-1}}{n}x^n$ 发散，因此

$$\sum_{n=1}^{\infty}\frac{(-1)^{n-1}}{n}x^n=\ln(1+x),\quad x\in(-1,1].$$

例 4.9 求 $\sum_{n=1}^{\infty}\frac{n(n+1)}{2^n}$ 的和.

解 考虑幂级数 $\sum_{n=1}^{\infty}n(n+1)x^n$，可以求出其收敛半径为 $R=1$. 当 $|x|<1$ 时，设此幂级数的和函数为 $S(x)$，即

$$S(x)=\sum_{n=1}^{\infty}n(n+1)x^n=x\sum_{n=1}^{\infty}n(n+1)x^{n-1}=x\sum_{n=1}^{\infty}(x^{n+1})''$$
$$=x\left(\sum_{n=1}^{\infty}x^{n+1}\right)''=x\cdot\left(\frac{x^2}{1-x}\right)''=\frac{2x}{(1-x)^3}.$$

所求和式 $\sum_{n=1}^{\infty}\frac{n(n+1)}{2^n}$ 可以看作 $S\left(\frac{1}{2}\right)$，因此 $\sum_{n=1}^{\infty}\frac{n(n+1)}{2^n}=S\left(\frac{1}{2}\right)=8$.

习题 11.4

习题 11.4 解答

(A)

1. 求下列幂级数的收敛半径和收敛域.

(1) $\sum_{n=1}^{\infty}\frac{x^n}{(2n-1)!}$；　(2) $\sum_{n=1}^{\infty}nx^n$；　(3) $\sum_{n=1}^{\infty}\frac{2^n}{n^2+1}x^n$；

(4) $\sum_{n=1}^{\infty}(-1)^n\frac{x^{2n-1}}{2^{n-1}}$；　(5) $\sum_{n=1}^{\infty}\frac{2n-1}{2^n}x^{2n-2}$；　(6) $\sum_{n=1}^{\infty}\frac{(x-5)^n}{\sqrt{n}}$.

2. 利用逐项微分或逐项积分，求下列级数的和函数：

(1) $\sum_{n=1}^{\infty}\frac{x^{2n-1}}{2n-1}$；　(2) $\sum_{n=1}^{\infty}\frac{x^{4n+1}}{4n+1}$；　(3) $\sum_{n=1}^{\infty}\frac{x^n}{n+1}$；　(4) $\sum_{n=1}^{\infty}n(n+2)x^n$.

(B)

1. 求级数 $\sum_{n=1}^{\infty}n\left(\frac{1}{2}\right)^{n-1}$ 的和.

2. 求$\sum_{n=1}^{\infty}\frac{(-1)^n}{n}\left(\frac{x}{2x+1}\right)^n$的收敛域.

11.5 函数展开成幂级数

从11.4节的例题中可见，$\ln(1+x)=\sum_{n=1}^{\infty}\frac{(-1)^{n-1}}{n}x^n$，$x\in(-1,1]$. 利用此幂级数的前$n$项和可以近似计算函数$\ln(1+x)$的值. 对于一个函数$f(x)$，如果能找到一个幂级数，在其收敛区间内，其和函数等于$f(x)$，则称函数$f(x)$在该区间内能展开成幂级数. 下面来讨论在什么条件下函数$f(x)$能展开成幂级数.

在上册的3.4节中，我们已经得到，当$f(x)$在点x_0的某一邻域内具有$n+1$阶导数，则$f(x)$在该邻域内具有n阶泰勒公式

$$f(x)=f(x_0)+\frac{f'(x_0)}{1!}(x-x_0)+\cdots+\frac{f^{(n)}(x_0)}{n!}(x-x_0)^n+R_n(x), \tag{1}$$

其中拉格朗日余项$R_n(x)=\frac{f^{(n+1)}(\xi)}{(n+1)!}(x-x_0)^{n+1}$，$\xi$为介于$x_0$与$x$之间的某数.

若再满足$\lim\limits_{n\to\infty}R_n(x)=0$，将(1)式两边取极限得

$$\lim_{n\to\infty}f(x)=\lim_{n\to\infty}\left[\sum_{k=0}^{n}\frac{f^{(k)}(x_0)}{k!}(x-x_0)^k+R_n(x)\right],$$

即

$$f(x)=\sum_{k=0}^{\infty}\frac{f^{(k)}(x_0)}{k!}(x-x_0)^k.$$

我们把以上的结果归结为下面的定理.

定理 5.1 设函数$f(x)$在点x_0的某一邻域内的各阶导数都存在，且泰勒公式的余项$\lim\limits_{n\to\infty}R_n(x)=0$，则在此邻域内可以把函数$f(x)$展开成关于$x-x_0$的幂级数

$$f(x)=\sum_{k=0}^{\infty}\frac{f^{(k)}(x_0)}{k!}(x-x_0)^k. \tag{2}$$

(2)式右边的幂级数被称为函数$f(x)$在点$x=x_0$处的**泰勒级数**，其系数$\frac{f^{(k)}(x_0)}{k!}$称为函数$f(x)$的**泰勒级数的系数**. 特别地，当$x_0=0$时，$f(x)$的泰勒级

数 $\sum_{k=0}^{\infty}\frac{f^{(k)}(0)}{k!}x^k$，也被称为 $f(x)$ 的**麦克劳林级数**.

根据定理 5.1, 将函数 $f(x)$ 展开成麦克劳林级数可分为如下几步进行.

(1) 求出函数 $f(x)$ 的各阶导数及函数值

$$f(0), f'(0), f''(0), \cdots, f^{(n)}(0), \cdots.$$

若函数 $f(x)$ 在 $x=0$ 点的某阶导数不存在, 则函数不能展开成幂级数.

(2) 写出函数 $f(x)$ 的麦克劳林级数

$$f(0)+\frac{f'(0)}{1!}x+\frac{f''(0)}{2!}x^2+\cdots+\frac{f^{(n)}(0)}{n!}x^n+\cdots,$$

并求其收敛半径 R.

(3) 考察当 $x\in(-R,R)$ 时, 拉格朗日余项

$$R_n(x)=\frac{f^{(n+1)}(\xi)}{(n+1)!}(x-x_0)^{n+1}, \quad \xi \text{ 介于 } x_0 \text{ 与 } x \text{ 之间.}$$

当 $n\to\infty$ 时, 是否趋向于零. 若 $\lim\limits_{n\to\infty}R_n(x)=0$，则第 (2) 步写出的级数就是函数 $f(x)$ 展开的麦克劳林级数.

例 5.1 把函数 $f(x)=\mathrm{e}^x$ 展开成为麦克劳林级数.

解 求得 $f^{(n)}(x)=\mathrm{e}^x, f^{(n)}(0)=1\ (n=0,1,2,\cdots)$，于是得其麦克劳林级数 $1+\frac{x}{1!}+\frac{x^2}{2!}+\cdots+\frac{x^n}{n!}+\cdots$，而

$$\rho=\lim_{n\to\infty}\left|\frac{a_{n+1}}{a_n}\right|=\lim_{n\to\infty}\left|\frac{1}{(n+1)!}\bigg/\frac{1}{n!}\right|=\lim_{n\to\infty}\frac{1}{n+1}=0,$$

故其收敛半径为 $R=+\infty$.

对于任意取定的 $x\in(-\infty,+\infty)$，有

$$|R_n(x)|=\left|\frac{\mathrm{e}^{\xi}}{(n+1)!}\cdot x^{n+1}\right|\leqslant \mathrm{e}^{|x|}\cdot\frac{|x|^{n+1}}{(n+1)!}, \quad \xi \text{ 介于 } 0 \text{ 与 } x \text{ 之间,}$$

这里 $\mathrm{e}^{|x|}$ 是与 n 无关的有限数. 考虑辅助级数 $\sum_{n=1}^{\infty}\frac{|x|^{n+1}}{(n+1)!}$ 的敛散性, 根据比值判别法, 由于

$$\lim_{n\to\infty}\frac{u_{n+1}(x)}{u_n(x)}=\lim_{n\to\infty}\frac{|x|^{n+2}}{(n+2)!}\Big/\frac{|x|^{n+1}}{(n+1)!}=\lim_{n\to\infty}\frac{|x|}{n+2}=0<1,$$

故辅助级数收敛, 从而一般项趋向于零, 即 $\lim\limits_{n\to\infty}\frac{|x|^{n+1}}{(n+1)!}=0$. 因此,

$$\lim_{n\to\infty}R_n(x)=0.$$

因此 e^x 的幂级数展开式为

$$e^x=1+\frac{x}{1!}+\frac{x^2}{2!}+\cdots+\frac{x^n}{n!}+\cdots,\quad x\in(-\infty,+\infty).$$

例 5.2 将 $f(x)=\sin x$ 展开成麦克劳林级数.

解 可求得 $f^{(n)}(x)=\sin\left(x+\frac{n\pi}{2}\right)\ (n=1,2,\cdots)$, $f^{(n)}(0)$ 依次取值 $0,1,0,-1,\cdots$ $(n=0,1,2,\cdots)$. 可以得到 $f(x)$ 的麦克劳林级数

$$\frac{x}{1!}-\frac{x^3}{3!}+\frac{x^5}{5!}-\cdots+(-1)^n\frac{x^{2n+1}}{(2n+1)!}+\cdots,$$

由于 $\lim\limits_{n\to\infty}\left|\dfrac{(-1)^n\frac{x^{2n+1}}{(2n+1)!}}{(-1)^{n-1}\frac{x^{2n-1}}{(2n-1)!}}\right|=\lim\limits_{n\to\infty}\dfrac{|x|^2}{2n(2n+1)}=0<1$, 可知该级数的收敛区间为 $(-\infty,+\infty)$.

对于任意取定的 $x\in(-\infty,+\infty)$, 有

$$|R_n(x)|=\left|\frac{\sin\left(\xi+\frac{n+1}{2}\pi\right)}{(n+1)!}\cdot x^{n+1}\right|\leqslant\frac{|x|^{n+1}}{(n+1)!},\quad \xi\text{ 介于 }0\text{ 与 }x\text{ 之间}.$$

由于 $\lim\limits_{n\to\infty}\frac{|x|^{n+1}}{(n+1)!}=0$, 因此 $\lim\limits_{n\to\infty}R_n(x)=0$, 故可得到 $f(x)=\sin x$ 的幂级数展开式

$$\sin x=\frac{x}{1!}-\frac{x^3}{3!}+\frac{x^5}{5!}-\cdots+(-1)^n\frac{x^{2n+1}}{(2n+1)!}+\cdots,\quad x\in(-\infty,+\infty).$$

例 5.3 将 $f(x)=(1+x)^m$（$m\in\mathbf{R}$）展开成麦克劳林级数.

解 可求得 $f(x)$ 的各阶导数为 $f^{(n)}(x)=m(m-1)(m-2)\cdots(m-n+1)(1+x)^{m-n}$, $n=1,2,\cdots$, 所以 $f(0)=1$, $f^{(n)}(0)=m(m-1)\cdots(m-n+1)$, $n=1,2,\cdots$, 可得 $f(x)$ 的

麦克劳林级数为

$$1+mx+\frac{m(m-1)}{2!}x^2+\cdots+\frac{m(m-1)\cdots(m-n+1)}{n!}x^n+\cdots,$$

其收敛区间为$(-1,1)$.

要证明当$-1<x<1$时，$\lim\limits_{n\to\infty}R_n(x)=0$，但是证明起来相当地麻烦，下面我们另辟蹊径. 设$f(x)$的麦克劳林级数的和函数为$S(x)$，即

$$S(x)=1+mx+\frac{m(m-1)}{2!}x^2+\cdots+\frac{m(m-1)\cdots(m-n+1)}{n!}x^n+\cdots,\quad -1<x<1,$$

对上式进行逐项求导，得

$$S'(x)=m+m(m-1)x+\cdots+\frac{m(m-1)\cdots(m-n)}{n!}x^n+\cdots,$$

两边同时乘以x得

$$xS'(x)=mx+m(m-1)x^2+\cdots+\frac{m(m-1)\cdots(m-n+1)}{(n-1)!}x^n+\cdots,$$

把上面两式相加可得$(1+x)S'(x)=mS(x)$，进而$\dfrac{S'(x)}{S(x)}=\dfrac{m}{1+x}$，这是以$S(x)$为未知函数的可分离变量方程，可以解得$\ln S(x)=m\ln(1+x)+\ln C$，即$S(x)=C(1+x)^m$.

当$x=0$时，$S(0)=1$，故$C=1$，由此可得$S(x)=(1+x)^m$. 故可得以下展开式，当$-1<x<1$时，

$$(1+x)^m=1+mx+\frac{m(m-1)}{2!}x^2+\cdots+\frac{m(m-1)\cdots(m-n+1)}{n!}x^n+\cdots.$$

值得注意的是，在区间端点$x=\pm1$处，以上展开式是否成立要视m的取值而定，可以证明：当$m\leqslant-1$时，幂级数的收敛域为$(-1,1)$；当$-1<m<0$时，收敛域为$(-1,1]$；当$m>0$时，收敛域为$[-1,1]$.

易见函数$f(x)$的麦克劳林级数就是$f(x)$的关于x的幂级数. 如果$f(x)$能够展开成关于x的幂级数，那么其展开式是否唯一？其展开式是否就是$f(x)$的麦克劳林级数？下面的定理回答了这一问题.

定理 5.2 设函数$f(x)$在点$x_0=0$的某一邻域内的各阶导数都存在，且能展开成关于x的幂级数，那么此展开式的形式是唯一的，就是$f(x)$的麦克劳林级数.

证明 设 $f(x)$ 可以展开成麦克劳林级数

$$f(x)=f(0)+\frac{f'(0)}{1!}x+\frac{f''(0)}{2!}x^2+\cdots+\frac{f^{(n)}(0)}{n!}x^n+\cdots. \tag{3}$$

以及 $f(x)$ 还存在关于 x 的幂级数展开式为

$$f(x)=a_0+a_1x+a_2x^2+\cdots. \tag{4}$$

下面讨论幂级数展开式的系数 $a_0,a_1,a_2,\cdots$ 与麦克劳林级数的系数 $f(0),f'(0),f''(0),\cdots$ 之间的关系. 以 $x=0$ 代入(4)式可得 $a_0=f(0)$. 对(4)式两边求导得

$$f'(x)=a_1+2a_2x+3a_3x^2+\cdots,$$

以 $x=0$ 代入上式, 可得 $a_1=f'(0)$. 类似地, 我们可以得到

$$a_n=\frac{f^{(n)}(0)}{n!}\quad (n=0,1,2,\cdots).$$

此结果说明, $f(x)$ 的幂级数展开式是唯一的, 就是它的麦克劳林级数. □

唯一性定理对于求函数的幂级数展开式是很重要的, 只要我们求出一些基本函数的幂级数展开式后, 就可以通过变量代换或求导、求积分的方法求出一些比较复杂的函数的展开式, 这种方法被称为间接展开法. 间接展开法具有两个优点, 一是避免了求高阶导数与讨论余项是否为零的麻烦; 二是可以同时获得函数展开式与展开式的收敛区间, 不必再求幂级数的收敛区间.

例 5.4 将函数 $f(x)=\cos x$ 展开成关于 x 的幂级数.

解 对例 5.2 中所得到的展开式

$$\sin x=\frac{x}{1!}-\frac{x^3}{3!}+\frac{x^5}{5!}-\cdots+(-1)^n\frac{x^{2n+1}}{(2n+1)!}+\cdots,\quad x\in(-\infty,+\infty),$$

进行逐项求导可得

$$\cos x=1-\frac{x^2}{2!}+\frac{x^4}{4!}-\cdots+(-1)^n\frac{x^{2n}}{(2n)!}+\cdots,\quad x\in(-\infty,+\infty).$$

例 5.5 将函数 $f(x)=\mathrm{e}^{-x^2}$ 展开成关于 x 的幂级数.

解 由展开式 $\mathrm{e}^x=1+\frac{x}{1!}+\frac{x^2}{2!}+\cdots+\frac{x^n}{n!}+\cdots, x\in(-\infty,+\infty)$ 可得

$$f(x)=\mathrm{e}^{-x^2}=\sum_{n=0}^{\infty}\frac{(-1)^n\cdot x^{2n}}{n!},\quad x\in(-\infty,+\infty).$$

例 5.6 将函数 $f(x)=2^x$ 展开成关于 x 的幂级数.

解 由于 $f(x)=2^x=\mathrm{e}^{x\cdot\ln 2}$, 根据展开式

$$\mathrm{e}^x=1+\frac{x}{1!}+\frac{x^2}{2!}+\cdots+\frac{x^n}{n!}+\cdots,\quad x\in(-\infty,+\infty)$$

可得

$$f(x)=2^x=\mathrm{e}^{x\cdot\ln 2}=\sum_{n=0}^{\infty}\frac{(x\cdot\ln 2)^n}{n!}=\sum_{n=0}^{\infty}\frac{(\ln 2)^n}{n!}x^n,\qquad x\in(-\infty,+\infty).$$

例 5.7 将函数 $f(x)=\ln(1+x)$ 展开成 x 的幂级数.

解 可求得 $f'(x)=\dfrac{1}{1+x}$, 而

$$\frac{1}{1+x}=1-x+x^2-x^3+\cdots+(-1)^n x^n+\cdots\qquad(-1<x<1),$$

将上式从 0 到 x 逐项积分得

$$\ln(1+x)=x-\frac{x^2}{2}+\frac{x^3}{3}-\cdots+(-1)^n\frac{x^{n+1}}{n+1}+\cdots,$$

可以判定当 $x=1$ 时, 上式右侧的级数收敛; 当 $x=-1$ 时, 级数发散, 因此得到展开式

$$\ln(1+x)=x-\frac{x^2}{2}+\frac{x^3}{3}-\cdots+(-1)^n\frac{x^{n+1}}{n+1}+\cdots\qquad(-1<x\leqslant 1).$$

例 5.8 将函数 $f(x)=\dfrac{1}{x+1}$ 展开成关于 $x-3$ 的幂级数.

解 可作如下变形

$$f(x)=\frac{1}{x+1}=\frac{1}{4+(x-3)}=\frac{1}{4}\cdot\frac{1}{1+\dfrac{x-3}{4}}.$$

将展开式 $\dfrac{1}{1+x}=\sum\limits_{n=0}^{\infty}(-x)^n$, $x\in(-1,1)$ 中的 x 换作 $\dfrac{x-3}{4}$ 可得

$$f(x)=\frac{1}{x+1}=\frac{1}{4}\cdot\frac{1}{1+\dfrac{x-3}{4}}=\frac{1}{4}\cdot\sum_{n=0}^{\infty}(-1)^n\cdot\left(\frac{x-3}{4}\right)^n,$$

这里 $\left|\dfrac{x-3}{4}\right|<1$, 即 $-1<x<7$.

习题 11.5

习题 11.5 解答

(A)

1. 将下列函数展开成关于 x 的幂级数，并指出其收敛域：

(1) xe^x；　(2) 3^x；　(3) $\dfrac{1}{2-x^2}$；　(4) $\dfrac{x}{\sqrt{1+x^2}}$；

(5) $\sin^2 x$；　(6) $\ln(x+10)$；　(7) $\sqrt{x^5+4x^4}$；　(8) $\sin x\cdot\cos 2x$.

2. 将下列函数展开成关于 $(x-x_0)$ 的幂级数：

(1) $\dfrac{1}{x}$，$x_0=2$；　(2) $\dfrac{1}{x^2+4x+3}$，$x_0=1$；

(3) $\cos x$，$x_0=-\dfrac{\pi}{3}$；　(4) $\dfrac{3x}{x^2+x-2}$，$x_0=2$.

(B)

1. 将函数 $f(x)=\arctan\dfrac{1+x}{1-x}$ 展开成关于 x 的幂级数.

2. 将函数 $f(x)=\ln(x^2+3x+2)$ 展开成关于 x 的幂级数.

11.6　傅里叶级数

在自然界和工程问题中，常常遇到各种周期运动，例如弹簧振动、钟摆运动等等. 周期运动在数学上可以用周期函数来表示. 正弦、余弦函数是比较简单的周期函数，因此在研究周期函数时，往往要将周期函数用一系列正弦和余弦函数的和来表示，以便利用正弦和余弦函数的某些性质来研究周期函数，这一问题正是当时傅里叶研究热传导问题时遇到的. 傅里叶是法国科学院院士，对热传导方程很有研究. 他大胆地假设：所有周期函数都可以用级数

$$\frac{a_0}{2}+\sum_{n=1}^{\infty}(a_n\cos nx+b_n\sin nx) \tag{1}$$

来表示，并且巧妙地解决了这个问题，创立了著名的傅里叶级数理论.

我们把级数 (1) 称为**三角级数**，其中常数 $a_0, a_n, b_n\ (n=1,2,\cdots)$ 称为三角级数 (1) 的**系数**.

11.6.1　三角函数系的正交性

三角级数的各项是由三角函数 1，$\cos nx$，$\sin nx(n=1,2,\cdots)$ 所组成的. 函数系

$$1, \cos x, \sin x, \cos 2x, \sin 2x, \cdots, \cos nx, \sin nx, \cdots$$

称为三角函数系. 读者可以自行验证以下结论成立.

$$\begin{cases} \int_{-\pi}^{\pi} \cos nx \mathrm{d}x = 0, \\ \int_{-\pi}^{\pi} \sin nx \mathrm{d}x = 0 \end{cases} \quad (n = 1, 2, \cdots); \tag{2}$$

$$\begin{cases} \int_{-\pi}^{\pi} \cos mx \cdot \cos nx \mathrm{d}x = 0, \\ \int_{-\pi}^{\pi} \sin mx \cdot \sin nx \mathrm{d}x = 0 \end{cases} \quad (m \neq n, m, n = 1, 2, \cdots); \tag{3}$$

$$\int_{-\pi}^{\pi} \sin mx \cdot \cos nx \mathrm{d}x = 0 \quad (m, n = 1, 2, \cdots); \tag{4}$$

$$\begin{cases} \int_{-\pi}^{\pi} \cos^2 nx \mathrm{d}x = \pi, \\ \int_{-\pi}^{\pi} \sin^2 nx \mathrm{d}x = \pi \end{cases} \quad (n = 1, 2, \cdots). \tag{5}$$

公式(2)～(4)式表示三角函数系中任何两个不同的函数的乘积在区间$[-\pi, \pi]$上的积分等于零, 但自乘在区间$[-\pi, \pi]$上的积分不等于零. 我们称**三角函数系在$[-\pi, \pi]$上正交**. 三角函数系在$[-\pi, \pi]$上的正交性是傅里叶级数理论得以成功创立的重要基础.

11.6.2 傅里叶级数的定义

按傅里叶的最初设想, 先假定函数$f(x)$可以展开成一个收敛的三角级数, 即

$$f(x) = \frac{a_0}{2} + \sum_{n=1}^{\infty} (a_n \cos nx + b_n \sin nx), \tag{6}$$

接下来, 以此为基础, 讨论$f(x)$应具有的性质以及如何用$f(x)$来表示三角级数中的那些系数. 为此, 再假设$f(x)$在$[-\pi, \pi]$上可积且所讨论的级数可以逐项积分. 这样一来, 对(6)式两边同时积分, 并利用公式(2)便可依次得到

$$\int_{-\pi}^{\pi} f(x) \mathrm{d}x = \int_{-\pi}^{\pi} \frac{a_0}{2} \mathrm{d}x + \sum_{k=1}^{\infty} \left[\int_{-\pi}^{\pi} a_k \cos kx \mathrm{d}x + \int_{-\pi}^{\pi} b_k \sin kx \mathrm{d}x \right],$$

$$\int_{-\pi}^{\pi} f(x) \mathrm{d}x = \frac{a_0}{2} \times 2\pi = a_0 \pi,$$

$$a_0 = \frac{1}{\pi}\int_{-\pi}^{\pi} f(x)\mathrm{d}x . \tag{7}$$

再用 $\cos nx$ 乘以(6)式两边并在区间 $[-\pi, \pi]$ 上积分，得

$$\int_{-\pi}^{\pi} f(x)\cos nx\mathrm{d}x = \frac{a_0}{2}\int_{-\pi}^{\pi}\cos nx\mathrm{d}x + \sum_{k=1}^{\infty}\left[\int_{-\pi}^{\pi} a_k\cos kx\cos nx\mathrm{d}x + \int_{-\pi}^{\pi} b_k\sin kx\cos nx\mathrm{d}x\right]$$
$$= \int_{-\pi}^{\pi} a_n\cos^2 nx\mathrm{d}x = a_n\pi ,$$

即

$$a_n = \frac{1}{\pi}\int_{-\pi}^{\pi} f(x)\cos nx\mathrm{d}x \quad (n = 1, 2, \cdots) . \tag{8}$$

同理可得

$$b_n = \frac{1}{\pi}\int_{-\pi}^{\pi} f(x)\sin nx\mathrm{d}x \quad (n = 1, 2, \cdots) . \tag{9}$$

由公式(7)～(9)式所确定的常数 $a_0, a_n, b_n (n = 1, 2, \cdots)$ 称为 $f(x)$ 的**傅里叶系数**. 上述过程表明(7)～(9)式是(6)式成立的必要条件. 又因当(6)式成立时 $f(x)$ 必为以 2π 为周期的周期函数，因此，有如下定义.

定义 6.1 设 $f(x)$ 是以 2π 为周期的周期函数，且在 $[-\pi, \pi]$ 上可积. 如果三角级数 $\frac{a_0}{2} + \sum_{n=1}^{\infty}(a_n\cos nx + b_n\sin nx)$ 中的系数 $a_0, a_n, b_n (n = 1, 2, \cdots)$ 取为 $f(x)$ 的傅里叶系数，则称此三角级数为 $f(x)$ 的**傅里叶级数**，记为

$$f(x) \sim \frac{a_0}{2} + \sum_{n=1}^{\infty}(a_n\cos nx + b_n\sin nx) . \tag{10}$$

一个定义在 $(-\infty, +\infty)$ 上周期为 2π 的函数 $f(x)$，只要 $f(x)$ 在一个周期 $[-\pi, \pi]$ 上可积，则一定可以作出 $f(x)$ 的傅里叶级数. 问题是当 $f(x)$ 满足何种条件时，它的傅里叶级数收敛，并且在其收敛区间内，其和函数就等于 $f(x)$，换句话说，$f(x)$ 满足何种条件时，$f(x)$ 可以展开成它的傅里叶级数？下面的定理给出了此问题的答案.

11.6.3 傅里叶级数收敛定理——狄利克雷定理

定理 6.1 设 $f(x)$ 是周期为 2π 的周期函数，且在区间 $[-\pi, \pi]$ 上满足下面的狄

利克雷条件

(1) 连续或只有有限个第一类间断点;

(2) 只有有限个极值点,

则它的傅里叶级数(10)收敛, 并且它的和函数为

(1) $f(x)$, 当x为$f(x)$的连续点时;

(2) $\dfrac{f(x+0)+f(x-0)}{2}$, 当x为$f(x)$的间断点时, 即

$$\frac{a_0}{2}+\sum_{n=1}^{\infty}(a_n\cos nx+b_n\sin nx)=\begin{cases}f(x), & x\text{为}f(x)\text{的连续点},\\ \dfrac{f(x+0)+f(x-0)}{2}, & x\text{为}f(x)\text{的间断点}.\end{cases}$$

例 6.1 设$f(x)$是周期为2π的函数, 它在$[-\pi,\pi)$上的表达式为

$$f(x)=\begin{cases}-1, & -\pi\leqslant x<0,\\ 1, & 0\leqslant x<\pi.\end{cases}$$

将$f(x)$展开成傅里叶级数.

解 先计算$f(x)$的傅里叶系数, 由于$f(x)$和$f(x)\cdot\cos nx$是奇函数, 而$f(x)\cdot\sin nx$是偶函数, 因此

$$a_n=0\quad(n=0,1,2,\cdots),$$

$$b_n=\frac{2}{\pi}\int_0^{\pi}1\cdot\sin nx\mathrm{d}x=\frac{2}{n\pi}[1-(-1)^n]=\begin{cases}\dfrac{4}{n\pi}, & n\text{为奇数},\\ 0, & n\text{为偶数}.\end{cases}$$

把所求得$f(x)$的傅里叶系数代入三角级数$\dfrac{a_0}{2}+\sum\limits_{n=1}^{\infty}(a_n\cos nx+b_n\sin nx)$中, 可得$f(x)$的傅里叶级数为

$$f(x)\sim\frac{4}{\pi}\left[\sin x+\frac{1}{3}\sin 3x+\cdots+\frac{\sin(2k-1)x}{2k-1}+\cdots\right].$$

再来考虑$f(x)$何时可以展开成上面的傅里叶级数. 如图 11.2 所示, 所给函数$f(x)$满足狄利克雷条件, 并且此函数仅当$x=k\pi$(k为整数)不连续, 在其他点处均连续. 根据狄利克雷定理可知当$x\neq k\pi$时, $f(x)$的傅里叶级数收敛于$f(x)$, 即

$$f(x)=\frac{4}{\pi}\left[\sin x+\frac{1}{3}\sin 3x+\cdots+\frac{\sin(2k-1)x}{2k-1}+\cdots\right] \quad (x\neq 0,\pm\pi,\pm 2\pi,\cdots).$$

当 $x=k\pi$ 时，$f(x)$ 的傅里叶级数收敛于 $\frac{f(x+0)+f(x-0)}{2}=\frac{1+(-1)}{2}=0$.

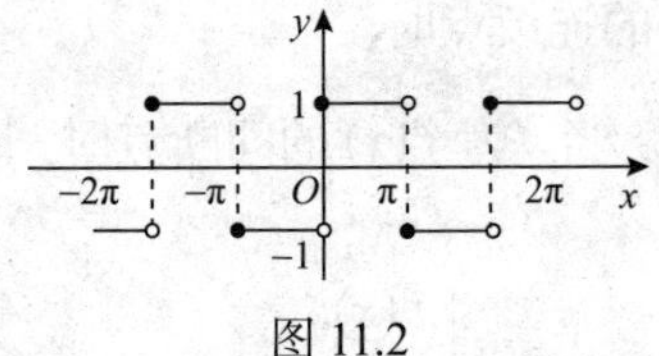

图 11.2

例 6.2 设 $f(x)$ 是周期为 2π 的函数，它在 $[-\pi,\pi)$ 上的表达式为

$$f(x)=\begin{cases}0, & -\pi\leqslant x<0,\\ x, & 0\leqslant x<\pi.\end{cases}$$

将 $f(x)$ 展开成傅里叶级数.

解 先计算级数 $f(x)$ 的傅里叶系数.

$$a_0=\frac{1}{\pi}\int_{-\pi}^{\pi}f(x)\mathrm{d}x=\frac{1}{\pi}\int_0^{\pi}x\mathrm{d}x=\frac{\pi}{2},$$

$$a_n=\frac{1}{\pi}\int_{-\pi}^{\pi}f(x)\cos nx\mathrm{d}x=\frac{1}{\pi}\int_0^{\pi}x\cos nx\mathrm{d}x=\frac{1}{\pi}\left[\left.\frac{x\sin nx}{n}\right|_0^{\pi}-\frac{1}{n}\int_0^{\pi}\sin nx\mathrm{d}x\right]$$

$$=\frac{1}{n\pi}\cdot\left.\frac{\cos nx}{n}\right|_0^{\pi}=\begin{cases}-\frac{2}{n^2\pi}, & n\text{为奇数},\\ 0, & n\text{为偶数}.\end{cases}$$

$$b_n=\frac{1}{\pi}\int_{-\pi}^{\pi}f(x)\sin nx\mathrm{d}x=\frac{1}{\pi}\int_0^{\pi}x\sin nx\mathrm{d}x=\frac{1}{\pi}\left[\left.-\frac{x\cos nx}{n}\right|_0^{\pi}+\frac{1}{n}\int_0^{\pi}\cos nx\mathrm{d}x\right]$$

$$=-\frac{\pi}{n\pi}\cos n\pi=\begin{cases}\frac{1}{n}, & n\text{为奇数},\\ -\frac{1}{n}, & n\text{为偶数}.\end{cases}$$

把所求得 $f(x)$ 的傅里叶系数代入三角级数 $\frac{a_0}{2}+\sum_{n=1}^{\infty}(a_n\cos nx+b_n\sin nx)$，可得 $f(x)$ 的傅里叶级数为

$$f(x)\sim\frac{\pi}{4}-\frac{2}{\pi}\left(\frac{\cos x}{1^2}+\frac{\cos 3x}{3^2}+\cdots\right)+\left(\frac{\sin x}{1}-\frac{\sin 2x}{2}+\cdots\right).$$

再来考虑 $f(x)$ 何时可以展开成上面的傅里叶级数. 如图 11.3 所示, 所给函数 $f(x)$ 满足狄利克雷条件, 并且此函数仅在 $x=(2k-1)\pi$ (k 为整数)处不连续, 在其他点处均连续. 根据狄利克雷定理可知当 $x\neq(2k-1)\pi$ 时, $f(x)$ 的傅里叶级数收敛于 $f(x)$, 即

$$f(x)=\frac{\pi}{4}-\frac{2}{\pi}\left(\frac{\cos x}{1^2}+\frac{\cos 3x}{3^2}+\cdots\right)+\left(\frac{\sin x}{1}-\frac{\sin 2x}{2}+\cdots\right),\quad x\neq\pm\pi,\pm 3\pi,\cdots.$$

当 $x=(2k-1)\pi$ 时, $f(x)$ 的傅里叶级数收敛于

$$\frac{f(x+0)+f(x-0)}{2}=\frac{0+\pi}{2}=\frac{\pi}{2}.$$

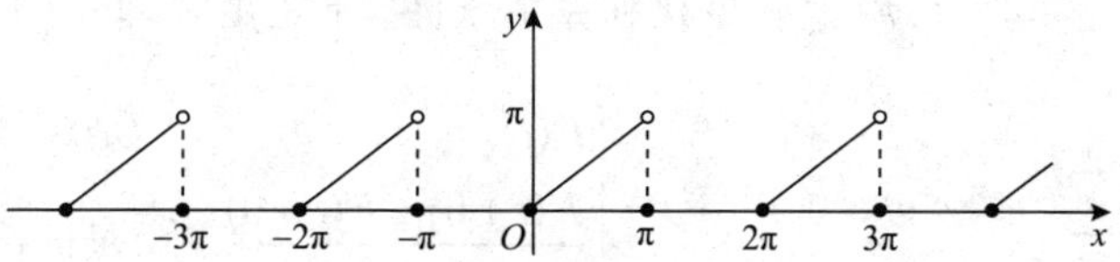

图 11.3

11.6.4 周期为 $2l$ 的周期函数的傅里叶级数

前面已经讨论了周期为 2π 的函数如何展开成傅里叶级数, 但是在实际中所遇到的周期函数常常是周期为 $2l(l\neq\pi)$ 的函数, 下面讨论这种函数的级数展开问题. 由于函数的周期不再是 2π, 故以前关于傅里叶级数的定义也不再适用, 自然, 狄利克雷条件也需要进行相应的调整. 故首先有

定义 6.2 设 $f(x)$ 是以 $2l$ 为周期的函数, 且在 $[-l,l]$ 上可积, 则称

$$\frac{a_0}{2}+\sum_{n=1}^{\infty}\left(a_n\cos\frac{n\pi x}{l}+b_n\sin\frac{n\pi x}{l}\right)$$

为 $f(x)$ 的**傅里叶级数**, 记为

$$f(x)\sim\frac{a_0}{2}+\sum_{n=1}^{\infty}\left(a_n\cos\frac{n\pi x}{l}+b_n\sin\frac{n\pi x}{l}\right),$$

其中

$$a_n=\frac{1}{l}\int_{-l}^{l}f(x)\cos\frac{n\pi x}{l}\mathrm{d}x\quad(n=0,1,2,\cdots),$$

$$b_n=\frac{1}{l}\int_{-l}^{l}f(x)\sin\frac{n\pi x}{l}\mathrm{d}x\quad(n=1,2,\cdots).$$

另外, 如果 $f(x)$ 在区间 $[-l,l]$ 上具有性质：①连续或只有有限个第一类间断

点; ②只有有限个极值点, 则称 $f(x)$ 在区间 $[-l,l]$ 上满足狄利克雷条件.

定理 6.2 设 $f(x)$ 是以 $2l$ 为周期的函数, 且在 $[-l,l]$ 上满足狄利克雷条件, 则 $f(x)$ 的傅里叶级数收敛, 且有

$$\frac{a_0}{2}+\sum_{n=1}^{\infty}\left(a_n\cos\frac{n\pi x}{l}+b_n\sin\frac{n\pi x}{l}\right)=\begin{cases}f(x), & x\text{是连续点},\\ \dfrac{f(x+0)+f(x-0)}{2}, & x\text{是间断点}.\end{cases}$$

证明 作变量代换 $x=\frac{l}{\pi}t$, 并记 $f(x)=f\left(\frac{l}{\pi}t\right)=F(t)$, 则 $F(t)$ 是以 2π 为周期的周期函数, 并且于区间 $[-\pi,\pi]$ 上可积. 其次, 由 $f(x)$ 在 $[-l,l]$ 满足狄利克雷条件, 可知 $F(t)$ 于区间 $[-\pi,\pi]$ 上满足狄利克雷条件. 于是由定理 6.1 可得到

$$\frac{a_0}{2}+\sum_{n=1}^{\infty}(a_n\cos nt+b_n\sin nt)=\begin{cases}F(t), & t\text{是连续点},\\ \dfrac{F(t+0)+F(t-0)}{2}, & t\text{是间断点},\end{cases}$$

这里

$$a_0=\frac{1}{\pi}\int_{-\pi}^{\pi}F(t)\mathrm{d}t=\frac{1}{\pi}\int_{-l}^{l}f(x)\mathrm{d}\left(\frac{\pi}{l}x\right)=\frac{1}{l}\int_{-l}^{l}f(x)\mathrm{d}x,$$

$$\begin{aligned}a_n&=\frac{1}{\pi}\int_{-\pi}^{\pi}F(t)\cos nt\mathrm{d}t=\frac{1}{\pi}\int_{-l}^{l}f(x)\cos\frac{n\pi}{l}x\mathrm{d}\left(\frac{\pi x}{l}\right)\\&=\frac{1}{l}\int_{-l}^{l}f(x)\cos\frac{n\pi}{l}x\mathrm{d}x,\quad n=1,2,\cdots,\end{aligned}$$

$$\begin{aligned}b_n&=\frac{1}{\pi}\int_{-\pi}^{\pi}F(t)\sin nt\mathrm{d}t=\frac{1}{\pi}\int_{-l}^{l}f(x)\sin\frac{n\pi}{l}x\mathrm{d}\left(\frac{\pi x}{l}\right)\\&=\frac{1}{l}\int_{-l}^{l}f(x)\sin\frac{n\pi}{l}x\mathrm{d}x,\quad n=1,2,\cdots.\end{aligned}$$

最后, 只需注意 $x=\frac{l}{\pi}t$, 且在此关系下有 $f(x)=F(t)$, 以及 x 是 $f(x)$ 的连续点(间断点)当且仅当 t 是 $F(t)$ 的连续点(间断点)便可得到

$$\frac{a_0}{2}+\sum_{n=1}^{\infty}\left(a_n\cos n\frac{\pi x}{l}+b_n\sin n\frac{\pi x}{l}\right)=\begin{cases}f(x), & x\text{是连续点},\\ \dfrac{f(x+0)+f(x-0)}{2}, & x\text{是间断点}.\end{cases}$$

定理的另一个结论, 即 $f(x)$ 的傅里叶级数收敛也同时由上式得到. □

例 6.3 把以 2 为周期的函数 $f(x)$ 展开为傅里叶级数. 已知 $f(x)$ 在 $[-1,1]$ 上的表达式为 $f(x)=|x|\ (-1\leqslant x\leqslant 1)$, 如图 11.4 所示.

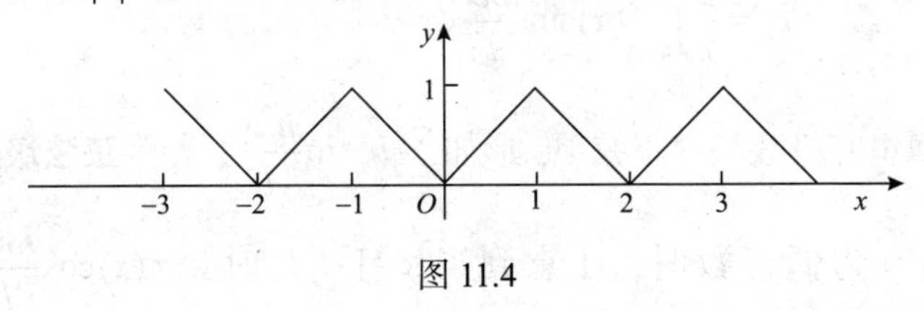

图 11.4

解 由题意可知 $l=1$. 在区间 $[-1,1]$ 上, 由于 $f(x)$ 是偶函数, 从而 $f(x)\sin n\pi x$ 为奇函数, 故

$$b_n=0,\quad n=1,2,\cdots,$$

$$a_0=\frac{1}{l}\int_{-l}^{l}f(x)\mathrm{d}x=2\int_0^1 f(x)\mathrm{d}x=2\int_0^1 x\mathrm{d}x=1;$$

$$a_n=\int_{-1}^{1}f(x)\cdot\cos n\pi x\mathrm{d}x=2\int_0^1 x\cdot\cos n\pi x\mathrm{d}x$$

$$=\frac{2}{n^2\pi^2}[(-1)^n-1]=\begin{cases}0, & n\text{为偶数},\\ -\dfrac{4}{n^2\pi^2}, & n\text{为奇数}.\end{cases}$$

因此 $f(x)$ 的傅里叶级数为

$$f(x)\sim 1-\frac{4}{\pi^2}\left[\frac{\cos\pi x}{1^2}+\frac{\cos 3\pi x}{3^2}+\cdots+\frac{\cos(2n+1)\pi x}{(2n+1)^2}+\cdots\right].$$

易知 $f(x)$ 无间断点, 因此

$$f(x)=\frac{1}{2}-\frac{4}{\pi^2}\left[\frac{\cos\pi x}{1^2}+\frac{\cos 3\pi x}{3^2}+\cdots+\frac{\cos(2n+1)\pi x}{(2n+1)^2}+\cdots\right],\ x\in(-\infty,+\infty).$$

11.6.5 奇函数和偶函数的傅里叶级数

当 $f(x)$ 为奇函数或偶函数时, 其傅里叶级数的形式比较简单. 设 $f(x)$ 是以 $2l$ 为周期的函数, 且在 $[-l,l]$ 上可积, 则

(1) 当 $f(x)$ 为奇函数时, 注意到当 $x\in[-l,l]$ 时, $f(x)\cos\dfrac{n\pi x}{l}$ 为奇函数, $f(x)\sin\dfrac{n\pi x}{l}$ 为偶函数, 利用奇、偶函数在对称区间上的性质可知, $f(x)$ 的傅里叶系数为

$$a_n = 0 \quad (n = 0, 1, 2, \cdots),$$

$$b_n = \frac{2}{l}\int_0^l f(x)\sin\frac{n\pi x}{l}\mathrm{d}x \quad (n = 1, 2, \cdots),$$

这时 $f(x)$ 的傅里叶级数只含正弦项, 形如 $\sum\limits_{n=1}^{\infty} b_n \sin\frac{n\pi x}{l}$, 称为**正弦级数**.

(2) 当 $f(x)$ 为偶函数时, 注意到当 $x\in[-l, l]$ 时, $f(x)\cos\frac{n\pi x}{l}$ 为偶函数, $f(x)\sin\frac{n\pi x}{l}$ 为奇函数, 利用奇、偶函数在对称区间上的性质可知, $f(x)$ 的傅里叶系数为

$$a_n = \frac{2}{l}\int_0^l f(x)\cos\frac{n\pi x}{l}\mathrm{d}x \quad (n = 0, 1, 2, \cdots),$$

$$b_n = 0 \quad (n = 1, 2, \cdots),$$

这时 $f(x)$ 的傅里叶级数只含余弦项, 形如 $\frac{a_0}{2} + \sum\limits_{n=1}^{\infty} a_n \cos\frac{n\pi x}{l}$, 称为**余弦级数**.

例 6.4　设函数 $f(x)$ 是以 2 为周期的函数, 它在 $[-1, 1)$ 上的表达式为

$$f(x) = x, \quad x\in[-1, 1),$$

将 $f(x)$ 展开成傅里叶级数.

解　由于在 $[-1, 1)$ 上 $f(x)$ 为奇函数, 因此 $f(x)$ 的傅里叶级数是正弦级数. 又因

$$b_n = 2\int_0^1 x\cdot\sin n\pi x\mathrm{d}x = (-1)^{n+1}\frac{2}{n\pi} \quad (n = 1, 2, \cdots),$$

所以 $f(x)$ 的傅里叶级数为

$$f(x) \sim 2\sum_{n=1}^{\infty}\frac{(-1)^{n+1}}{n\pi}\sin n\pi x.$$

再来考虑 $f(x)$ 何时可以展开成上面的傅里叶级数, 如图 11.5 所示. 显然所给函数 $f(x)$ 满足狄利克雷条件, 并且此函数仅在 $x = 2k-1$ 处不连续, 在其他点处均连续. 根据定理 6.2 可知当 $x \neq 2k-1$ 时, $f(x)$ 的傅里叶级数收敛于 $f(x)$, 即

$$f(x) = 2\sum_{n=1}^{\infty}\frac{(-1)^{n+1}}{n\pi}\sin n\pi x \quad (x \neq \pm 1, \pm 3, \cdots),$$

当 $x=2k-1$ 时，$f(x)$ 的傅里叶级数收敛于

$$\frac{f(x+0)+f(x-0)}{2}=\frac{-1+1}{2}=0\,.$$

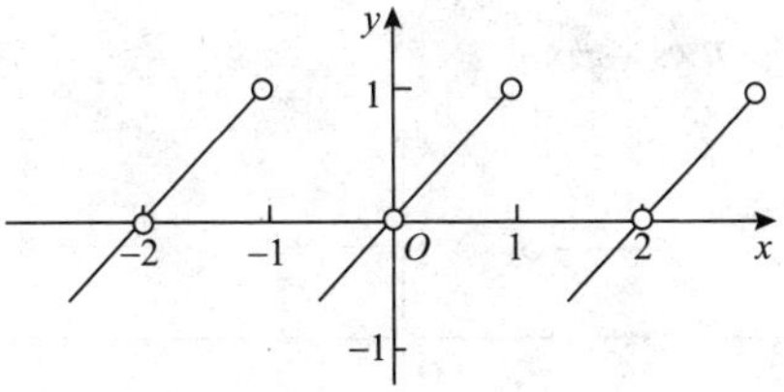

图 11.5

11.6.6　定义在有限区间上的函数的傅里叶级数

由于傅里叶级数的和函数一定是周期函数, 所以一个非周期函数按前面的方法在区间 $(-\infty,+\infty)$ 上不能展开成傅里叶级数, 然而实际中遇到的函数却通常是定义在某个有限区间上的非周期函数, 利用下面介绍的延拓的方法, 也可以展开成傅里叶级数.

1. 定义在区间 $[-l,l]$ 上的函数的傅里叶级数展开式

设函数 $f(x)$ 在区间 $[-l,l]$ 上满足狄利克雷条件, 在 $[-l,l)$ 或 $(-l,l]$ 外补充函数 $f(x)$ 的定义, 使之成为在 $(-\infty,+\infty)$ 上有定义的以 $2l$ 为周期的函数 $F(x)$ (其中 $F(x)$ 和 $f(x)$ 在 $(-l,l)$ 内相等), 我们称此做法为把 $f(x)$ 作**周期延拓**得到 $F(x)$, 再把 $F(x)$ 展开成为傅里叶级数, 再限制 $x\in(-l,l)$, 得到 $f(x)$ 的傅里叶级数, 在端点 $x=\pm l$ 处, 傅里叶级数收敛于 $\dfrac{f(l-0)+f(-l+0)}{2}$.

在下面的例子中, 我们不再说明函数的延拓过程而把前面所得的结论直接应用到在 $[-l,l]$ 上的函数 $f(x)$ 上.

例 6.5　将函数 $f(x)=\begin{cases}0, & -2\leqslant x<0,\\ 1, & 0\leqslant x<2\end{cases}$ 展开成傅里叶级数.

解　如图 11.6 所示, 把函数 $f(x)$ 周期延拓为以 4 为周期的函数. 下面我们来求 $f(x)$ 的傅里叶级数.

$$a_0=\frac{1}{2}\left(\int_{-2}^{0}0\mathrm{d}x+\int_{0}^{2}1\mathrm{d}x\right)=1\,,$$

$$a_n=\frac{1}{2}\left(\int_{0}^{2}1\cdot\cos\frac{n\pi}{2}x\mathrm{d}x\right)=0\quad(n=1,2,\cdots)\,,$$

$$b_n = \frac{1}{2}\left(\int_0^2 1\cdot\sin\frac{n\pi}{2}x\mathrm{d}x\right) = \frac{1}{n\pi}(1-\cos n\pi) = \frac{1}{n\pi}\left[1-(-1)^n\right]$$
$$= \begin{cases} \dfrac{2}{n\pi}, & n为奇数, \\ 0, & n为偶数. \end{cases}$$

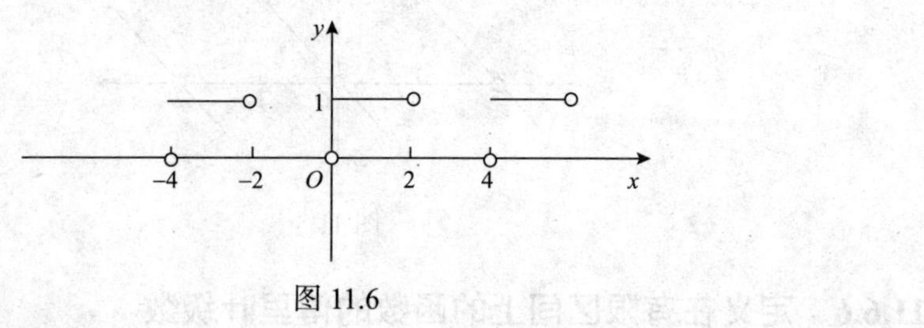

图 11.6

因此 $F(x)$ 的傅里叶级数为

$$F(x) \sim \frac{1}{2} + \frac{2}{\pi}\left(\sin\frac{\pi x}{2} + \frac{\sin\frac{3\pi}{2}x}{3} + \frac{\sin\frac{5\pi}{2}x}{5} + \cdots\right).$$

由于 $F(x)$ 满足狄利克雷定理的条件, 当 $x\in(-2,0)\cup(0,2)$ 时, $f(x)=F(x)$ 连续, 因此可以展开成傅里叶级数

$$f(x) = \frac{1}{2} + \frac{2}{\pi}\left(\sin\frac{\pi x}{2} + \frac{\sin\frac{3\pi}{2}x}{3} + \frac{\sin\frac{5\pi}{2}x}{5} + \cdots\right), \quad x\in(-2,0)\cup(0,2).$$

在 $x=0$, ±2 这些点处, $F(x)$ 不连续, 因此 $F(x)$ 的傅里叶级数收敛于

$$\frac{F(x+0)+F(x-0)}{2} = \frac{1}{2}.$$

2. 定义在区间 $[0,l]$ 上的函数展开成正弦级数或余弦级数

设函数 $f(x)$ 在区间 $[0,l]$ 上满足狄利克雷条件, 则在开区间 $(-l,0)$ 内补充函数 $f(x)$ 的定义, 延拓成 $(-l,l]$ 上的奇函数(偶函数), 称此过程为**奇(偶)延拓**, 再进一步对作周期延拓为函数 $F(x)$, 显然 $F(x)$ 在区间 $[-l,l]$ 上满足狄利克雷条件, 进而展开成 $F(x)$ 的傅里叶级数, 其为正弦级数或余弦级数, 再限制 $x\in[0,l]$, 得到 $f(x)$ 在区间 $[0,l]$ 上的正弦级数(余弦级数)展开式.

在下面的例子中, 我们不再说明函数的延拓过程而把前面所得的结论直接应用到在 $[0,l]$ 上的函数 $f(x)$ 上.

例 6.6　将函数 $f(x)=x+1(0\leqslant x\leqslant\pi)$ 分别展开成正弦级数和余弦级数.

解　先把函数 $f(x)$ 展开成正弦级数, 为此对此函数作奇延拓, 再作周期延拓, 如图 11.7 所示.

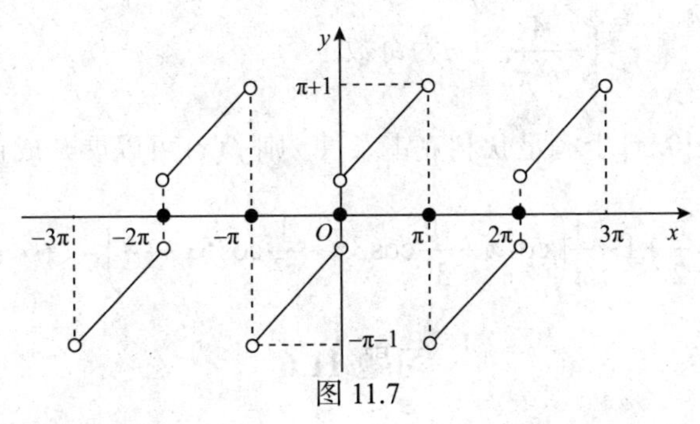

图 11.7

下面来计算傅里叶系数

$$b_n=\frac{2}{\pi}\int_0^\pi f(x)\sin nx\mathrm{d}x=\frac{2}{\pi}\int_0^\pi (x+1)\sin nx\mathrm{d}x=\frac{2}{n\pi}\left[1-(\pi+1)\cos n\pi\right]$$

$$=\begin{cases}\dfrac{2}{\pi}\cdot\dfrac{\pi+2}{n}, & n\text{为奇数},\\[2ex] -\dfrac{2}{n}, & n\text{为偶数},\end{cases}$$

由于 $f(x)$ 在 $[0,\pi]$ 上满足狄利克雷条件, 并且 $f(x)$ 在 $(0,\pi)$ 内连续, 可得到 $f(x)$ 的正弦级数展开式

$$f(x)=\frac{2}{\pi}\left[(\pi+2)\sin x-\frac{\pi}{2}\sin 2x+\frac{1}{3}(\pi+2)\sin 3x-\frac{\pi}{4}\sin 4x+\cdots\right],\quad x\in(0,\pi).$$

$f(x)$ 在 $x=0$ 与 $x=\pi$ 处, 该展开式收敛于 0.

再把函数 $f(x)$ 展开成余弦级数, 为此对函数 $f(x)$ 作偶延拓, 然后再作周期延拓, 如图 11.8 所示.

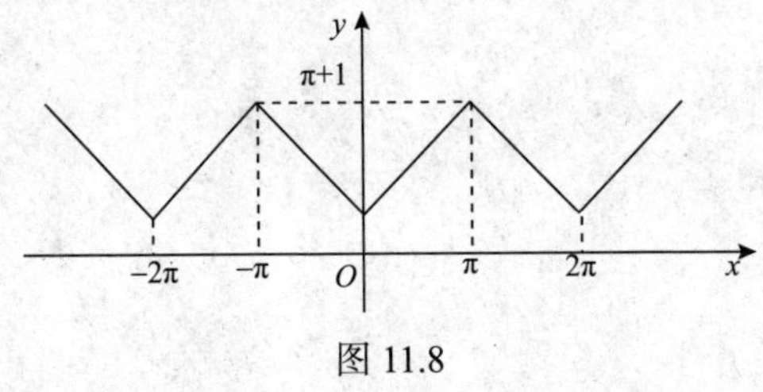

图 11.8

下面来计算傅里叶系数

$$a_0=\frac{2}{\pi}\int_0^\pi f(x)\mathrm{d}x=\frac{2}{\pi}\int_0^\pi (x+1)\mathrm{d}x=\pi+2,$$

$$a_n=\frac{2}{\pi}\int_0^{\pi}f(x)\cos nx\mathrm{d}x=\frac{2}{\pi}\int_0^{\pi}(x+1)\cos nx\mathrm{d}x=\frac{2}{n^2\pi}(\cos n\pi-1)$$

$$=\begin{cases}0, & n\text{为偶数},\\ -\dfrac{4}{n^2\pi}, & n\text{为奇数}.\end{cases}$$

由于 $f(x)$ 在 $[0,\pi]$ 上满足狄利克雷条件, 则 $f(x)$ 可以展开成正弦级数

$$f(x)=\frac{\pi}{2}+1-\frac{4}{\pi}\left(\cos x+\frac{1}{3^2}\cos 3x+\frac{1}{5^2}\cos 5x+\cdots\right),\quad 0\leqslant x\leqslant\pi .$$

习题 11.6

1. 将下列以 2π 为周期的周期函数 $f(x)$ 展开成傅立叶级数, 它们在 $[-\pi,\pi)$ 内的表达式分别为

习题 11.6 解答

(1) $f(x)=\begin{cases}x, & -\pi\leqslant x<0,\\ 2x, & 0\leqslant x<\pi;\end{cases}$

(2) $f(x)=3x^2+1$, $-\pi\leqslant x<\pi$;

(3) $f(x)=2x+1$, $-\pi\leqslant x<\pi$;

(4) $f(x)=\begin{cases}-\dfrac{\pi}{2}, & -\pi\leqslant x<-\dfrac{\pi}{2},\\ x, & -\dfrac{\pi}{2}\leqslant x<\dfrac{\pi}{2},\\ -\dfrac{\pi}{2}, & \dfrac{\pi}{2}\leqslant x<\pi.\end{cases}$

2. 将 $f(x)=x(0\leqslant x\leqslant\pi)$ 分别展开成以 2π 为周期的正弦级数和余弦级数.

3. 将 $f(x)=|x|+2(-1\leqslant x\leqslant 1)$ 展开成以 2 为周期的傅里叶级数.

习题答案与提示

第 7 章

习题 7.1

1. A 在 xOy 面上；B 在 yOz 面上；C 在 x 轴上；D 在 y 轴上.
2. (1) 互为负向量; (2) 相等; (3) 相等; (4) 互为负向量; (5) 相等.
3. $-a-11b+7c$.
4. $\{1,-2,-2\},\{2,-4,-4\}$.
5. 模为 2, 方向余弦为 $-\frac{1}{2},-\frac{\sqrt{2}}{2},\frac{1}{2}$，方向角为 $\frac{2\pi}{3},\frac{3\pi}{4},\frac{\pi}{3}$.
6. 13, 7, 15.
7. $|\boldsymbol{a}|=\sqrt{3}, |\boldsymbol{b}|=\sqrt{38}, |\boldsymbol{c}|=3$，$\boldsymbol{a}=\sqrt{3}\boldsymbol{a}^0$，$\boldsymbol{b}=\sqrt{38}\boldsymbol{b}^0$，$\boldsymbol{c}=3\boldsymbol{c}^0$.
8. $\left\{\frac{6}{11},\frac{7}{11},-\frac{6}{11}\right\},\left\{-\frac{6}{11},-\frac{7}{11},\frac{6}{11}\right\}$.
9. (1) $k=6$，(2) $k=\pm\sqrt{106}$.
10. $\overrightarrow{OP}$ 的方向余弦 $-\frac{2}{\sqrt{14}},\frac{1}{\sqrt{14}},\frac{3}{\sqrt{14}}$；第三个方向角为 $45°$ 或 $135°$.

习题 7.2

(A)

1. (1) 3，$5\boldsymbol{i}+\boldsymbol{j}+7\boldsymbol{k}$；(2) -18，$10\boldsymbol{i}+2\boldsymbol{j}+14\boldsymbol{k}$；(3) $\frac{\sqrt{21}}{14}$.
2. $-\frac{3}{2}$.
3. (1) ±1，0; (2) 0，$2\boldsymbol{j}$.
4. $\pm\frac{1}{\sqrt{17}}(3\boldsymbol{i}-2\boldsymbol{j}-2\boldsymbol{k})$.
5. 10.
6. $\frac{1}{2}\sqrt{19}$.
7. $\lambda=2\mu$.

(B)

2. 提示: $|\boldsymbol{a}||\boldsymbol{b}|\geqslant|\boldsymbol{a}|\cdot|\boldsymbol{b}|\cdot|\cos\theta|=|\boldsymbol{a}\cdot\boldsymbol{b}|$.

3. 提示: 证明 $\boldsymbol{b}\cdot\boldsymbol{c}=0$.

4. 提示: 证明 $\overrightarrow{PR}\cdot\overrightarrow{QR}=0$.

5. $\lambda=\pm\dfrac{3}{5}$.

习题 7.3

1. $3x-7y+5z-4=0$.
2. $x-3y-2z=0$.
3. (1)相互平行; (2)互相垂直.
4. $\dfrac{x+2}{2}=\dfrac{y}{1}=\dfrac{z-4}{3}$.
5. $\dfrac{x-3}{-4}=\dfrac{y+2}{2}=\dfrac{z-1}{1}$.
6. $\dfrac{x-4}{2}=\dfrac{y+1}{1}=\dfrac{z-3}{5}$.
7. $\dfrac{x-1}{-2}=\dfrac{y-1}{1}=\dfrac{z-1}{3}$; $\begin{cases}x=1-2t,\\y=1+t,\\z=1+3t.\end{cases}$
8. $16x-14y-11z-65=0$.
10. $\dfrac{x}{-2}=\dfrac{y-2}{3}=\dfrac{z-4}{1}$.
11. $\dfrac{3\sqrt{2}}{2}$.

习题 7.4

2. (1) xOy 面: 圆; yOz 面: 椭圆; zOx 面: 椭圆.
   (2) xOy 面: 两条相交直线; yOz 面: 抛物线; zOx 面: 抛物线.
   (3) xOy 面: 原点; yOz 面: 两条相交直线; xOz 面: 两条相交直线.
3. $\begin{cases}(x^2+y^2)^2+4(x^2+y^2)=16,\\z=0.\end{cases}$

第 8 章

习题 8.1

(A)

1. (1) $\{(x,y)\,|\,x\geqslant 0, y\geqslant 0, x^2\geqslant y\}$; (2) $\{(x,y)\,|\,y-x^2>1\}$;

(3) $\{(x, y)|x^2+y^2>1\}$； (4) $\{(x, y, z)|x>0, y>0, z>0\}$.

2. (1) 0； (2) $-\dfrac{1}{6}$； (3) e； (4) 1； (5) 0.

(B)

提示: 令 $y=kx$.

习题 8.2

(A)

1. (1) $\dfrac{\partial z}{\partial x}=3x^2y-y^2$； $\dfrac{\partial z}{\partial y}=x^3-2xy$.

(2) $\dfrac{\partial z}{\partial x}=y-\dfrac{y}{x^2}$； $\dfrac{\partial z}{\partial y}=x+\dfrac{1}{x}$.

(3) $\dfrac{\partial z}{\partial x}=(1+xy)^x\left[\ln(1+xy)+\dfrac{xy}{1+xy}\right]$； $\dfrac{\partial z}{\partial y}=x^2(1+xy)^{x-1}$.

(4) $\dfrac{\partial z}{\partial x}=\dfrac{-y}{x^2+y^2}$； $\dfrac{\partial z}{\partial y}=\dfrac{x}{x^2+y^2}$.

(5) $\dfrac{\partial z}{\partial x}=\cos(x+y)-x\sin(x+y)$； $\dfrac{\partial z}{\partial y}=-x\sin(x+y)$.

(6) $\dfrac{\partial z}{\partial x}=\dfrac{1}{x+y^2}$； $\dfrac{\partial z}{\partial y}=\dfrac{2y}{x+y^2}$.

(7) $\dfrac{\partial u}{\partial x}=\dfrac{y}{z}x^{\frac{y}{z}-1}$； $\dfrac{\partial u}{\partial y}=\dfrac{x^{\frac{y}{z}}}{z}\ln x$； $\dfrac{\partial u}{\partial z}=-\dfrac{yx^{\frac{y}{z}}}{z^2}\ln x$.

(8) $\dfrac{\partial z}{\partial x}=-\dfrac{2y}{x^2}\csc\dfrac{2y}{x}$； $\dfrac{\partial z}{\partial y}=\dfrac{2}{x}\csc\dfrac{2y}{x}$.

2. (1) $\dfrac{\partial^2 z}{\partial x^2}=\dfrac{x-2y}{(x-y)^2}$； $\dfrac{\partial^2 z}{\partial x\partial y}=\dfrac{y}{(x-y)^2}$.

(2) $\dfrac{\partial^2 z}{\partial x^2}=-\dfrac{2xy}{(x^2+y^2)^2}$； $\dfrac{\partial^2 z}{\partial x\partial y}=\dfrac{x^2-y^2}{(x^2+y^2)^2}$.

(3) $\dfrac{\partial^2 z}{\partial x^2}=y(y-1)x^{y-2}$； $\dfrac{\partial^2 z}{\partial y^2}=x^y(\ln x)^2$.

3. $f_{xx}(0,0,1)=2$； $f_{yz}(0,1,0)=0$.

4. 90, 150.

5. 49.8, 99.6.

6. 10, 10.

7. $(2a,a)$，$a>0$ 是常数.

习题 8.3

(A)

1. (1) $\left(y-\dfrac{y}{x^2}\right)\mathrm{d}x+\left(x+\dfrac{1}{x}\right)\mathrm{d}y$.　　(2) $\mathrm{e}^{xy}(y\mathrm{d}x+x\mathrm{d}y)$.

(3) $-\dfrac{x}{(x^2+y^2)^{\frac{3}{2}}}(y\mathrm{d}x-x\mathrm{d}y)$.　　(4) $zy^{xz}\ln y\mathrm{d}x+xzy^{xz-1}\mathrm{d}y+xy^{xz}\ln y\mathrm{d}z$.

2. $\dfrac{2}{3}(\mathrm{d}x+\mathrm{d}y)$.

3. $\Delta z=\arctan\dfrac{12}{11}-\dfrac{\pi}{4}$, $\mathrm{d}z=0.05$.

(B)

2.039.

习题 8.4

(A)

1. $\mathrm{e}^{\sin t-2t^2}(\cos t-4t)$.

2. $\dfrac{1}{\sqrt{1-(2t-5t^3)^2}}(2-15t^2)$.

3. $\dfrac{\partial z}{\partial x}=4x$; $\dfrac{\partial z}{\partial y}=4y$.

4. $\dfrac{\partial z}{\partial x}=\dfrac{x}{y^2}(2\ln xy+1)$; $\dfrac{\partial z}{\partial y}=\dfrac{x^2}{y^3}(-2\ln xy+1)$.

5. $\dfrac{\partial z}{\partial x}=\dfrac{\mathrm{e}^{x+y^2}+9x^2(x^3+y)^2}{\mathrm{e}^{x+y^2}+(x^3+y)^3}$; $\dfrac{\partial z}{\partial y}=\dfrac{2y\mathrm{e}^{x+y^2}+3(x^3+y)^2}{\mathrm{e}^{x+y^2}+(x^3+y)^3}$.

6. $\mathrm{e}^t(\cos t-\sin t)-\sin t$.

7. $(\sin t)^{\tan t}\sec^2 t\ln\sin t+(\sin t)^{\tan t}$.

8. (1) $\dfrac{\partial z}{\partial x}=2xf_1'+y\mathrm{e}^{xy}f_2'$; $\dfrac{\partial z}{\partial y}=-2yf_1'+x\mathrm{e}^{xy}f_2'$.

(2) $\dfrac{\partial z}{\partial x}=f_1'+f_2'$; $\dfrac{\partial z}{\partial x}=f_1'-f_2'$.

(3) $\dfrac{\partial u}{\partial x}=\dfrac{1}{y}f_1'$; $\dfrac{\partial u}{\partial y}=-\dfrac{x}{y^2}f_1'+\dfrac{1}{z}f_2'$; $\dfrac{\partial u}{\partial z}=-\dfrac{y}{z^2}f_2'$.

9. (1) $\dfrac{\partial^2 z}{\partial x\partial y}=f_{11}''+(x+y)f_{12}''+f_2'+xyf_{22}''$.

(2) $\frac{\partial^2 z}{\partial x^2}=\frac{1}{x}$； $\frac{\partial^2 z}{\partial x\partial y}=\frac{1}{y}$.

(3) $\frac{\partial^2 u}{\partial x\partial y}=4xyf''_{11}$； $\frac{\partial^2 u}{\partial x^2}=2f'_1+4x^2f''_{11}$； $\frac{\partial^2 u}{\partial x\partial z}=4xzf''_{11}$.

10. (1) $\frac{\mathrm{d}y}{\mathrm{d}x}=\frac{1-2x}{2y+2}$.

(2) $\frac{\partial z}{\partial x}=\frac{2x+2y}{\mathrm{e}^z z+\mathrm{e}^z}$； $\frac{\partial z}{\partial y}=\frac{2x}{\mathrm{e}^z z+\mathrm{e}^z}$.

(3) $\frac{\partial z}{\partial x}=\frac{z}{x+z}$； $\frac{\partial z}{\partial y}=\frac{z^2}{y(x+z)}$.

(4) $\frac{\partial z}{\partial x}=\frac{yz\mathrm{e}^{xy}}{3z-1}$； $\frac{\partial z}{\partial y}=\frac{xz\mathrm{e}^{xy}}{3z-1}$.

(B)

1. 提示: 方程两边分别对变量 x, y, z, t 求偏导数, 可以得到四个方程, 后整理得到所证等式.

习题 8.5

(A)

1. $\{1,2,3\}$, $\frac{x-1}{1}=\frac{y-1}{2}=\frac{z-1}{3}$.

2. $\frac{x-\left(\frac{\pi}{2}-1\right)}{1}=\frac{y-1}{1}=\frac{z-4}{0}$ 或 $\begin{cases}z=4,\\ x+y-\frac{\pi}{2}=0.\end{cases}$

3. $x+2y-4=0$； $\begin{cases}\frac{x-2}{1}=\frac{y-1}{2},\\ z=0.\end{cases}$

4. $2x+3y-z=3$； $\frac{x-1}{2}=\frac{y-1}{3}=\frac{z-2}{-1}$.

5. $4x+2y-z=6$； $\frac{x-2}{4}=\frac{y-1}{2}=\frac{z-4}{-1}$.

6. $x-y+2z=\pm\sqrt{\frac{11}{2}}$.

习题 8.6

1. (1) 0;　(2) 0;　(3) $\frac{3}{2}+\sqrt{2}$；　(4) $\frac{5}{2}+\frac{3}{2}\sqrt{2}$.

2. $2+\frac{\sqrt{2}}{2}$.

4. $\mathbf{grad}\,\boldsymbol{u}=-4\boldsymbol{i}+4\boldsymbol{j}-4\boldsymbol{k}$ 是方向导数取最大值的方向.此方向导数的最大值为 $4\sqrt{3}$.

习题 8.7

(A)

1. (1) 极小值 $f(1,0)=-5$，极大值 $f(-3,2)=31$.

   (2) 极大值 $f(2,-2)=8$.

   (3) 极小值 $f\left(\frac{1}{2},-1\right)=-\frac{e}{2}$.

2. 最大值 $f(1,0)=1$，最小值 $f(0,0)=0$.

3. $\left(\frac{8}{5},\frac{16}{5}\right)$.

4. $\theta=2.234p+95.33$.

(B)

1. 当两边都是 $\frac{l}{\sqrt{2}}$ 时，可得最大的周长.

2. 当矩形的边长为 $\frac{2p}{3}$ 及 $\frac{p}{3}$ 时，绕短边旋转所得圆柱体的体积最大.

3. 当长、宽、高为 $\frac{2a}{\sqrt{3}}$ 时，可得最大的体积.

第 9 章

习题 9.1

2. (1) $\iint\limits_D (x+y)^2 d\sigma \geqslant \iint\limits_D (x+y)^3 d\sigma$；

   (2) $\iint\limits_D (x+y) d\sigma \leqslant \iint\limits_D (x+y)^2 d\sigma$.

3. (1) $0 \leqslant I \leqslant 2$；(2) $36\pi \leqslant I \leqslant 100\pi$.

习题 9.2

(A)

1. (1) $\int_0^1 dx\int_x^1 f(x,y)dy$；　(2) $\int_0^1 dy\int_y^1 f(x,y)dx$；

   (3) $\int_{-1}^1 dx\int_0^{\sqrt{1-x^2}} f(x,y)dy$；　(4) $\int_0^1 dy\int_{2-y}^{1+\sqrt{1-y^2}} f(x,y)dx$.

2. (1) $\frac{8}{3}$；(2) $-\frac{1}{6}$；(3) $\frac{2}{15}$；(4) $\frac{6}{55}$；(5) $\frac{1}{2}(e-1)$.

3.（1）8π；（2）$-6\pi^2$；（3）$\frac{3}{64}\pi^2$；（4）$\frac{\pi}{2}$；（5）$\frac{\pi}{2}\left(\ln 2-\frac{1}{2}\right)$.

4. $\frac{13}{6}$.

5. $\frac{1}{6}$.

（B）

1. $\frac{1}{45}$.

2. 提示：交换积分次序.

3. $\frac{17}{6}$.

4. $\mathrm{e}-1$.

习题 9.3

（A）

1.（1）$\int_{-1}^{1}\mathrm{d}x\int_{-\sqrt{1-x^2}}^{\sqrt{1-x^2}}\mathrm{d}y\int_{x^2+y^2}^{1}f(x,y,z)\mathrm{d}z$；

（2）$\int_{-2}^{2}\mathrm{d}x\int_{-\sqrt{4-x^2}}^{\sqrt{4-x^2}}\mathrm{d}y\int_{0}^{x+y+10}f(x,y,z)\mathrm{d}z$.

2. $\frac{1}{60}$.

3.（1）-2π；（2）$\frac{1}{2}\left(\ln 2-\frac{5}{8}\right)$；

（3）$\frac{5}{6}$；（4）0；（5）2π.

4.（1）$\frac{7}{12}\pi$；（2）$\frac{16}{3}\pi$；（3）$2\pi(\ln 5-2+\arctan 2)$.

5.（1）$\frac{4}{5}\pi$；（2）πR^3；（3）$\left(\frac{7}{6}-\frac{2\sqrt{2}}{3}\right)\pi$.

（B）

（1）$\frac{1}{8}$；（2）8π；（3）$\frac{8}{5}\pi$.

习题 9.4

（A）

1. $4\pi a^2$.

2. $16R^2$.
3. $\frac{14\pi}{3}$.
4. $\frac{2}{3}\pi(5\sqrt{5}-4)$.
5. $\frac{\pi}{8}$.

(B)

1. $\frac{56}{5}\pi$.
2. $\left(0,\frac{4\ln 2-\frac{3}{2}}{4\ln 2-2}\right)$.
3. $\left(\frac{3}{4},3,\frac{8}{5}\right)$.

第 10 章

习题 10.1

(A)

1. $\frac{5\sqrt{5}-1}{12}$.
2. πR^3.
3. $\sqrt{2}$.
4. $2a^{2n+1}\pi$.
5. $\frac{1}{4}ae^a\pi+2e^a-2$.
6. $1+\sqrt{2}$.
7. $\frac{256}{15}a^3$.
8. $\frac{\sqrt{3}}{2}(1-e^{-2})$.
9. $\frac{8\sqrt{2}}{3}a\pi^3$.

(B)

$7a^3\pi$.

习题 10.2

（A）

1. $\frac{48}{5}$.

2. $\frac{4}{5}$.

3. 0.

4. $-\frac{14}{15}$.

5. (1) 1; (2) 1; (3) 1.

6. $\frac{1}{2}a^2(1+b)\pi$.

7. 13.

（B）

-2π.

习题 10.3

（A）

1. (1) -1; (2) 0; (3) 0; (4) $\frac{1}{30}$; (5) 8; (6) $-\frac{e^{\pi}-1}{5}$.

2. (1) $\frac{8}{3}$; (2) $\frac{a^3}{6}$; (3) $\frac{3}{8}\pi$.

3. (1) 12π; (2) $\frac{3a^2}{8}\pi$.

4. (1) $\frac{5}{2}$; (2) 2; (3) $9\cos 2+4\cos 3$.

5. (1) $\frac{1}{3}x^3-\frac{1}{3}y^3-xy^2+x^2y+C$; (2) $\frac{x^2}{2}+\frac{y^2}{2}+2xy+C$.

6. $x^2\cos y+y^2\cos x=C$.

（B）

1. $\frac{b-a}{2}\pi a^2-2a^2b$.

2. $\frac{3}{2}\pi$.

3. -2π.

4. $e^3\sin 4$

习题 10.4

(A)

1. (1) $\frac{13}{3}\pi$; (2) $\frac{149}{30}\pi$; (3) $\frac{111}{10}\pi$.

2. $2\pi a\ln\frac{a}{h}$.

3. (1) $\frac{\sqrt{2}+1}{2}\pi$; (2) 9π.

4. $4\sqrt{61}$.

5. $\frac{3\sqrt{3}}{2}+(\sqrt{3}-1)\ln 2$.

6. πa^3.

(B)

1. $\frac{64}{15}\sqrt{2}a^4$.

2. $2\pi\ln 4$.

习题 10.5

(A)

2. $\frac{2}{105}\pi R^7$.

3. $\frac{3}{2}\pi$.

4. 8.

5. 0.

(B)

1. $\frac{1}{2}$.

2. $\frac{1}{8}$.

习题 10.6

(A)

1. a^4.

2. 4.

3. $\dfrac{12a^5}{5}\pi$.

4. 81π .

(B)

1. $\dfrac{\pi}{6}a^6+\dfrac{\pi}{6}a^5$.

2. $\dfrac{64}{3}\pi$.

第 11 章

习题 11.1

1. (1) $(-1)^{n+1}\dfrac{n+1}{n}$;　(2) $\dfrac{1}{n2^n}$;　(3) $\left(\dfrac{\sqrt{x}}{2}\right)^n\dfrac{1}{\prod\limits_{i=1}^{n}i}$;　(4) $\dfrac{1}{2^n}+\dfrac{1}{3^n}$.

2. (1) 发散;　(2) 发散;　(3) 发散;　(4) 收敛.

3. (1) 发散;　(2) 发散;　(3) 收敛;　(4) 发散;　(5) 发散;　(6) 发散.

4. 125mg.

5. 200mg.

6. (1) 9; (2) 1.

7. $\lambda=4$, 乘数效应 600 万元.

习题 11.2

(A)

1. (1) 收敛;　(2) 发散;　(3) 收敛;　(4) 收敛;　(5) 收敛;　(6) 收敛.

2. (1) 收敛;　(2) 收敛;　(3) 发散;　(4) 收敛;　(5) 收敛;　(6) 收敛.

3. (1) 收敛;　(2) 收敛;　(3) 收敛;　(4) 发散.

4. (1) 收敛;　(2) 收敛;　(3) 发散;　(4) 发散;　(5) 发散;　(6) 收敛.

(B)

1. C .

2. $\begin{cases}\text{发散}, & 0<a\leqslant 1;\\ \text{收敛}, & a>1.\end{cases}$

3. 收敛.

4. 不一定.

习题 11.3

1. ⑴条件收敛; ⑵绝对收敛; ⑶条件收敛; ⑷发散;
   ⑸绝对收敛; ⑹条件收敛; ⑺条件收敛; ⑻发散.
2. ⑴发散; ⑵发散; ⑶收敛; ⑷收敛;
   ⑸收敛; ⑹条件收敛.
3. B.

习题 11.4

(A)

1. (1) $R=\infty, (-\infty,+\infty)$; (2) $R=1, (-1,1)$;
   (3) $R=\frac{1}{2}, \left[-\frac{1}{2},\frac{1}{2}\right]$; (4) $R=\sqrt{2}, (-\sqrt{2},\sqrt{2})$;
   (5) $R=\sqrt{2}, (-\sqrt{2},\sqrt{2})$; (6) $R=1, [4,6)$.
2. (1) $S(x)=\frac{1}{2}\ln\frac{1+x}{1-x},\ x\in(-1,1)$;
   (2) $S(x)=\frac{1}{4}\ln\frac{1+x}{1-x}+\frac{1}{2}\arctan x-x,\ x\in(-1,1)$;
   (3) $S(x)=\begin{cases}-\frac{\ln(1-x)+1,}{x} & x\in[-1,0)\cup(0,1),\\ 0, & x=0;\end{cases}$
   (4) $S(x)=\frac{3x-x^2}{(1-x)^3}, x\in(-1,1)$.

(B)

1. 4.
2. $(-\infty,-1]\cup\left(-\frac{1}{2},+\infty\right)$.

习题 11.5

(A)

1. (1) $\sum_{n=0}^{\infty}\frac{x^{n+1}}{n!}, x\in(-\infty,+\infty)$;
   (2) $\sum_{n=0}^{\infty}\frac{(x\ln 3)^n}{n!}, x\in(-\infty,+\infty)$;

(3) $\dfrac{1}{4}\left(\sum\limits_{n=0}^{\infty}\left(\dfrac{\sqrt{2}}{2}x\right)^n+\sum\limits_{n=0}^{\infty}(-1)^n\left(\dfrac{\sqrt{2}}{2}x\right)^n\right)$, $x\in(-\sqrt{2},\sqrt{2})$;

(4) $x+\sum\limits_{n=1}^{\infty}(-1)^n\dfrac{2(2n)!}{(n!)^2}\left(\dfrac{x}{2}\right)^{2n+1}$, $x\in(-1,1)$;

(5) $\sum\limits_{n=1}^{\infty}(-1)^{n-1}\dfrac{(2x)^{2n}}{2(2n)!}$, $x\in(-\infty,+\infty)$;

(6) $\ln 10+\sum\limits_{n=1}^{\infty}(-1)^{n-1}\dfrac{1}{n}\left(\dfrac{x}{10}\right)^n$, $x\in(-10,10]$;

(7) $2x^2+\dfrac{1}{2}x^3-\dfrac{1}{4\cdot 2^2}x^4+\dfrac{1\cdot 3}{4\cdot 6\cdot 2^3}x^5-\dfrac{1\cdot 3\cdot 5}{4\cdot 6\cdot 8\cdot 2^4}x^6+\cdots$, $x\in[-2,2]$;

(8) $\sum\limits_{n=1}^{\infty}(-1)^{n-1}\dfrac{1}{2}(3^{2n-1}-1)\dfrac{x^{2n-1}}{(2n-1)!}$, $x\in(-\infty,+\infty)$.

2. (1) $\dfrac{1}{2}\sum\limits_{n=0}^{\infty}(-1)^n\left(\dfrac{x-2}{2}\right)^n$, $x\in(0,4)$;

(2) $\sum\limits_{n=0}^{\infty}(-1)^n\left(\dfrac{1}{2^{n+2}}-\dfrac{1}{2^{2n+3}}\right)(x-1)^n$, $x\in(-1,3)$;

(3) $\dfrac{1}{2}\sum\limits_{n=0}^{\infty}(-1)^n\left[\dfrac{\left(x+\dfrac{\pi}{3}\right)^{2n}}{(2n)!}+\sqrt{3}\dfrac{\left(x+\dfrac{\pi}{3}\right)^{2n+1}}{(2n+1)!}\right]$, $x\in(-\infty,+\infty)$;

(4) $\sum\limits_{n=0}^{\infty}\left(1+\dfrac{1}{2^{2n+1}}\right)(-1)^n(x-2)^2$, $x\in(1,3)$.

(B)

1. $\dfrac{\pi}{4}+\sum\limits_{n=0}^{\infty}(-1)^n\dfrac{x^{2n+1}}{2n+1}$, $x\in(-1,1)$.

2. $\ln 2+\sum\limits_{n=0}^{\infty}(-1)^n\dfrac{x^{n+1}}{n+1}+\dfrac{1}{2}\sum\limits_{n=0}^{\infty}\dfrac{(-1)^n}{2}\dfrac{x^{n+1}}{n+1}$, $x\in(-1,1)$.

习题 11.6

1. (1) $f(x)=\dfrac{1}{4}\pi+\sum\limits_{n=1}^{\infty}\left(\dfrac{\cos nx}{n^2\pi}[(-1)^n-1]+(-1)^{n-1}\dfrac{3\sin nx}{n}\right)$ $(x\neq(2k+1)\pi, k=0,\pm1,\pm2,\cdots)$;

(2) $f(x)=\pi^2+1+12\sum\limits_{n=1}^{\infty}(-1)^n\dfrac{1}{n^2}\cos nx$ $(-\infty<x<+\infty)$;

(3) $f(x)=1+\sum\limits_{n=1}^{\infty}(-1)^{n-1}\dfrac{4\sin nx}{n}$ $(-\infty<x<+\infty)$;

(4) $f(x)=\dfrac{2}{\pi}\sum\limits_{n=1}^{\infty}\left[\dfrac{1}{n^2}\sin\dfrac{n\pi}{2}+(-1)^{n+1}\dfrac{\pi}{2n}\right]\sin nx$ $(x\neq(2k+1)\pi, k=0,\pm1,\pm2,\cdots)$.

2. 正弦级数 $f(x)=\sum_{n=1}^{\infty}(-1)^{n-1}\frac{2}{n}\sin nx \quad (-\infty<x<+\infty)$;

余弦级数 $f(x)=\frac{\pi}{2}-\frac{4}{\pi}\sum_{n=0}^{\infty}\frac{\cos(2n+1)x}{(2n+1)^2} \quad (-\infty<x<+\infty)$.

3. $f(x)=\frac{5}{2}+\sum_{n=1}^{\infty}\frac{2\cos n\pi x}{n^2\pi^2}[(-1)^n-1] \quad (-\infty<x<+\infty)$.

附录 复　数

一、复数的概念

我们把集合 $C=\{a+b\mathrm{i}\mid a,b\in\mathbf{R}\}$ 中的数，即形如 $a+b\mathrm{i}(a,b\in\mathbf{R})$ 的数叫做复数，其中 i 叫做虚数单位，$\mathrm{i}\cdot\mathrm{i}=\mathrm{i}^2=-1$．全体复数所成的集合 $\mathbf{C}$ 叫做复数集．

复数通常用字母 z 表示，即 $z=a+b\mathrm{i}(a,b\in\mathbf{R})$，这一表示形式叫做复数的代数形式．对于复数 $z=a+b\mathrm{i}$，以后不做特殊说明，都有 $a,b\in\mathbf{R}$，其中的 a 与 b 分别叫做复数 z 的实部与虚部．

在复数集 $\mathbf{C}=\{a+b\mathrm{i}\mid a,b\in\mathbf{R}\}$ 中任取两个数 $a+b\mathrm{i}$ 与 $c+d\mathrm{i}(a,b,c,d\in\mathbf{R})$，我们规定

$a+b\mathrm{i}$ 与 $c+d\mathrm{i}$ 相等的充要条件是 $a=c$ 且 $b=d$．

对于复数 $a+b\mathrm{i}$，当且仅当 $b=0$ 时，它是实数；当且仅当 $a=b=0$ 时，它是实数 0；当 $b\neq0$ 时，叫做虚数；当 $a=0$ 且 $b\neq0$ 时，叫做纯虚数．

二、复数的几何意义

根据复数相等的定义，任何一个复数 $z=a+b\mathrm{i}$，都可以由一个有序实数对 (a,b) 唯一确定．因为有序实数对 (a,b) 与平面直角坐标系中的点一一对应，所以复数集与平面直角坐标系中的点集之间可以建立一一对应．

如图 1，点 Z 的横坐标是 a，纵坐标是 b，复数 $z=a+b\mathrm{i}$ 可用点 $Z(a,b)$ 表示，这个建立了直角坐标系来表示复数的平面叫做复平面，x 轴叫做实轴，y 轴叫做虚轴．显然，实轴上的点都表示实数；除了原点外，虚轴上的点都表示纯虚数．

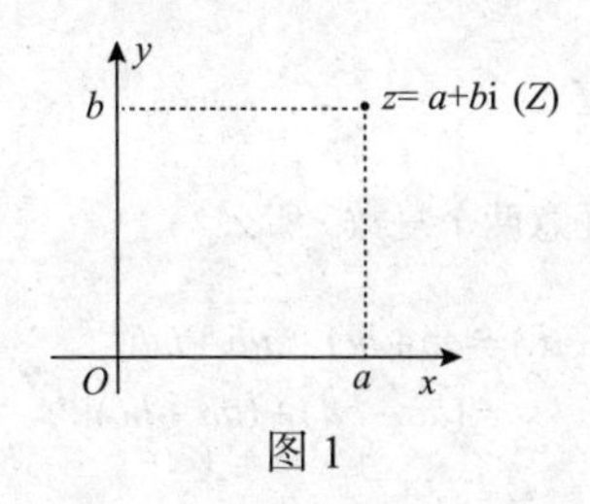

图 1

按照这种表示方法，每一个复数，有复数平面内唯一的一个点和它对应；反过来，复平面内的每一个点，有唯一的一个复数和它对应．由此可知，复数集 $\mathbf{C}$ 和复平面内所有的点所成的集合是一一对应的，即

复数 $z=a+b\mathrm{i}\xleftrightarrow{\text{一一对应}}$ 复平面内的点 $Z(a,b)$

这是复数的一种几何意义．

在平面直角坐标系中，每一个平面向量都可以用一个有序实数对来表示，而有序实数对与复数是一一对应的．这样，我们还可以用平面向量来表示复数．

如图 2, 设复平面内的点 Z 表示复数 $z=a+bi$，连接 OZ，显然向量 $\overrightarrow{OZ}$ 由点 Z 唯一确定; 反过来, 点 Z (相对于原点来说) 也可以由向量 $\overrightarrow{OZ}$ 唯一确定. 因此, 复数集 $\mathbf{C}$ 与复平面内的向量所成的集合也是一一对应的(实数 0 与零向量对应), 即

$$\boxed{\text{复数 } z=a+bi \xleftrightarrow{\text{一一对应}} \text{平面向量 } \overrightarrow{OZ}}$$

这是复数的另一种几何意义.

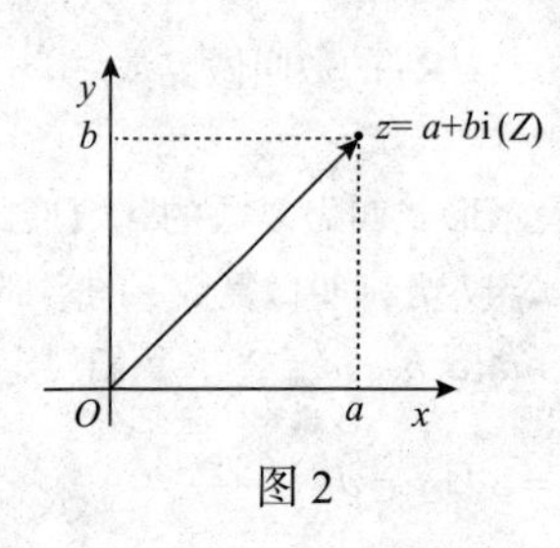

图 2

向量 $\overrightarrow{OZ}$ 的模 r 叫做复数 $z=a+bi$ 的模, $|z|$ 或 $|a+bi|$. 如果 $b=0$，那么 $z=a+bi$ 是一个实数 a，它的模等于 $|a|$（就是 a 的绝对值）. 由模的定义可知

$$|z|=|a+bi|=r=\sqrt{a^2+b^2} \quad (r \geqslant 0, r \in \mathbf{R})$$

为方便起见, 我们常把复数 $z=a+bi$ 说成点 Z 或向量 $\overrightarrow{OZ}$，并且规定, 相等的向量表示同一复数.

三、复数的四则运算

1. 复数的加、减运算

设 $z_1=a+bi$，$z_2=c+di$ 是任意两个复数, 那么

$$(a+bi)+(c+di)=(a+c)+(b+d)i,$$

$$(a+bi)-(c+di)=(a-c)+(b-d)i.$$

2. 复数的乘、除运算

设 $z_1=a+bi$，$z_2=c+di$ 是任意两个复数, 那么

$$\begin{aligned}(a+bi)(c+di)&=ac+bci+adi+bdi^2\\&=(ac-bd)+(ad+bc)i,\end{aligned}$$

$$(a+bi)\div(c+di)=\frac{ac+bd}{c^2+d^2}+\frac{bc-ad}{c^2+d^2}i \quad (c+di\neq 0).$$

四、欧拉公式

$$e^{ix}=\cos x+i\sin x.$$

e 是自然对数的底, i 是虚数单位. 它将指数函数的定义域扩大到复数, 建立了三角函数和指数函数的关系, 它在复变函数论里占有非常重要的地位.

$e^{ix}=\cos x+i\sin x$ 的推导:

因为 $e^{x}=1+\frac{x}{1!}+\frac{x^{2}}{2!}+\frac{x^{3}}{3!}+\frac{x^{4}}{4!}+\cdots$,

$$\cos x=1-\frac{x^{2}}{2!}+\frac{x^{4}}{4!}-\frac{x^{6}}{6!}+\cdots,$$

$$\sin x=x-\frac{x^{3}}{3!}+\frac{x^{5}}{5!}-\frac{x^{7}}{7!}+\cdots,$$

$$i^{2}=-1,\quad i^{3}=-i,\quad i^{4}=1,\quad \cdots.$$

在 e^{x} 的展开式中把 x 换成 ix, 有

$$e^{ix}=1+\frac{ix}{1!}-\frac{x^{2}}{2!}-\frac{ix^{3}}{3!}+\frac{x^{4}}{4!}-\cdots=\left(1-\frac{x^{2}}{2!}+\cdots\right)+i\left(x-\frac{x^{3}}{3!}+\cdots\right).$$

所以 $e^{ix}=\cos x+i\sin x$.

普通高等教育“十三五”规划教材
广东省精品资源共享课配套教材
应用型本科院校规划教材

高等数学教材配套练习册

（下册）

主　编　高　洁　唐春艳
副主编　李婷婷　祝颖润

科学出版社
北　京

内 容 简 介

本书是《高等数学（下册）》（主编高洁，科学出版社）的配套练习册，全书分两部分，第一部分为“内容篇”，依照主教材的章节顺序依次编排，按章编写，每章又分“本章教学要求及重点难点”和“内容提要”两个模块，对每章内容进行了系统的归纳与总结，便于读者学习. 第二部分为“测试篇”，共有五套单元自测题，分别对应每一章内容，另有三套综合训练题，方便读者进行自我测试.

图书在版编目(CIP)数据

高等数学：含练习册. 下册/高洁，唐春艳主编. —北京：科学出版社, 2018.8

普通高等教育“十三五”规划教材·广东省精品资源共享课配套教材·应用型本科院校规划教材

ISBN 978-7-03-057992-8

I. ①高…　II. ①高…　②唐…　III. ①高等数学-高等学校-教材　IV. ①O13

中国版本图书馆 CIP 数据核字(2018)第 130345 号

责任编辑：昌　盛　梁　清　孙翠勤 / 责任校对：彭珍珍

责任印制：师艳茹 / 封面设计：迷底书装

科 学 出 版 社 出版

北京东黄城根北街 16 号

邮政编码：100717

http://www.sciencep.com

石家庄继文印刷有限公司 印刷

科学出版社发行　各地新华书店经销

*

2018 年 8 月第　一　版　开本：720 × 1000　1/16

2019 年 8 月第二次印刷　印张：18 1/2

字数：373 000

定价：42.00 元(含练习册)

目 录

内 容 篇

测 试 篇

内　容　篇

第 7 章　空间解析几何

一、本章教学要求及重点难点

本章教学要求：

(1) 理解空间直角坐标系，以及向量的概念及其表示.

(2) 掌握向量的运算(线性运算、数量积、向量积)，了解两个向量垂直、平行的条件.

(3) 熟悉单位向量、方向余弦及向量的坐标表达式，掌握用坐标表达式进行向量运算的方法.

(4) 掌握平面的方程和直线的方程及其求法，会利用平面，直线的相互关系解决有关问题.

(5) 了解曲面方程的概念，掌握常用二次曲面的方程及其图形. 掌握以坐标轴为旋转轴的旋转曲面及母线平行于坐标轴的柱面方程.

(6) 了解空间曲线的参数方程和一般方程.

(7) 了解曲面的交线在坐标平面上的投影.

本章重点难点：

(1) 会用向量的坐标表达式进行向量的线性运算，数量积、向量积运算.

(2) 掌握平面及直线方程的求法.

(3) 掌握常用二次曲面方程及图形.

二、内容提要

(一) 向量代数

1. 主要概念

(1) 向量：既有大小又有方向的量，称为向量.

(2) 向量的模：向量的大小(长度)称为向量的模.

(3) 单位向量：模为 1 的向量，称为单位向量.

(4) 零向量：模为 0 的向量，称为零向量.

(5) 相等向量：两个向量模相等且方向相同，称这两个向量相等.

(6) 平行向量：两个向量方向相同或相反，称这两个向量平行.

(7) 向径：起点为原点的向量，称为向径.

2. 向量的运算

(1) 向量的加法运算：给定向量 $\boldsymbol{a}$ 和 $\boldsymbol{b}$，将 $\boldsymbol{b}$ 的起点置于 $\boldsymbol{a}$ 的终点，则从 $\boldsymbol{a}$ 的起点向 $\boldsymbol{b}$ 的终点所引的向量称为 $\boldsymbol{a}$ 与 $\boldsymbol{b}$ 的和，记作 $\boldsymbol{a}+\boldsymbol{b}$.

向量的加法运算满足：交换律 $\boldsymbol{a}+\boldsymbol{b}=\boldsymbol{b}+\boldsymbol{a}$；结合律 $(\boldsymbol{a}+\boldsymbol{b})+\boldsymbol{c}=\boldsymbol{a}+(\boldsymbol{b}+\boldsymbol{c})$.

(2) 向量的数乘运算：设向量 $\boldsymbol{a}$，λ 为实数，称向量 $\lambda\boldsymbol{a}$ 是 λ 与 $\boldsymbol{a}$ 的乘积，简称数乘向量，其中它的模 $|\lambda\boldsymbol{a}|=|\lambda||\boldsymbol{a}|$，当 $\lambda>0$ 时，$\lambda\boldsymbol{a}$ 的方向与 $\boldsymbol{a}$ 的方向相同；当 $\lambda<0$ 时，$\lambda\boldsymbol{a}$ 的方向与 $\boldsymbol{a}$ 的方向相反；当 $\lambda=0$ 时，$\lambda\boldsymbol{a}$ 为零向量.

向量的数乘运算满足以下运算律：

结合律 $(\lambda\mu)\boldsymbol{a}=\lambda(\mu\boldsymbol{a})$；分配律 $\lambda(\boldsymbol{a}+\boldsymbol{b})=\lambda\boldsymbol{a}+\mu\boldsymbol{b}$，$(\lambda+\mu)\boldsymbol{a}=\lambda\boldsymbol{a}+\mu\boldsymbol{a}$.

(3) 向量的减法运算：$\boldsymbol{a}-\boldsymbol{b}=\boldsymbol{a}+(-\boldsymbol{b})$，这里 $(-1)\boldsymbol{b}=-\boldsymbol{b}$.

(4) 向量的数量积运算：$\boldsymbol{a}\cdot\boldsymbol{b}=|\boldsymbol{a}|\cdot|\boldsymbol{b}|\cos\theta$.

向量的数量积运算满足以下的运算律及性质：

运算律：交换律　$\boldsymbol{a}\cdot\boldsymbol{b}=\boldsymbol{b}\cdot\boldsymbol{a}$；

分配律　$(\boldsymbol{a}+\boldsymbol{b})\cdot\boldsymbol{c}=\boldsymbol{a}\cdot\boldsymbol{c}+\boldsymbol{b}\cdot\boldsymbol{c}$；

结合律　$\lambda(\boldsymbol{a}\cdot\boldsymbol{b})=(\lambda\boldsymbol{a})\cdot\boldsymbol{b}$（$\lambda$ 为实数）.

性质：$\boldsymbol{a}\cdot\boldsymbol{a}=|\boldsymbol{a}|^2$；$\boldsymbol{a}\perp\boldsymbol{b}$ 当且仅当 $\boldsymbol{a}\cdot\boldsymbol{b}=0$.

(5) 向量的向量积运算：向量 $\boldsymbol{a}$ 和 $\boldsymbol{b}$ 的向量积 $\boldsymbol{a}\times\boldsymbol{b}$ 为一个向量 $\boldsymbol{c}$，其中 $|\boldsymbol{c}|=|\boldsymbol{a}||\boldsymbol{b}|\sin\theta$，$\theta$ 为 $\boldsymbol{a}$ 与 $\boldsymbol{b}$ 的夹角 $(0\leqslant\theta\leqslant\pi)$；且 $\boldsymbol{c}\perp\boldsymbol{a},\boldsymbol{c}\perp\boldsymbol{b}$，$\boldsymbol{a},\boldsymbol{b},\boldsymbol{c}$ 服从右手规则.

向量的向量积运算满足以下的运算律及性质：

运算律：$\boldsymbol{b}\times\boldsymbol{a}=-\boldsymbol{a}\times\boldsymbol{b}$（向量积不满足交换律）；

分配律：$(\boldsymbol{a}+\boldsymbol{b})\times\boldsymbol{c}=\boldsymbol{a}\times\boldsymbol{c}+\boldsymbol{b}\times\boldsymbol{c}$；

结合律：$(\lambda\boldsymbol{a})\times\boldsymbol{b}=\boldsymbol{a}\times(\lambda\boldsymbol{b})=\lambda(\boldsymbol{a}\times\boldsymbol{b})$.

性质：$\boldsymbol{a}\times\boldsymbol{a}=\boldsymbol{0}$；$\boldsymbol{a}/\!/\boldsymbol{b}$ 当且仅当 $\boldsymbol{a}\times\boldsymbol{b}=\boldsymbol{0}$.

3. 向量及其线性运算的坐标表示

设向量 $\boldsymbol{a}$ 的坐标表达式为

$$\boldsymbol{a}=a_x\boldsymbol{i}+a_y\boldsymbol{j}+a_z\boldsymbol{k}=\left\{a_x,a_y,a_z\right\},$$

则

(1) 向量 $\boldsymbol{a}$ 的模为 $|\boldsymbol{a}|=\sqrt{a_x^2+a_y^2+a_z^2}$.

(2) 向量 $\boldsymbol{a}$ 的方向余弦为

$$\begin{cases}\cos\alpha=\dfrac{a_x}{\sqrt{a_x^2+a_y^2+a_z^2}},\\ \cos\beta=\dfrac{a_y}{\sqrt{a_x^2+a_y^2+a_z^2}},\\ \cos\gamma=\dfrac{a_z}{\sqrt{a_x^2+a_y^2+a_z^2}}.\end{cases}$$

这里显然$\cos^2\alpha+\cos^2\beta+\cos^2\gamma=1$.

(3) 与向量$\boldsymbol{a}$同向的单位向量为

$$\boldsymbol{a}^0=\frac{1}{|\boldsymbol{a}|}\boldsymbol{a}=\frac{1}{|\boldsymbol{a}|}\left\{a_x,a_y,a_z\right\}=\{\cos\alpha,\cos\beta,\cos\gamma\}.$$

(4) 设两个向量$\boldsymbol{a}=\left\{a_x,a_y,a_z\right\}$和$\boldsymbol{b}=\left\{b_x,b_y,b_z\right\}$，则

$$\boldsymbol{a}+\boldsymbol{b}=\left\{a_x+b_x,a_y+b_y,a_z+b_z\right\};$$

$$\boldsymbol{a}-\boldsymbol{b}=\left\{a_x-b_x,a_y-b_y,a_z-b_z\right\};$$

$$\lambda\boldsymbol{a}=\left\{\lambda a_x,\lambda a_y,\lambda a_z\right\};$$

$$\boldsymbol{a}\cdot\boldsymbol{b}=a_xb_x+a_yb_y+a_zb_z;$$

$$\boldsymbol{a}\times\boldsymbol{b}=\begin{vmatrix}\boldsymbol{i}&\boldsymbol{j}&\boldsymbol{k}\\a_x&a_y&a_z\\b_x&b_y&b_z\end{vmatrix}.$$

(5) 常见结论:

①向量$\boldsymbol{a}$与$\boldsymbol{b}$垂直当且仅当$\boldsymbol{a}\cdot\boldsymbol{b}=a_xb_x+a_yb_y+a_zb_z=0$;

②向量$\boldsymbol{a}$与$\boldsymbol{b}$平行当且仅当$\boldsymbol{b}=\lambda\boldsymbol{a}$($\lambda$为实数)，当且仅当$\frac{a_x}{b_x}=\frac{a_y}{b_y}=\frac{a_z}{b_z}$($\boldsymbol{a},\boldsymbol{b}$为非零向量);

③$|\boldsymbol{a}\times\boldsymbol{b}|=$以向量$\boldsymbol{a}$与$\boldsymbol{b}$为邻边的平行四边形的面积.

(二) 空间解析几何

1. 空间的平面方程

(1) 点法式方程: 过点$M_0(x_0,y_0,z_0)$，以向量$\boldsymbol{n}=\{A,B,C\}$为法向量的平面方程为

$$A(x-x_0)+B(y-y_0)+C(z-z_0)=0.$$

(2) 一般方程: $Ax+By+Cz+D=0$.

(3) 截距式方程: $\frac{x}{a}+\frac{y}{b}+\frac{z}{c}=1$，这里该平面与$x$轴、$y$轴、$z$轴的交点分别为

$P(a,0,0)$， $Q(0,b,0)$，$R(0,0,c)$.

2. 空间的直线方程

(1)点向式方程: 过已知定点 $M_0(x_0,y_0,z_0)$，以 $\boldsymbol{s}=\{m,n,p\}$ 为方向向量的直线 L 的方程为

$$\frac{x-x_0}{m}=\frac{y-y_0}{n}=\frac{z-z_0}{p}.$$

(2)参数方程: $\begin{cases} x=x_0+mt, \\ y=y_0+nt, \\ z=z_0+pt. \end{cases}$

(3)一般方程: $\begin{cases} A_1x+B_1y+C_1z+D_1=0, \\ A_2x+B_2y+C_2z+D_2=0, \end{cases}$ 这里将该直线看成两个平面的交线.

3. 空间中的曲面

(1)曲面的一般方程: $F(x,y,z)=0$;

(2)常见曲面的方程:

①柱面方程: 母线平行于 z 轴, 准线为 xOy 坐标面上的曲线 $\begin{cases} F(x,y)=0, \\ z=0 \end{cases}$ 的柱面方程为 $F(x,y)=0$. 类似地, 方程 $G(y,z)=0$，$H(x,z)=0$ 分别表示母线平行于 x 轴、y 轴的柱面.

注意 方程中缺少哪个变量, 方程就代表母线平行于哪个轴的柱面.

②旋转曲面方程: 以 xOy 平面上的曲线 $L:\begin{cases} f(x,y)=0, \\ z=0 \end{cases}$ 为母线, 绕 x 轴旋转而得的旋转曲面的方程为 $f(x,\pm\sqrt{y^2+z^2})=0$. 绕 y 轴旋转所成的旋转曲面的方程为 $f(\pm\sqrt{x^2+z^2},y)=0$.

③球面方程: 以点 $M_0(x_0,y_0,z_0)$ 为球心, 以 R 为半径作一个球面, 球面方程的标准式为

$$(x-x_0)^2+(y-y_0)^2+(z-z_0)^2=R^2.$$

球面方程的一般式: $x^2+y^2+z^2+Dx+Ey+Fz+G=0$.

④椭球面方程: 方程 $\frac{x^2}{a^2}+\frac{y^2}{b^2}+\frac{z^2}{c^2}=1$ 所表示的曲面称为椭球面. a,b,c 称为椭球面的半轴. 特别地, 方程 $x^2+y^2+z^2=a^2$ 表示一个以原点为球心以 a 为半径的球面.

⑤椭圆抛物面方程: 由方程 $z=\frac{x^2}{a^2}+\frac{y^2}{b^2}$ 所表示的曲面称为椭圆抛物面. 特别地, 方程 $z=\frac{x^2}{a^2}+\frac{y^2}{a^2}$ 表示一个旋转抛物面.

⑥锥面方程: 由方程 $z^2=\frac{x^2}{a^2}+\frac{y^2}{b^2}$ 所表示的曲面称为锥面.

4. 空间中的曲线

(1)空间曲线的一般方程: $\begin{cases}F(x,y,z)=0,\\G(x,y,z)=0.\end{cases}$

(2)空间曲线的参数方程: $\begin{cases}x=f(t),\\y=g(t),\\z=h(t).\end{cases}$

(3)空间曲线在坐标面上的投影曲线:

在空间曲线 $C:\begin{cases}F(x,y,z)=0,\\G(x,y,z)=0\end{cases}$ 中, 消去未知量 z, 得到一个母线垂直于 xOy 坐标面的投影柱面 $T(x,y)=0$, 则空间曲线 C 在 xOy 坐标面上的投影曲线为 $\begin{cases}T(x,y)=0,\\z=0.\end{cases}$

第8章　多元函数微分学

一、本章教学要求及重点难点

本章教学要求：

(1) 理解多元函数的概念，理解二元函数的极限与连续性，了解二元函数的几何意义以及有界闭区域上二元连续函数的性质.

(2) 掌握多元函数偏导数的概念，了解二元函数偏导数的几何意义，熟练掌握多元函数的偏导数及高阶偏导数的计算.

(3) 掌握全微分的概念，了解全微分、偏导数和连续的关系，熟练掌握全微分的计算，了解全微分在近似计算中的应用.

(4) 掌握多元复合函数的求导法则，会求多元复合函数的偏导数、二阶偏导数，了解全微分形式不变性；掌握隐函数的偏导数求法.

(5) 会求空间曲线的切线和法平面方程，会求曲面的切平面和法线方程.

(6) 理解方向导数与梯度的概念，掌握方向导数与梯度的计算，理解方向导数与梯度的关系.

(7) 掌握二元函数取极值的必要条件与充分条件，掌握多元函数最值的简单实际应用，会用拉格朗日乘数法求解多元函数的条件极值问题.

本章重点难点：

(1) 理解二元函数极限的概念；

(2) 了解全微分、偏导数和连续之间的关系；掌握多元复合函数偏导数的计算；

(3) 掌握方向导数和梯度的计算方法，理解方向导数与梯度的关系；

(4) 掌握多元函数的极值和最值问题的计算方法.

二、内容提要

1. 多元函数的概念

(1) 平面上的点集

①邻域：设 $P_0(x_0, y_0) \in \mathbf{R}^2$，$\delta$ 是某个正数，则点集

$$E = \left\{(x, y) \middle| \sqrt{(x - x_0)^2 + (y - y_0)^2} < \delta\right\}$$

称为 P_0 点的 δ 邻域，记为 $U(P_0, \delta)$．而点集

$$E=\left\{(x,y)\middle|0<\sqrt{(x-x_0)^2+(y-y_0)^2}<\delta\right\},$$

称为 P_0 点的去心 δ 邻域, 记为 $\mathring{U}(P_0,\delta)$.

②内点: 设集合 $E\subset\mathbf{R}^2$, $P_0\in E$, 如果存在 $\delta>0$, 使得 $U(P_0,\delta)\subset E$, 则称 P_0 是 E 的一个内点.

③外点: 若存在 P_0 的某邻域 $U(P_0)$, 使得 $U(P_0)\cap E=\varnothing$, 则称 P_0 是集合 E 的一个外点.

④界点: 若对任意小的正数 δ, $U(P_0,\delta)$ 内既含有 E 中的点, 也含有不是 E 中的点, 则称 P_0 是 E 的一个界点. E 的全体界点称为 E 的边界.

⑤开集: 如果 E 中每个点都是 E 的内点, 则称 E 是开集.

⑥连通集: 若对 E 中任意两点总可以用一条折线把它们连接起来, 并且使该折线全部含在 E 内, 则称集合 E 是连通的.

⑦区域: 连通的开集称为区域.

⑧闭区域: 区域连同它的边界称为闭区域.

⑨有界集: 如果存在一个充分大的正数 R, 使得 $E\subset U(O,R)$, 其中 O 是坐标系的原点, 则称集合 E 是有界的; 否则就称集合 E 是无界的.

(2) 二元函数的概念

设 D 是非空的平面点集, $\mathbf{R}$ 是实数集, f 是一个对应法则, 如果对 D 中的每一点 $P(x,y)$, 通过 f 在 $\mathbf{R}$ 中有唯一的实数 z 与之对应, 我们就称 f 是定义在 D 上的一个二元函数, 记为

$$z=f(P),\ P\in D\quad 或\quad z=f(x,y),\ (x,y)\in D,$$

其中 x,y 称为自变量, z 称为因变量, 点集 D 称为函数的定义域, $R(f)=\{f(P)|P\in D\}$ 称为函数的值域. 点集 $\{(x,y,z)|z=f(x,y),(x,y)\in D\}$ 称为二元函数 $z=f(x,y)$ 的图形, 它是空间中的曲面.

(3) 二元函数的极限与连续

①极限: 设函数 $z=f(x,y)$ 在点 $P_0(x_0,y_0)$ 的某个去心邻域 $\mathring{U}(P_0)$ 内有定义, $P(x,y)$ 是该邻域内任意一点, 如果点 P 以任何方式趋于 P_0 时, 函数的对应值 $f(x,y)$ 趋近于某一个确定的常数 A, 我们就说二元函数 $z=f(x,y)$ 在 P_0 点以 A 为极限, 记为

$$\lim_{P\to P_0}f(P)=A\quad 或\quad \lim_{x\to x_0,y\to y_0}=f(x,y)=A.$$

②连续: 设函数 $z=f(x,y)$ 在 $P_0(x_0,y_0)$ 某邻域内有定义, 如果函数 $f(x,y)$ 在

点 P_0 极限存在且等于 $f(x_0,y_0)$，即

$$\lim_{x\to x_0,y\to y_0} = f(x,y) = f(x_0,y_0),$$

则称函数 $f(x,y)$ 在 P_0 点连续. 如果函数 $f(x,y)$ 在区域 D 内每点都连续, 那么就称函数 $f(x,y)$ 在区域 D 内连续.

③有界闭区域上连续函数的性质

a) 最值定理: 在有界闭区域 D 上连续的二元函数 $f(x,y)$, 在闭区域 D 上一定能取得最大值和最小值.

b) 介值定理: 设 M,m 分别是二元连续函数 $f(x,y)$ 在有界闭区域 D 上的最大值和最小值, 如果实数 μ 满足 $m\leqslant\mu\leqslant M$ ，则在 D 上总存在点 $P_0(x_0,y_0)$，使得 $f(P_0)=\mu$.

2. 偏导数

(1) 定义: 设函数 $z=f(x,y)$ 在点 $P_0(x_0,y_0)$ 某邻域内有定义, 当 y 固定在 y_0，而 x 在 x_0 处有增量 Δx 时, 相应地函数有关于 x 的偏增量

$$\Delta z_x = f(x_0+\Delta x,y_0)-f(x_0,y_0),$$

如果极限

$$\lim_{\Delta x\to 0}\frac{f(x_0+\Delta x,y_0)-f(x_0,y_0)}{\Delta x}$$

存在, 则称此极限为函数 $z=f(x,y)$ 在点 $P_0(x_0,y_0)$ 处对 x 的偏导数, 记为

$$\left.\frac{\partial z}{\partial x}\right|_{\substack{x=x_0\\y=y_0}},\quad \left.\frac{\partial f}{\partial x}\right|_{\substack{x=x_0\\y=y_0}},\quad \left.z_x\right|_{\substack{x=x_0\\y=y_0}}\quad 或\quad f_x(x_0,y_0).$$

类似地, 函数 $z=f(x,y)$ 在点 (x_0,y_0) 处对 y 的偏导数为极限

$$\lim_{\Delta y\to 0}\frac{f(x_0,y_0+\Delta y)-f(x_0,y_0)}{\Delta y},$$

记为

$$\left.\frac{\partial z}{\partial y}\right|_{\substack{x=x_0\\y=y_0}},\quad \left.\frac{\partial f}{\partial y}\right|_{\substack{x=x_0\\y=y_0}},\quad \left.z_y\right|_{\substack{x=x_0\\y=y_0}}\quad 或\quad f_y(x_0,y_0).$$

(2) 计算：在求 $z=f(x,y)$ 的偏导数时，如果求对 x 的偏导数就把 $f(x,y)$ 中的 y 看作常量而对 x 求导数；如果求对 y 的偏导数就把 x 看作常量而对 y 求导数. 至于二元以上的函数方法类似.

(3) 二元函数偏导数的几何意义：设 $M_0(x_0,y_0,f(x_0,y_0))$ 为曲面 $z=f(x,y)$ 上的一点，过 M_0 作平面 $y=y_0$，截此曲面得一曲线

$$c:\begin{cases} y=y_0, \\ z=f(x,y_0), \end{cases}$$

它是 $y=y_0$ 平面上的一条曲线，则导数 $\frac{\mathrm{d}}{\mathrm{d}x}f(x,y_0)\Big|_{x=x_0}$，即偏导数 $f_x(x_0,y_0)$ 就是这条曲线在点 M_0 处的切线 M_0T_x 对 x 轴的斜率. 同样，偏导数 $f_y(x_0,y_0)$ 的几何意义是曲面被平面 $x=x_0$ 所截得的曲线在点 M_0 处的切线 M_0T_y 对 y 轴的斜率.

(4) 高阶偏导数：设函数 $z=f(x,y)$ 在区域 D 内存在偏导数为 $f_x(x,y)$ 和 $f_y(x,y)$，如果这两个函数依然存在着偏导数，则称 $f_x(x,y)$ 和 $f_y(x,y)$ 的偏导数是函数 $z=f(x,y)$ 的二阶偏导数，类似地有三阶偏导数及更高阶偏导数的概念. 二阶及二阶以上的偏导数统称为高阶偏导数. 如果函数 $f(x,y)$ 的两个二阶混合偏导数 $f_{xy}(x,y)$ 及 $f_{yx}(x,y)$ 在区域 D 内连续，则在 D 内这两个二阶混合偏导数相等.

3. 全微分

(1) 定义：如果函数 $z=f(x,y)$ 在点 $P_0(x_0,y_0)$ 的某邻域内有定义，且在 P_0 点的全增量

$$\begin{aligned}\Delta z &= f(x_0+\Delta x,y_0+\Delta y)-f(x_0,y_0) \\ &= A\Delta x+B\Delta y+o(\rho),\end{aligned}$$

其中 A,B 不依赖于 $\Delta x,\Delta y$，而仅与点 P_0 有关，$\rho=\sqrt{\Delta x^2+\Delta y^2}$，则称函数 $z=f(x,y)$ 在点 P_0 处可微，并称 $A\Delta x+B\Delta y$ 为函数 $z=f(x,y)$ 在 P_0 点的全微分，记作 $\mathrm{d}z$，即

$$\mathrm{d}z=A\Delta x+B\Delta y.$$

(2) 可微性条件

①必要条件：若函数 $z=f(x,y)$ 在 $P_0(x_0,y_0)$ 处可微，则该函数在点 P_0 处的两个偏导数 $f_x(x_0,y_0),f_y(x_0,y_0)$ 都存在，并且 $A=f_x(x_0,y_0),B=f_y(x_0,y_0)$.

②充分条件：若函数 $z=f(x,y)$ 的偏导数 $f_x(x,y),f_y(x,y)$ 在点 $P_0(x_0,y_0)$ 处连续，则函数 $f(x,y)$ 在 $P_0(x_0,y_0)$ 点可微.

(3) 全微分表达式: $\mathrm{d}z=\frac{\partial z}{\partial x}\mathrm{d}x+\frac{\partial z}{\partial y}\mathrm{d}y$.

(4) 全微分近似计算函数增量的公式:

$$\Delta z=f(x_0+\Delta x,y_0+\Delta y)-f(x_0,y_0)\approx f_x(x_0,y_0)\Delta x+f_y(x_0,y_0)\Delta y,$$

也有

$$f(x_0+\Delta x,y_0+\Delta y)\approx f\left(x_0,y_0\right)+f_x(x_0,y_0)\Delta x+f_y(x_0,y_0)\Delta y.$$

4. 多元复合函数求导法与隐函数求导法

(1) 多元复合函数求导法

①设 $z=f(u,v)$，而 u,v 又是自变量 x,y 的函数 $u=\varphi(x,y),v=\psi(x,y)$，此时, 若 $\varphi(x,y),\psi(x,y)$ 在点 (x,y) 关于 x 和 y 的偏导数存在, 而 $f(u,v)$ 在相应于 (x,y) 的点 (u,v) 处可微, 则有以下公式成立:

$$\frac{\partial z}{\partial x}=\frac{\partial z}{\partial u}\cdot\frac{\partial u}{\partial x}+\frac{\partial z}{\partial v}\cdot\frac{\partial v}{\partial x},\quad \frac{\partial z}{\partial y}=\frac{\partial z}{\partial u}\cdot\frac{\partial u}{\partial y}+\frac{\partial z}{\partial v}\cdot\frac{\partial v}{\partial y}.$$

②若 $z=f(u)$，而 $u=\varphi(x,y)$，则有

$$\frac{\partial z}{\partial x}=\frac{\mathrm{d}z}{\mathrm{d}u}\frac{\partial u}{\partial x},\quad \frac{\partial z}{\partial y}=\frac{\mathrm{d}z}{\mathrm{d}u}\frac{\partial u}{\partial y}.$$

③若 $z=f(x,y),x=\varphi(t),y=\psi(t)$，则

$$\frac{\mathrm{d}z}{\mathrm{d}t}=\frac{\partial z}{\partial x}\frac{\mathrm{d}x}{\mathrm{d}t}+\frac{\partial z}{\partial y}\frac{\mathrm{d}y}{\mathrm{d}t}.$$

(2) 全微分形式不变性: 设函数 $z=f(u,v)$ 具有连续偏导数, 则有全微分 $\mathrm{d}z=\frac{\partial z}{\partial u}\mathrm{d}u+\frac{\partial z}{\partial v}\mathrm{d}v$，如果 u,v 又是 x,y 的函数, 且 $u=\varphi(x,y),v=\psi(x,y)$，并且这两个函数也具有连续偏导数, 则复合函数 $z=f[\varphi(x,y),\psi(x,y)]$ 的全微分是

$$\mathrm{d}z=\frac{\partial z}{\partial x}\mathrm{d}x+\frac{\partial z}{\partial y}\quad \mathrm{d}y=\frac{\partial z}{\partial u}\mathrm{d}u+\frac{\partial z}{\partial v}\mathrm{d}v.$$

即不论 u,v 是自变量或是中间变量, 函数 z 的全微分的形式都是一样的, 这样的性质称作全微分形式的不变性.

(3) 隐函数求导法

①隐函数存在定理: 设函数 $F(x,y)$ 在点 $P(x_0,y_0)$ 的某邻域内具有连续偏导数,

且 $F(x_0,y_0)=0, F_y(x_0,y_0)\neq 0$，则方程 $F(x,y)=0$ 在点 (x_0,y_0) 的某邻域内总能确定一个连续且具有连续导数的函数 $y=f(x)$，它满足条件 $y_0=f(x_0)$ 并且有

$$\frac{dy}{dx}=-\frac{F_x}{F_y}.$$

②可以将隐函数存在定理推广到 n 元函数的情形，因为由一个二元方程可以确定一个一元隐函数，类似地，由一个三元方程：$F(x,y,z)=0$ 就可以在一定的条件下唯一确定一个二元可导的隐函数，如 $z=z(x,y)$．同样可以推导出如下的求导公式：

$$\frac{\partial z}{\partial x}=-\frac{F_x}{F_z},\quad \frac{\partial z}{\partial y}=-\frac{F_y}{F_z}.$$

5. 多元函数微分学在几何方面的应用

(1) 空间曲线的切线和法平面

在 $\mathbf{R}^3$ 上，设曲线 Γ 的参数方程为 $x=\varphi(t), y=\psi(t), z=\omega(t)$（$\alpha\leqslant t\leqslant\beta$），在曲线 Γ 上取对应的参数 $t=t_0$ 的点 $M_0(x_0,y_0,z_0)$，则曲线 Γ 过点 M_0 的切线方程为

$$\frac{x-x_0}{\varphi'(t_0)}=\frac{y-y_0}{\psi'(t_0)}=\frac{z-z_0}{\omega'(t_0)},$$

其中 $\varphi'(t_0)$，$\psi'(t_0)$，$\omega'(t_0)$ 存在且不同时为零.

法平面方程为

$$\varphi'(t_0)(x-x_0)+\psi'(t_0)(y-y_0)+\omega'(t_0)(z-z_0)=0.$$

(2) 曲面的切平面方程及法线方程

设曲面 Σ 的方程为 $F(x,y,z)=0, M_0(x_0,y_0,z_0)$ 是该曲面上的一点，$F(x,y,z)$ 点 M_0 处有连续的偏导数，且不同时为零．则曲面在点 M_0 的法向量为

$$\boldsymbol{n}=\left\{F_x(x_0,y_0,z_0),F_y(x_0,y_0,z_0),F_z(x_0,y_0,z_0)\right\},$$

曲面在点 M_0 的切平面方程为

$$F_x(x_0,y_0,z_0)(x-x_0)+F_y(x_0,y_0,z_0)(y-y_0)+F_z(x_0,y_0,z_0)(z-z_0)=0.$$

法线方程为

$$\frac{x-x_0}{F_x(x_0,y_0,z_0)}=\frac{y-y_0}{F_y(x_0,y_0,z_0)}=\frac{z-z_0}{F_z(x_0,y_0,z_0)}.$$

如果曲面 Σ 以 $z=f(x,y),(x,y)\in D$ 给出，曲面在点 $M_0(x_0,y_0,z_0)$ 处的法向量是

$$\boldsymbol{n}=\left\{f_x(x_0,y_0),f_y(x_0,y_0),-1\right\},$$

因此切平面方程为

$$f_x(x_0,y_0)(x-x_0)+f_y(x_0,y_0)(y-y_0)-(z-z_0)=0,$$

法线方程为

$$\frac{x-x_0}{f_x(x_0,y_0)}=\frac{y-y_0}{f_y(x_0,y_0)}=\frac{z-z_0}{-1}.$$

6. *方向导数与梯度*

(1) 方向导数

①定义：设函数 $z=f(x,y)$ 在点 $P_0(x_0,y_0)$ 的某一邻域有定义，l 是从点 P_0 引出的一条射线，$P(x+\Delta x,y+\Delta y)$ 是 l 上任意一点，点 P_0 与 P 之间的距离为 $\rho=\sqrt{\Delta x^2+\Delta y^2}$. 当点 P 沿射线 l 趋于 P_0（即 $\rho\to 0$），下式极限

$$\lim_{\rho\to 0}\frac{f(x_0+\Delta x,y_0+\Delta y)-f(x_0,y_0)}{\rho}$$

存在，就称此极限为函数 $z=f(x,y)$ 在点 P_0 沿 l 方向的**方向导数**，记为

$$\frac{\partial f}{\partial l}=\frac{\partial z}{\partial l}=\lim_{\rho\to 0}\frac{f(x_0+\Delta y,y_0+\Delta y)-f(x_0,y_0)}{\rho}.$$

②计算：如果函数 $z=f(x,y)$ 在点 $P(x,y)$ 可微，则它在 P 点沿任一方向 l 的方向导数都存在，且有

$$\frac{\partial z}{\partial l}=\frac{\partial z}{\partial x}\cos\alpha+\frac{\partial z}{\partial y}\cos\beta,$$

其中 $\cos\alpha,\cos\beta$ 是 l 方向的方向余弦.

(2) 梯度

①定义：设函数 $z=f(x,y)$ 在平面区域 D 内具有一阶连续偏导数，那么对任何一点 $P_0(x_0,y_0)\in D$，称向量

$$f_x(x_0,y_0)\boldsymbol{i}+f_y(x_0,y_0)\boldsymbol{j}$$

为函数 $z=f(x,y)$ 在点 $P_0(x_0,y_0)$ 的梯度，记作 $\mathbf{grad}\ f(x_0,y_0)$，即

$$\mathbf{grad}\ f(x_0,y_0)=f_x(x_0,y_0)\boldsymbol{i}+f_y(x_0,y_0)\boldsymbol{j}.$$

②梯度与方向导数的关系：函数在某点处的梯度是一个向量，梯度的方向就是在该点的方向导数取最大值的方向，而梯度的模就是方向导数的最大值.

7. 多元函数的极值与条件极值

(1) 多元函数的极值

①定义：设函数 $z=f(x,y)$ 在 $P_0(x_0,y_0)$ 点某邻域 $U(P_0)$ 内有定义，对于 $U(P_0)$ 内任一异于 P_0 的点 $P(x,y)$，总有

$$f(x,y)<f(x_0,y_0)\quad (\text{或} f(x,y)>f(x_0,y_0)),$$

则称 $f(x_0,y_0)$ 为函数的极大(小)值. P_0 是函数 $f(x,y)$ 的极大(小)值点.

②函数取得极值的必要条件：函数 $z=f(x,y)$ 在点 $P_0(x_0,y_0)$ 处取得极值且在该点两个偏导数都存在，则有 $f_x(x_0,y_0)=0, f_y(x_0,y_0)=0$.

③函数取得极值的充分条件：设 $P_0(x_0,y_0)$ 是函数 $z=f(x,y)$ 的一个驻点，又 $f(x,y)$ 在点 P_0 某邻域内存在着二阶连续偏导数，记

$$A=f_{xx}(x_0,y_0), B=f_{xy}(x_0,y_0), C=f_{yy}(x_0,y_0),$$

则

(a) $AC-B^2>0$ 时，$f(x,y)$ 在 $P_0(x_0,y_0)$ 点处取得极值，且当 $A>0$ 时，在 $P_0(x_0,y_0)$ 点处取极小值，当 $A<0$ 时，在 $P_0(x_0,y_0)$ 点处取极大值；

(b) $AC-B^2<0$ 时，$f(x,y)$ 在 $P_0(x_0,y_0)$ 点处取不到极值；

(c) $AC-B^2=0$ 时，既可能在 $P_0(x_0,y_0)$ 点取得极值，也可能未取得极值，需另外讨论.

(2) 二元函数的最值：对于在有界闭区域 D 上有连续偏导数的函数 $f(x,y)$，求最值的步骤如下：

①求出 $f(x,y)$ 在区域 D 内的驻点；

②求出 $f(x,y)$ 在区域 D 边界上的最值点；

③在上述两类点中的函数值最大者为最大值，最小者为最小值.

在实际问题中，如果根据问题本身的性质可知，函数 $f(x,y)$ 的最大(小)值一定在区域 D 的内部取得，并且函数在 D 内仅有唯一驻点，就可以判断该驻点一定是函数的最大(小)值点.

(3) 条件极值、拉格朗日乘数法

求函数 $z=f(x,y)$ 在约束条件 $\varphi(x,y)=0$ 下的极值问题，首先构造拉格朗日函数

$$L(x,y)=f(x,y)+\lambda\varphi(x,y),$$

其次求驻点，即求方程组

$$\begin{cases} f_x(x,y)+\lambda\varphi_x(x,y)=0, \\ f_y(x,y)+\lambda\varphi_y(x,y)=0, \\ \varphi(x,y)=0 \end{cases}$$

的实值解 (x,y)，即为函数 $z=f(x,y)$ 在约束条件 $\varphi(x,y)=0$ 下的可能极值点. 至于如何进一步判断所求的驻点是否一定是极值点，在实际问题中往往可以根据问题本身的性质来判定.

这一方法还可以推广到自变量多于两个而条件多于一个的情形.

第9章 重 积 分

一、本章教学要求及重点难点

本章教学要求:

(1) 掌握二重积分的概念及性质, 熟练掌握直角坐标系和极坐标系下化二重积分为二次积分(累次积分)的计算方法, 会利用二重积分计算曲顶柱体的体积.

(2) 理解三重积分的概念, 掌握直角坐标系、柱坐标系及球坐标系下化三重积分为三次积分(累次积分)的方法.

(3) 会利用二重积分求曲面的面积; 会利用二重积分计算平面薄片的质心的坐标; 会利用三重积分计算立体的质心的坐标.

本章重点难点:

(1) 掌握在直角坐标系和极坐标系下化二重积分为二次积分(累次积分)的方法, 会计算二重积分.

(2) 掌握在直角坐标系、柱坐标系和球坐标系下化三重积分为三次积分(累次积分)的方法, 会计算三重积分.

(3) 会利用重积分计算曲顶柱体的体积、曲面的面积以及质心的坐标.

二、内容提要

重积分是多元函数微积分学的基本内容之一. 本章主要介绍二重积分的概念和性质、二重积分的计算方法、三重积分的概念和性质、三重积分的计算方法、利用重积分计算一些几何量和物理量, 主要包括以下几个方面.

1. 二重积分的概念

设函数 $z=f(x,y)$ 是有界闭区域 D 上的有界函数. 将 D 任意分成 n 个小闭区域 $\Delta\sigma_1,\Delta\sigma_2,\cdots,\Delta\sigma_n$, 其中 $\Delta\sigma_i$ 表示第 i 个小闭区域, 同时也表示它的面积. 在每个 $\Delta\sigma_i$ 上任取一点 (ξ_i,η_i), 作乘积 $f(\xi_i,\eta_i)\Delta\sigma_i(i=1,2,\cdots,n)$, 并作和 $\sum\limits_{i=1}^{n}f(\xi_i,\eta_i)\Delta\sigma_i$. 如果当各小闭区域的直径中的最大者 λ 趋于零时, 这和的极限总存在, 并且与区域 D 的分法无关, 与点 (ξ_i,η_i) 的取法无关, 则称此极限为二元函数 $f(x,y)$ 在有界闭区域 D 上的二重积分, 记作 $\iint\limits_D f(x,y)\mathrm{d}\sigma$, 即

$$\iint_D f(x,y)\mathrm{d}\sigma = \lim_{\lambda\to 0}\sum_{i=1}^{n} f(\xi_i,\eta_i)\Delta\sigma_i ,$$

其中 $f(x,y)$ 称作被积函数，$f(x,y)\mathrm{d}\sigma$ 称作被积表达式，$\mathrm{d}\sigma$ 称作面积元素，x,y 称作积分变量，D 称作积分区域，$\sum_{i=1}^{n} f(\xi_i,\eta_i)\Delta\sigma_i$ 称作积分和.

注意 在直角坐标系下，面积元素 $\mathrm{d}\sigma=\mathrm{d}x\mathrm{d}y$. 因此在直角坐标系下，二重积分也可记作 $\iint_D f(x,y)\mathrm{d}x\mathrm{d}y$.

2. 二重积分的几何意义

当 $f(x,y)\geqslant 0$ 时，$\iint_D f(x,y)\mathrm{d}\sigma$ 表示以闭区域 D 为底，以曲面 $z=f(x,y)$ 为顶的曲顶柱体的体积.

特别地，当 $f(x,y)=1$ 时，$\iint_D 1\mathrm{d}\sigma=\iint_D \mathrm{d}\sigma=\sigma$，其中 σ 是区域 D 的面积.

3. 二重积分的物理意义

当 $\rho(x,y)\geqslant 0$ 时，$\iint_D \rho(x,y)\mathrm{d}\sigma$ 表示面密度为 $\rho(x,y)$ 的平面薄片 D 的质量.

4. 二重积分的性质

(1) 线性性质：设 α,β 为常数，则

$$\iint_D (\alpha f(x,y)+\beta g(x,y))\mathrm{d}x\mathrm{d}y=\alpha\iint_D f(x,y)\mathrm{d}x\mathrm{d}y+\beta\iint_D g(x,y)\mathrm{d}x\mathrm{d}y.$$

(2) 对积分区域的可加性：如果闭区域 D 被曲线分为两部分 D_1，D_2，$D=D_1\cup D_2$，则

$$\iint_D f(x,y)\mathrm{d}x\mathrm{d}y=\iint_{D_1} f(x,y)\mathrm{d}x\mathrm{d}y+\iint_{D_2} f(x,y)\mathrm{d}x\mathrm{d}y .$$

(3) 保序性：如果在 D 上，$f(x,y)\leqslant g(x,y)$，则有

$$\iint_D f(x,y)\mathrm{d}x\mathrm{d}y\leqslant\iint_D g(x,y)\mathrm{d}x\mathrm{d}y .$$

特别地，有 $\left|\iint_D f(x,y)\mathrm{d}x\mathrm{d}y\right|\leqslant\iint_D |f(x,y)|\mathrm{d}x\mathrm{d}y$.

(4) 积分中值定理: 设 $f(x,y)$ 在 D 上连续, σ 是区域 D 的面积, 则在 D 上至少存在一点 (ξ,η), 使得 $\iint\limits_D f(x,y)\mathrm{d}x\mathrm{d}y = f(\xi,\eta)\sigma$.

5. 二重积分的计算

依据积分区域和被积函数的不同特点, 可选用直角坐标系或者极坐标系去计算二重积分. 总是化二重积分为二次积分(累次积分).

(1) 在直角坐标系下的情形

① x-型域: 设 $z=f(x,y)$ 在 D 上连续, 其中 D 可表示为

$$\varphi_1(x)\leqslant y\leqslant\varphi_2(x),\quad a\leqslant x\leqslant b.$$

则 $\iint\limits_D f(x,y)\mathrm{d}x\mathrm{d}y=\int_a^b\left[\int_{\varphi_1(x)}^{\varphi_2(x)}f(x,y)\mathrm{d}y\right]\mathrm{d}x=\int_a^b\mathrm{d}x\int_{\varphi_1(x)}^{\varphi_2(x)}f(x,y)\mathrm{d}y$, 即将二重积分化为先对 y 后对 x 的二次积分.

② y-型域: 设 $z=f(x,y)$ 在 D 上连续, 其中 D 可表示为

$$\psi_1(y)\leqslant x\leqslant\psi_2(y),\quad c\leqslant y\leqslant d.$$

则 $\iint\limits_D f(x,y)\mathrm{d}x\mathrm{d}y=\int_c^d\left[\int_{\psi_1(y)}^{\psi_2(y)}f(x,y)\mathrm{d}x\right]\mathrm{d}y=\int_c^d\mathrm{d}y\int_{\psi_1(y)}^{\psi_2(y)}f(x,y)\mathrm{d}x$, 即将二重积分化为先对 x 后对 y 的二次积分.

当积分区域既是 x-型区域又是 y-型区域时, 理论上用哪种方法都可以, 既可以化为先对 y 后对 x 的二次积分, 又可以化为先对 x 后对 y 的二次积分. 此时可交换积分次序:

$$\int_a^b\mathrm{d}x\int_{\varphi_1(x)}^{\varphi_2(x)}f(x,y)\mathrm{d}y=\int_c^d\mathrm{d}y\int_{\psi_1(y)}^{\psi_2(y)}f(x,y)\mathrm{d}x.$$

但在有些情况下, 需要考虑被积函数先对哪个变量积分更加便于计算来确定积分次序. 总之, 具体问题要具体分析, 应采取计算简便的方法解决问题.

③当积分区域 D 关于 x 轴对称时, 可以利用被积函数的奇偶性来简化计算, 具体方法如下:

若 $f(x,y)$ 关于 y 是奇函数, 则 $\iint\limits_D f(x,y)\mathrm{d}x\mathrm{d}y=0$;

若 $f(x,y)$ 关于 y 是偶函数, 则 $\iint\limits_D f(x,y)\mathrm{d}x\mathrm{d}y=2\iint\limits_{D_1} f(x,y)\mathrm{d}x\mathrm{d}y$, 其中 D_1 是区域 D 在 x 轴上方的那部分;

④当积分区域 D 关于 y 轴对称时，可以利用被积函数的奇偶性来简化计算，具体方法如下：

若 $f(x,y)$ 关于 x 是奇函数，则 $\iint\limits_D f(x,y)\mathrm{d}x\mathrm{d}y=0$；

若 $f(x,y)$ 关于 x 是偶函数，则 $\iint\limits_D f(x,y)\mathrm{d}x\mathrm{d}y=2\iint\limits_{D_1} f(x,y)\mathrm{d}x\mathrm{d}y$，其中 D_1 是区域 D 在 y 轴右侧的那部分.

(2) 在极坐标系下的情形

设 $z=f(x,y)$ 在 D 上连续，则有

$$\iint\limits_D f(x,y)\mathrm{d}\sigma=\iint\limits_D f(r\cos\theta,r\sin\theta)r\mathrm{d}r\mathrm{d}\theta .$$

这里，将直角坐标系下的二重积分化为极坐标系下的二重积分，需要作三个方面的转换：

$$x=r\cos\theta,\quad y=r\sin\theta,\quad \mathrm{d}\sigma=r\mathrm{d}r\mathrm{d}\theta .$$

注意 一般情况下，当积分区域 D 的边界为圆周，或部分边界为圆弧，且被积函数 $f(x,y)$ 含有 x^2+y^2，$\dfrac{x}{y}$ 或 $\dfrac{y}{x}$ 的形式时，可选用极坐标计算二重积分. 此时，$x^2+y^2=r^2$；$\dfrac{x}{y}=\cot\theta$；$\dfrac{y}{x}=\tan\theta$.

一般来说，极坐标系下总是将二重积分化为先对 r 后对 θ 的二次积分. 利用极坐标计算二重积分可分为三种情况：

①当极点 O 是区域 D 的外点时，此时积分区域 D 在极坐标系下可表示为

$$\varphi_1(\theta)\leqslant r\leqslant\varphi_2(\theta),\quad \alpha\leqslant\theta\leqslant\beta .$$

则 $\iint\limits_D f(x,y)\mathrm{d}x\mathrm{d}y=\int_\alpha^\beta \mathrm{d}\theta\int_{\varphi_1(\theta)}^{\varphi_2(\theta)} f(r\cos\theta,r\sin\theta)r\mathrm{d}r$.

②当极点 O 是区域 D 的界点时，此时积分区域 D 在极坐标系下可表示为

$$0\leqslant r\leqslant r(\theta),\quad \alpha\leqslant\theta\leqslant\beta .$$

则 $\iint\limits_D f(x,y)\mathrm{d}x\mathrm{d}y=\int_\alpha^\beta \mathrm{d}\theta\int_0^{r(\theta)} f(r\cos\theta,r\sin\theta)r\mathrm{d}r$.

③当极点 O 是区域 D 的内点时，此时积分区域 D 在极坐标系下可表示为

$$0 \leqslant r \leqslant r(\theta), \quad 0 \leqslant \theta \leqslant 2\pi,$$

则 $\iint\limits_D f(x,y)\mathrm{d}x\mathrm{d}y = \int_0^{2\pi}\mathrm{d}\theta\int_0^{r(\theta)} f(r\cos\theta, r\sin\theta)r\mathrm{d}r$.

6. 三重积分的概念

设 $u = f(x,y,z)$ 是定义在空间中有界闭区域 Ω 上的有界函数. 将 Ω 任意分成 n 个小闭区域 $\Delta v_1, \Delta v_2, \cdots, \Delta v_n$，其中 Δv_i 表示第 i 个小闭区域，也表示它的体积. 在每个 Δv_i 上任取一点 (ξ_i, η_i, ζ_i)，作和 $\sum\limits_{i=1}^{n} f(\xi_i, \eta_i, \zeta_i)\Delta v_i$，如果当各小闭区域的直径的最大值 λ 趋于零时，这和的极限存在，并且与 Ω 的分法无关，与 (ξ_i, η_i, ζ_i) 的取法无关，则称此极限为函数在闭区域 Ω 上的三重积分，记作 $\iiint\limits_\Omega f(x,y,z)\mathrm{d}v$，即

$$\iiint\limits_\Omega f(x,y,z)\mathrm{d}v = \lim_{\lambda\to 0}\sum_{i=1}^{n} f(\xi_i, \eta_i, \zeta_i)\Delta v_i,$$

其中 $f(x,y,z)$ 称作被积函数，$\mathrm{d}v$ 称作体积元素，Ω 称作积分区域.

注 意　在直角坐标系下，体积元素 $\mathrm{d}v = \mathrm{d}x\mathrm{d}y\mathrm{d}z$，因此，三重积分也记作 $\iiint\limits_\Omega f(x,y,z)\mathrm{d}x\mathrm{d}y\mathrm{d}z$. 特别地，当 $f(x,y,z) = 1$ 时，$\iiint\limits_\Omega 1\mathrm{d}x\mathrm{d}y\mathrm{d}z = \iiint\limits_\Omega \mathrm{d}x\mathrm{d}y\mathrm{d}z = V$，其中 V 是区域 Ω 的体积.

三重积分的性质与二重积分的性质类似.

7. 三重积分的计算

依据积分区域和被积函数的不同特点，可选用直角坐标系、柱坐标系或球坐标系去计算. 三重积分的计算方法是将三重积分化为三次积分(累次积分).

(1) 在直角坐标系下的情形

①先一后二法:

若积分区域 Ω 具有以下特点: 平行于 z 轴且穿过区域 Ω 内部的直线至多与区域的边界相交两个点，我们称之为 xy -型域. 假设区域 Ω 向 xOy 面上的投影区域为 D_{xy}. 设 D_{xy} 的边界曲线为 L，以 L 为准线而母线平行于 z 轴的柱面与区域 Ω 的边界曲面 Σ 相交一条曲线，该曲线将曲面 Σ 分成上下两块曲面，设上下曲面的方程分别为 $z = z_2(x,y)$ 和 $z = z_1(x,y)$，则区域 Ω 可表示为

$$\Omega = \left\{(x,y,z) \middle| z_1(x,y) \leqslant z \leqslant z_2(x,y), (x,y) \in D_{xy}\right\},$$

则

$$\iiint\limits_{\Omega} f(x,y,z)\mathrm{d}x\mathrm{d}y\mathrm{d}z = \iint\limits_{D_{xy}}\left(\int_{z_1(x,y)}^{z_2(x,y)} f(x,y,z)\mathrm{d}z\right)\mathrm{d}x\mathrm{d}y.$$

用此方法计算三重积分，只需先计算一个定积分，再计算一个二重积分，因此被称为“先一后二”法.

②先二后一法:

当被积函数只含变量z，且积分区域Ω被平面$z=z_0$所截的平面区域D_z面积容易计算出为$A(z)$时，设$z_1 \leqslant z \leqslant z_2$，则

$$\iiint\limits_{\Omega} f(x,y,z)\mathrm{d}x\mathrm{d}y\mathrm{d}z = \int_{z_1}^{z_2} f(z)\mathrm{d}z \iint\limits_{D_z}\mathrm{d}x\mathrm{d}y = \int_{z_1}^{z_2} f(z)A(z)\mathrm{d}z.$$

用此方法计算三重积分，只需先计算一个二重积分，再计算一个定积分，因此被称为“先二后一”法.

类似地也有yz-型或zx-型域上三重积分计算的“先一后二”法和“先二后一”法.

③当积分区域Ω关于xOy坐标面对称时，可以利用被积函数的奇偶性来简化三重积分的计算，具体方法如下:

若$f(x,y,z)$关于z是奇函数，则$\iiint\limits_{\Omega} f(x,y,z)\mathrm{d}x\mathrm{d}y\mathrm{d}z = 0$；

若$f(x,y,z)$关于z是偶函数，则$\iiint\limits_{\Omega} f(x,y,z)\mathrm{d}x\mathrm{d}y\mathrm{d}z = 2\iiint\limits_{\Omega_1} f(x,y,z)\mathrm{d}x\mathrm{d}y\mathrm{d}z$，

其中Ω_1是区域Ω在xOy坐标面上方的闭区域;

当积分区域Ω关于yOz或zOx坐标面对称时也有类似的结果.

(2)利用柱坐标计算三重积分

积分区域内任一点M的直角坐标(x,y,z)与其柱坐标(r,θ,z)的关系为

$$x = r\cos\theta, \quad y = r\sin\theta, \quad z = z,$$

其中$0 \leqslant r < +\infty, 0 \leqslant \theta \leqslant 2\pi, -\infty < z < +\infty$.

当积分区域Ω为圆柱体或其投影区域是圆形域，或被积函数含有x^2+y^2的式子时，通常采用柱坐标计算三重积分. 将直角坐标系下三重积分转化为柱坐标系下三重积分的公式为

$$\iiint\limits_{\Omega} f(x,y,z)\mathrm{d}x\mathrm{d}y\mathrm{d}z = \iiint\limits_{\Omega} f(r\cos\theta, r\sin\theta, z)r\mathrm{d}r\mathrm{d}\theta\mathrm{d}z,$$

再将积分区域Ω在xOy上的投影区域D用极坐标的形式表达，即可将三重积分化为柱坐标系下的累次积分.

(3) 利用球坐标计算三重积分

积分区域内任一点M的直角坐标(x,y,z)与其球坐标(r,θ,φ)的关系为

$$x = r\sin\varphi\cos\theta,\quad y = r\sin\varphi\sin\theta,\quad z = r\cos\varphi,$$

其中$0 \leqslant r < +\infty, 0 \leqslant \theta \leqslant 2\pi, 0 \leqslant \varphi \leqslant \pi$.

当积分区域Ω的边界或者部分边界为球面，被积函数含有式子$x^2+y^2+z^2$时，通常用球坐标计算三重积分. 将直角坐标系下三重积分转化为球坐标系下三重积分的公式为

$$\iiint\limits_{\Omega} f(x,y,z)\mathrm{d}x\mathrm{d}y\mathrm{d}z = \iiint\limits_{\Omega} f(r\sin\varphi\cos\theta, r\sin\varphi\sin\theta, r\cos\varphi)r^2\sin\varphi\mathrm{d}r\mathrm{d}\varphi\mathrm{d}\theta.$$

然后再将三重积分化为球坐标系下的累次积分.

8. 重积分的应用

(1) 曲顶柱体的体积

设曲顶柱体Ω的底为xOy面上一有界闭区域D，顶为曲面$z = f(x,y) \geqslant 0$，则曲顶柱体Ω的体积为$V = \iint\limits_{D} f(x,y)\mathrm{d}\sigma$.

(2) 平面薄片的质量

设一平面薄片所占的区域为xOy面上一有界闭区域D，面密度为$\rho(x,y)$，则平面薄片的质量为$m = \iint\limits_{D} \rho(x,y)\mathrm{d}\sigma$.

(3) 立体的质量

设立体Ω的密度为$\rho(x,y,z)$，则立体Ω的质量为$m = \iiint\limits_{\Omega} \rho(x,y,z)\mathrm{d}v$.

(4) 曲面的面积

设曲面Σ的方程为$z = z(x,y)$，其中$(x,y) \in D_{xy}$，则曲面Σ的面积为

$$S = \iint\limits_{D_{xy}} \sqrt{1 + z_x^2(x,y) + z_y^2(x,y)}\mathrm{d}x\mathrm{d}y.$$

将曲面Σ投影到yOz平面(投影区域记为D_{yz})或投影到zOx平面(投影区域记为D_{zx})也可有类似的面积公式:

$$S=\iint_{D_{yz}}\sqrt{1+x_y^2(y,z)+x_z^2(y,z)}\mathrm{d}y\mathrm{d}z$$

或

$$S=\iint_{D_{zx}}\sqrt{1+y_z^2(x,z)+y_x^2(x,z)}\mathrm{d}z\mathrm{d}x.$$

(5)质心的坐标

①平面薄片质心的坐标

设一平面薄片所占的区域为 xOy 面上一有界闭区域 D，面密度为 $\rho(x,y)$，平面薄片的质量为 $M=\iint_D \rho(x,y)\mathrm{d}x\mathrm{d}y$. 则薄片的质心坐标为

$$\bar{x}=\frac{1}{M}\iint_D x\rho(x,y)\mathrm{d}x\mathrm{d}y,\quad \bar{y}=\frac{1}{M}\iint_D y\rho(x,y)\mathrm{d}x\mathrm{d}y.$$

特别地, 当薄片为均匀薄片时, 则其质心坐标为

$$\bar{x}=\frac{1}{S}\iint_D x\mathrm{d}\sigma,\quad \bar{y}=\frac{1}{S}\iint_D y\mathrm{d}\sigma,$$

其中 $S=\iint_D \mathrm{d}\sigma$ 为薄片的面积. 此时, 质心的坐标完全由薄片的形状所决定, 称为平面图形的形心.

②立体质心的坐标

设物体所占的立体空间为有界闭区域 Ω，密度为 $\rho(x,y,z)$，则其质心坐标为

$$\bar{x}=\frac{1}{M}\iiint_\Omega x\rho(x,y,z)\mathrm{d}v,\quad \bar{y}=\frac{1}{M}\iiint_\Omega y\rho(x,y,z)\mathrm{d}v,\quad \bar{z}=\frac{1}{M}\iiint_\Omega z\rho(x,y,z)\mathrm{d}v,$$

其中 $M=\iiint_\Omega \rho(x,y,z)\mathrm{d}v$ 是物体的质量. 特别地, 当物体为均匀物体时, 则其质心坐标为

$$\bar{x}=\frac{1}{V}\iiint_\Omega x\mathrm{d}v,\quad \bar{y}=\frac{1}{V}\iiint_\Omega y\mathrm{d}v,\quad \bar{z}=\frac{1}{V}\iiint_\Omega z\mathrm{d}v,$$

其中 $V=\iiint_\Omega \mathrm{d}v$ 是立体的体积.

第10章　曲线积分与曲面积分

一、本章教学要求及重点难点

本章教学要求：

(1) 理解第一类曲线积分、曲面积分的概念，了解其性质，掌握其计算方法.

(2) 理解第二类曲线积分、曲面积分的概念，了解其性质，掌握其计算方法.

(3) 了解两类曲线积分间的关系及两类曲面积分间的关系. 掌握格林公式及其应用. 掌握高斯公式及其应用.

本章重点难点：

(1) 两类曲线积分、曲面积分的概念、关系与计算方法.

(2) 格林公式、高斯公式的应用.

(3) 平面曲线积分与路径无关的条件的应用.

二、内容提要

1. 基本概念

(1) 对弧长的曲线积分(第一类曲线积分)

定义：$\int_L f(x,y)\mathrm{d}s = \lim\limits_{d\to 0}\sum\limits_{i=1}^{n} f(\xi_i,\eta_i)\Delta s_i$.

物理意义：表示线密度为 $f(x,y)$ 的弧段 L 的质量，即 $M=\int_L f(x,y)\mathrm{d}s$.

(2) 对坐标的曲线积分(第二类曲线积分)

定义：$\int_L P\mathrm{d}x + Q\mathrm{d}y = \lim\limits_{d\to 0}\sum\limits_{i=1}^{n}\left[P(\xi_i,\eta_i)\Delta x_i + Q(\xi_i,\eta_i)\Delta y_i\right]$.

物理意义：表示一个质点在变力 $\boldsymbol{F}=P(x,y)\boldsymbol{i}+Q(x,y)\boldsymbol{j}$ 的作用下，沿光滑曲线 L 所做的功，即 $W=\int_L P\mathrm{d}x+Q\mathrm{d}y$.

(3) 对面积的曲面积分(第一类曲面积分)

定义：$\iint\limits_{\Sigma} f(x,y,z)\mathrm{d}S = \lim\limits_{d\to 0}\sum\limits_{i=1}^{n} f(\xi_i,\eta_i,\zeta_i)\Delta S_i$.

物理意义：表示面密度为 $f(x,y,z)$ 的曲面块 Σ 的质量，即 $M=\iint\limits_{\Sigma} f(x,y,z)\mathrm{d}S$.

(4) 对坐标的曲面积分(第二类曲面积分)

定义: $\iint\limits_{\Sigma} P(x,y,z)\mathrm{d}y\mathrm{d}z + Q(x,y,z)\mathrm{d}z\mathrm{d}x + R(x,y,z)\mathrm{d}x\mathrm{d}y$

$$=\lim_{d\to 0}\sum_{i=1}^{n}\left[P(\xi_i,\eta_i,\zeta_i)(\Delta S_i)_{yz}+Q(\xi_i,\eta_i,\zeta_i)(\Delta S_i)_{zx}+R(\xi_i,\eta_i,\zeta_i)(\Delta S_i)_{xy}\right].$$

物理意义: 设流体的流速场为 $\boldsymbol{v}(x,y,z)=P(x,y,z)\boldsymbol{i}+Q(x,y,z)\boldsymbol{j}+R(x,y,z)\boldsymbol{k}$, Σ 是流速场中一片有向光滑曲面, 对坐标的曲面积分表示单位时间内流向曲面指定一侧的流体的体积.

2. 基本计算公式

(1) 对弧长的曲线积分的计算

设弧段 L 的参数方程为 $\begin{cases} x=\varphi(t), \\ y=\psi(t), \end{cases} \quad t\in[\alpha,\beta]$, 则

$$\int_L f(x,y)\mathrm{d}s = \int_{\alpha}^{\beta} f[\varphi(t),\psi(t)]\sqrt{\varphi'^2(t)+\psi'^2(t)}\mathrm{d}t .$$

注意 对弧长的曲线积分化为定积分进行计算时, 定积分的下限均小于上限. 特别地: 弧段 L 以直角坐标系方程 $y=y(x)$ 给出时, 以 x 为参变量; 若以直角坐标系方程 $x=x(y)$ 给出时, 以 y 为参变量.

(2) 对坐标的曲线积分的计算

设曲线 L 的参数方程为 $\begin{cases} x=\varphi(t), \\ y=\psi(t), \end{cases} \quad t\in[\alpha,\beta]$, 则

$$\int_{L(A,B)} P(x,y)\mathrm{d}x+Q(x,y)\mathrm{d}y = \int_{\alpha}^{\beta}[P(\varphi(t),\psi(t))\varphi'(t)+Q(\varphi(t),\psi(t))\psi'(t)]\mathrm{d}t,$$

这里 L 的起点为 $A(\varphi(\alpha),\psi(\alpha))$, 终点为 $B(\varphi(\beta),\psi(\beta))$.

注意 对坐标的曲线积分化为定积分进行计算时, 定积分的下限不一定小于上限. 特别地: 弧段 L 以直角坐标系方程 $y=y(x)$ 给出时, 以 x 为参变量; 若以直角坐标系方程 $x=x(y)$ 给出时, 以 y 为参变量. 另外对坐标的曲线积分也可以利用格林公式计算, 但是要注意格林公式成立的条件.

一般地, 对坐标的曲线积分的计算程序如下:

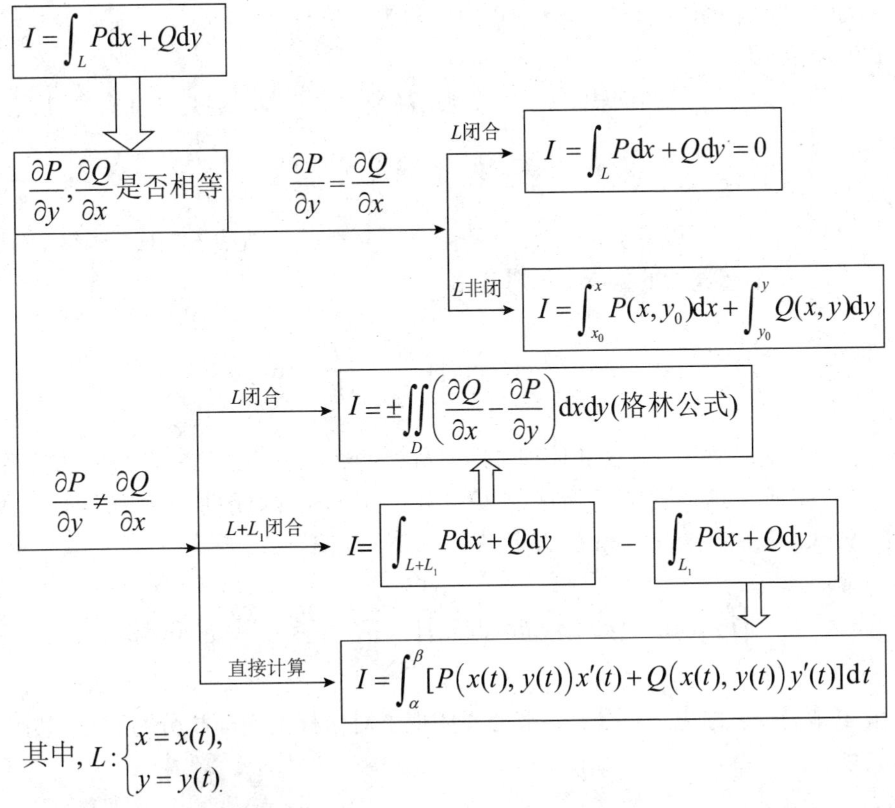

其中, $L:\begin{cases}x=x(t),\\ y=y(t).\end{cases}$

(3) 对面积的曲面积分的计算

设曲面 Σ 的方程为 $z=z(x,y)$, 该曲面在 xOy 面上的投影为 D_{xy}, 则

$$\iint_\Sigma f(x,y,z)\mathrm{d}S=\iint_{D_{xy}}f(x,y,z(x,y))\sqrt{1+z_x^2+z_y^2}\mathrm{d}x\mathrm{d}y.$$

注意　可以根据曲面 Σ 的具体情况, 选取将曲面 Σ 往哪个坐标面上进行投影, 化为对 y,z 或者 x,z 的二重积分, 以便计算.

(4) 对坐标的曲面积分的计算

$$\begin{aligned}\iint_\Sigma P\mathrm{d}y\mathrm{d}z+Q\mathrm{d}z\mathrm{d}x+R\mathrm{d}x\mathrm{d}y&=\iint_\Sigma P\mathrm{d}y\mathrm{d}z+\iint_\Sigma Q\mathrm{d}z\mathrm{d}x+\iint_\Sigma R\mathrm{d}x\mathrm{d}y\\&=\pm\iint_{D_{yz}}P\left[x(y,z),y,z\right]\mathrm{d}y\mathrm{d}z\pm\iint_{D_{zx}}Q\left[x,y(x,z),z\right]\mathrm{d}z\mathrm{d}x\\&\quad\pm\iint_{D_{xy}}R\left[x,y,z(x,y)\right]\mathrm{d}x\mathrm{d}y.\end{aligned}$$

当曲面 Σ 的法向量分别与 x, y, z 轴正向夹角为锐角时，上式右边三项分别取“+”号，为钝角时取“–”号.

注意 对坐标的曲面积分也可以利用高斯公式计算，但是要注意高斯公式成立的条件.

3. 基本定理

(1) 格林公式：设有界闭区域 D 是由分段光滑的闭曲线 L 围成，函数 $P(x, y)$, $Q(x, y)$ 在 D 上有连续的偏导数，则有

$$\oint_L P\mathrm{d}x + Q\mathrm{d}y = \iint_D \left(\frac{\partial Q}{\partial x} - \frac{\partial P}{\partial y}\right)\mathrm{d}x\mathrm{d}y,$$

其中 L 取逆时针方向. 该公式体现了对坐标的曲线积分与二重积分之间的关系.

(2) 高斯定理：设空间闭区域 Ω 是由分片光滑的闭曲面 Σ 所围成，函数 $P(x,y,z), Q(x,y,z), R(x,y,z)$ 在 Ω 上具有一阶连续偏导数，则有

$$\oiint_\Sigma P\mathrm{d}y\mathrm{d}z + Q\mathrm{d}z\mathrm{d}x + R\mathrm{d}x\mathrm{d}y = \iiint_\Omega \left(\frac{\partial P}{\partial x} + \frac{\partial Q}{\partial y} + \frac{\partial R}{\partial z}\right)\mathrm{d}x\mathrm{d}y\mathrm{d}z,$$

这里 Σ 取外侧，称为高斯公式. 该公式体现了对坐标的曲面积分与三重积分之间的关系.

第11章 无穷级数

一、本章教学要求及重点难点

本章教学要求：

(1) 理解无穷级数的部分和、收敛以及发散的概念；掌握无穷级数的基本性质.

(2) 掌握等比级数和 p-级数的敛散性.

(3) 掌握正项级数的比较判别法、比值判别法以及根值判别法；掌握交错级数的莱布尼茨定理.

(4) 理解无穷级数绝对收敛与条件收敛的概念以及二者的关系.

(5) 了解函数项级数的收敛及和函数的概念，掌握幂级数的收敛半径与收敛域的求法. 了解幂级数在其收敛区间内的一些基本性质，会计算部分幂级数的和函数.

(6) 了解函数展开为泰勒级数的充分必要条件；会利用常用麦克劳林展开式将一些简单函数展开成幂级数.

(7) 了解函数展开为傅里叶级数的充分条件，并会将函数展开为傅里叶级数；会将函数展开为正弦或余弦级数.

本章重点难点：

(1) 理解无穷级数的部分和、收敛以及发散的概念，掌握等比级数、p-级数的敛散性.

(2) 掌握正项级数、交错级数收敛性的判定方法，掌握绝对收敛、条件收敛的判定方法.

(3) 会计算幂级数的收敛半径与收敛域，会计算部分幂级数的和函数.

(4) 会将函数展开成幂级数，会将函数展开成傅里叶级数以及正弦、余弦级数.

二、内容提要

(一) 无穷级数的基本概念与性质

1. 无穷级数的定义

$\sum_{n=1}^{\infty} u_n = u_1 + u_2 + \cdots + u_n + \cdots$，其中第 n 项 u_n 叫做级数的一般项或通项.

2. 无穷级数的部分和数列

$\{S_n\}$，其中 $S_1 = u_1, S_2 = u_1 + u_2, \cdots, S_n = u_1 + u_2 + \cdots + u_n, \cdots$.

3. 级数收敛与发散

如果部分和数列$\{S_n\}$的极限$\lim\limits_{n\to\infty}S_n$存在且等于$S$，则称级数是收敛的且收敛于$S$，并称此级数的和为$S$，记作$\sum\limits_{i=1}^{\infty}u_i=S$；如果$\lim\limits_{n\to\infty}S_n$不存在，则称级数为发散的.

4. 收敛级数的基本性质

(1) 级数的每一项同乘一个非零的常数后，级数的敛散性不变.

(2) 若级数$\sum\limits_{n=1}^{\infty}u_n$，$\sum\limits_{n=1}^{\infty}v_n$分别收敛于$S,\sigma$，则级数$\sum\limits_{n=1}^{\infty}(u_n\pm v_n)$也收敛，且收敛于$S\pm\sigma$；若级数$\sum\limits_{n=1}^{\infty}u_n$收敛，而级数$\sum\limits_{n=1}^{\infty}v_n$发散，则级数$\sum\limits_{n=1}^{\infty}(u_n\pm v_n)$必发散.

(3) 在级数的前面去掉有限项不会改变级数的敛散性.

(4) 设级数$\sum\limits_{n=1}^{\infty}u_n$收敛，则$\lim\limits_{n\to\infty}u_n=0$. 逆否命题：若$\lim\limits_{n\to\infty}u_n$不存在或$\lim\limits_{n\to\infty}u_n$存在但是不等于零，则级数$\sum\limits_{n=1}^{\infty}u_n$必发散.

5. 常用结论

(1) 当$|q|<1$时，等比级数$\sum\limits_{n=0}^{\infty}aq^n$收敛，和为$\dfrac{a}{1-q}$；当$|q|\geqslant 1$时，等比级数$\sum\limits_{n=0}^{\infty}aq^n$发散.

(2) 当$0<p\leqslant 1$时，p-级数$\sum\limits_{n=1}^{\infty}\dfrac{1}{n^p}$发散；当$p>1$时，$p$-级数$\sum\limits_{n=1}^{\infty}\dfrac{1}{n^p}$收敛.

(二) 常数项级数的敛散性判别法

1. 充分必要条件

正项级数$\sum\limits_{n=1}^{\infty}u_n$收敛当且仅当其部分和数列$\{S_n\}$有上界.

2. 比较判别法

设有两个正项级数$\sum\limits_{n=1}^{\infty}u_n$，$\sum\limits_{n=1}^{\infty}v_n$，且$0\leqslant u_n\leqslant v_n\ (n=1,2,\cdots)$，则①若级数$\sum\limits_{n=1}^{\infty}v_n$收敛，则级数$\sum\limits_{n=1}^{\infty}u_n$也收敛；②若级数$\sum\limits_{n=1}^{\infty}u_n$发散，则级数$\sum\limits_{n=1}^{\infty}v_n$也发散. 可以简记为：较大的收敛则较小的必收敛；反之较小的发散则较大的必发散.

比较判别法的极限形式：设两个正向级数 $\sum_{n=1}^{\infty}u_n$ 及 $\sum_{n=1}^{\infty}v_n$ ，若极限 $\lim_{n\to\infty}\frac{u_n}{v_n}=l(0<l<\infty)$，则级数 $\sum_{n=1}^{\infty}u_n$ 与 $\sum_{n=1}^{\infty}v_n$ 同时收敛或同时发散.

在使用比较判别法判定一个正项级数的敛散性时，总是通过适当放大或缩小这个级数的通项，找到一个已知敛散性的正项级数(称为比较级数)以供比较. 常用的比较级数有等比级数和 p-级数.

3. 比值判别法

若 $\sum_{n=1}^{\infty}u_n$ 是一个正项级数，且 $\lim_{n\to\infty}\frac{u_{n+1}}{u_n}=\rho$，则当 $0\leqslant\rho<1$ 时，级数 $\sum_{n=1}^{\infty}u_n$ 收敛；当 $\rho>1$ (也包括 $\rho=+\infty$)时，级数 $\sum_{n=1}^{\infty}u_n$ 发散；当 $\rho=1$ 时，级数 $\sum_{n=1}^{\infty}u_n$ 的敛散性无法判定.

4. 根值判别法

若级数 $\sum_{n=1}^{\infty}u_n$ 是一个正项级数，且 $\lim_{n\to\infty}\sqrt[n]{u_n}=\rho$，则当 $0\leqslant\rho<1$ 时，级数 $\sum_{n=1}^{\infty}u_n$ 收敛；当 $\rho>1$ (也包括 $\rho=+\infty$)时，级数 $\sum_{n=1}^{\infty}u_n$ 发散；当 $\rho=1$ 时，级数 $\sum_{n=1}^{\infty}u_n$ 的敛散性无法判定.

5. 交错级数判别法(莱布尼茨定理)

如果交错级数 $\sum_{n=1}^{\infty}(-1)^{n-1}u_n$ ($u_n>0$)满足条件：(1) $u_n\geqslant u_{n+1}$ $(n=1,2,3,\cdots)$，即 $\{u_n\}$ 单调减少；(2) $\lim_{n\to\infty}u_n=0$，则此交错级数收敛.

6. 绝对收敛和条件收敛

(1)定义：如果绝对值级数 $\sum_{n=1}^{\infty}|u_n|$ 收敛，则称级数 $\sum_{n=1}^{\infty}u_n$ 绝对收敛；如果绝对值级数 $\sum_{n=1}^{\infty}|u_n|$ 发散，而级数 $\sum_{n=1}^{\infty}u_n$ 收敛，则称级数 $\sum_{n=1}^{\infty}u_n$ 条件收敛.

(2)相关性质1：若绝对值级数 $\sum_{n=1}^{\infty}|u_n|$ 收敛，则 $\sum_{n=1}^{\infty}u_n$ 收敛.

相关性质2：设级数 $\sum_{n=1}^{\infty}u_n$ 为任意项级数，如果 $\lim_{n\to\infty}\left|\frac{u_{n+1}}{u_n}\right|=\rho$ 或 $\lim_{n\to\infty}\sqrt[n]{|u_n|}=\rho$，当 $\rho>1$ 时，不仅级数 $\sum_{n=1}^{\infty}|u_n|$ 发散，且级数 $\sum_{n=1}^{\infty}u_n$ 也发散.

（三）幂级数

1. 函数项级数

$$\sum_{n=1}^{\infty}u_n(x)=u_1(x)+u_2(x)+\cdots+u_n(x)+\cdots.$$

若 $\sum_{n=1}^{\infty}u_n(x_0)$ 收敛，则称 x_0 为函数项级数的收敛点. 函数项级数的所有收敛点的全体称为其收敛域；函数项级数的所有发散点的全体称为其发散域. 当 x 为收敛域中的点时，函数项级数 $\sum_{n=1}^{\infty}u_n(x)$ 的前 n 项和记作 $S_n(x)$，有 $\lim\limits_{n\to\infty}S_n(x)=S(x)$，称 $S(x)$ 为函数项级数 $\sum_{n=1}^{\infty}u_n(x)$ 的和函数，即 $S(x)=\sum_{n=1}^{\infty}u_n(x)$.

2. 幂级数的一般形式

$$\sum_{n=0}^{\infty}a_n(x-x_0)^n=a_0+a_1(x-x_0)+a_2(x-x_0)^2+\cdots+a_n(x-x_0)^n+\cdots.$$

幂级数的标准形式：$\sum_{n=0}^{\infty}a_nx^n=a_0+a_1x+a_2x^2+\cdots+a_nx^n+\cdots$.

3. 幂级数的收敛半径与收敛域

(1) 定义：如果幂级数 $\sum_{n=0}^{\infty}a_nx^n$ 不是仅在 $x=0$ 一点收敛，也不是在整个数轴上都收敛，则必存在一个完全确定的正数 R，使得在区间 $(-R,R)$ 内，幂级数 $\sum_{n=0}^{\infty}a_nx^n$ 绝对收敛；在区间 $(-\infty,-R)$ 和 $(R,+\infty)$ 内，幂级数 $\sum_{n=0}^{\infty}a_nx^n$ 发散；在区间的端点 $x=\pm R$ 处，幂级数 $\sum_{n=0}^{\infty}a_nx^n$ 可能收敛也可能发散. 这里正数 R 被称为幂级数 $\sum_{n=0}^{\infty}a_nx^n$ 的收敛半径，$(-R,R)$ 被称为幂级数的收敛区间，幂级数的收敛域是收敛区间 $(-R,R)$ 与收敛端点的并集.

当幂级数只在点 $x=0$ 处收敛时，规定其收敛半径为 $R=0$，收敛域为 $x=0$；当幂级数对于任意 $x\in(-\infty,+\infty)$ 都收敛时，规定其收敛半径为 $R=+\infty$，收敛域为 $(-\infty,+\infty)$.

(2) 收敛半径的求法：对于幂级数 $\sum_{n=0}^{\infty}a_nx^n$ ，如果该幂级数所有项的系数 $a_n\neq 0$ ，设 $\lim_{n\to\infty}\frac{|a_{n+1}|}{a_n}=\rho$ ，则当 $\rho=0$ 时，$R=+\infty$；当 $\rho\neq 0$ 时，$R=\frac{1}{\rho}$；当 $\rho=+\infty$ 时，$R=0$.

4. 幂级数的和函数所具有的性质

(1) 幂级数 $\sum_{n=0}^{\infty}a_nx^n$ 的和函数 $S(x)$ 在其收敛域内连续.

(2) 幂级数 $\sum_{n=0}^{\infty}a_nx^n$ 的和函数 $S(x)$ 在其收敛区间内可导，且有逐项求导公式:

$$S'(x)=\left(\sum_{n=0}^{\infty}a_nx^n\right)'=\sum_{n=0}^{\infty}(a_nx^n)'=\sum_{n=1}^{\infty}n\cdot a_nx^{n-1},$$

并且求导后所得的幂级数与 $\sum_{n=0}^{\infty}a_nx^n$ 具有相同的收敛半径.

(3) 幂级数 $\sum_{n=0}^{\infty}a_nx^n$ 的和函数 $S(x)$ 在其收敛区间内可积，且有逐项积分公式:

$$\int_0^x s(t)\mathrm{d}t=\int_0^x\left(\sum_{n=0}^{\infty}a_nt^n\right)\mathrm{d}t=\sum_{n=0}^{\infty}\int_0^x a_nt^n\mathrm{d}t=\sum_{n=0}^{\infty}\frac{a_n}{n+1}x^{n+1},$$

并且求积分后所得的幂级数与 $\sum_{n=0}^{\infty}a_nx^n$ 具有相同的收敛半径.

5. 将函数直接展开成幂级数的方法

(1) 求出函数 $f(x)$ 的各阶导数及函数值 $f(0),f'(0),f''(0),\cdots,f^{(n)}(0),\cdots$. 若函数 $f(x)$ 在 $x=0$ 点的某阶导数不存在，则函数不能展开.

(2) 写出函数 $f(x)$ 的麦克劳林级数，

$$f(0)+\frac{f'(0)}{1!}x+\frac{f''(0)}{2!}x^2+\cdots+\frac{f^{(n)}(0)}{n!}x^n+\cdots,$$

并求其收敛半径 R.

(3) 当 $x\in(-R,R)$ 时，若拉格朗日余项 $R_n(x)=\frac{f^{(n+1)}(\xi)}{(n+1)!}(x-x_0)^{n+1}$（$\xi$ 介于 x_0 与 x 之间）当 $n\to\infty$ 时，趋向于零，则第(2)步写出的级数就是函数 $f(x)$ 展开的麦克劳林级数，即为函数 $f(x)$ 的幂级数展开式.

6. 常用的函数幂级数展开式

(1) $e^x = 1 + \frac{x}{1!} + \frac{x^2}{2!} + \cdots + \frac{x^n}{n!} + \cdots, x \in (-\infty, +\infty)$.

(2) $\sin x = \frac{x}{1!} - \frac{x^3}{3!} + \frac{x^5}{5!} - \cdots + (-1)^n \frac{x^{2n+1}}{(2n+1)!} + \cdots, x \in (-\infty, +\infty)$.

(3) $\cos x = 1 - \frac{x^2}{2!} + \frac{x^4}{4!} - \cdots + (-1)^n \frac{x^{2n}}{(2n)!} + \cdots, x \in (-\infty, +\infty)$.

(4) $(1+x)^m = 1 + mx + \frac{m(m-1)}{2!}x^2 + \cdots + \frac{m(m-1)\cdots(m-n+1)}{n!}x^n + \cdots$, $-1 < x < 1$.

(5) $\ln(1+x) = x - \frac{x^2}{2} + \frac{x^3}{3} - \cdots + (-1)^n \frac{x^{n+1}}{n+1} + \cdots$, $-1 < x \leqslant 1$.

(四)傅里叶级数

1. 傅里叶级数的定义

设 $f(x)$ 是以 2π 为周期的周期函数，且在 $[-\pi, \pi]$ 上可积. 如果三角级数 $\frac{a_0}{2} + \sum_{n=1}^{\infty}(a_n \cos nx + b_n \sin nx)$ 中的系数 $a_0, a_n, b_n (n = 1, 2, \cdots)$ 取为 $f(x)$ 的傅里叶系数，即

$$a_n = \frac{1}{\pi}\int_{-\pi}^{\pi} f(x)\cos nx \mathrm{d}x \quad (n = 0, 1, 2, \cdots),$$

$$b_n = \frac{1}{\pi}\int_{-\pi}^{\pi} f(x)\sin x \mathrm{d}x \quad (n = 1, 2, \cdots),$$

则称此三角级数为 $f(x)$ 的傅里叶级数，记为

$$f(x) \sim \frac{a_0}{2} + \sum_{n=1}^{\infty}(a_n \cos nx + b_n \sin nx).$$

2. 傅里叶级数收敛定理——狄利克雷定理

设 $f(x)$ 是周期为 2π 的周期函数，且在区间 $[-\pi, \pi]$ 上满足下面的狄利克雷条件：①连续或只有有限个第一类间断点；②只有有限个极值点，则它的傅里叶级数收敛，且

$$\frac{a_0}{2} + \sum_{n=1}^{\infty}(a_n \cos nx + b_n \sin nx) = \begin{cases} f(x), & x\text{为}f(x)\text{的连续点}, \\ \dfrac{f(x+0) + f(x-0)}{2}, & x\text{为}f(x)\text{的间断点}. \end{cases}$$

一般情况下，当 $f(x)$ 是以 $2l$ 为周期的函数时，$f(x)$ 的傅里叶级数为

$$f(x) \sim \frac{a_0}{2} + \sum_{n=1}^{\infty}\left(a_n \cos\frac{n\pi x}{l} + b_n \sin\frac{n\pi x}{l}\right),$$

这里 $a_n = \frac{1}{l}\int_{-l}^{l} f(x)\cos\frac{n\pi x}{l}\mathrm{d}x\,(n=0,1,2,\cdots)$，$b_n = \frac{1}{l}\int_{-l}^{l} f(x)\sin\frac{n\pi x}{l}\mathrm{d}x\,(n=1,2,\cdots)$.

设 $f(x)$ 在 $[-l,l]$ 上满足狄利克雷条件，则 $f(x)$ 的傅里叶级数收敛，且有

$$\frac{a_0}{2} + \sum_{n=1}^{\infty}\left(a_n \cos\frac{n\pi x}{l} + b_n \sin\frac{n\pi x}{l}\right) = \begin{cases} f(x), & x\text{是连续点}, \\ \dfrac{f(x+0)+f(x-0)}{2}, & x\text{是间断点}. \end{cases}$$

3. 正弦级数、余弦级数

(1) 当 $f(x)$ 为奇函数时，当 $x\in[-l,l]$ 时，$f(x)\cos\frac{n\pi x}{l}$ 为奇函数，$f(x)\sin\frac{n\pi x}{l}$ 为偶函数. 利用奇、偶函数在对称区间上的性质可知，$f(x)$ 的傅里叶系数为

$$a_n = 0 \quad (n=0,1,2,\cdots),$$

$$b_n = \frac{2}{l}\int_0^l f(x)\sin\frac{n\pi x}{l}\mathrm{d}x \quad (n=1,2,\cdots),$$

因此 $f(x)$ 的傅里叶级数只含正弦项，形如 $\sum\limits_{n=1}^{\infty} b_n \sin\frac{n\pi x}{l}$，称为正弦级数.

(2) 当 $f(x)$ 为偶函数时，当 $x\in[-l,l]$ 时，$f(x)\cos\frac{n\pi x}{l}$ 为偶函数，$f(x)\sin\frac{n\pi x}{l}$ 为奇函数，利用奇、偶函数在对称区间上的性质可知，$f(x)$ 的傅里叶系数为

$$a_n = \frac{2}{l}\int_0^l f(x)\cos\frac{n\pi x}{l}\mathrm{d}x \quad (n=0,1,2,\cdots),$$

$$b_n = 0 \quad (n=1,2,\cdots).$$

因此 $f(x)$ 的傅里叶级数只含余弦项，形如 $\frac{a_0}{2} + \sum\limits_{n=1}^{\infty} a_n \cos\frac{n\pi x}{l}$，称为余弦级数.

4. 周期延拓、奇延拓、偶延拓

定义在某个有限区间上的非周期函数，可以利用周期延拓的方法展开成傅里叶级数，并可以利用奇延拓与偶延拓的方法将函数展开成正弦级数与余弦级数.

测 试 篇

单元自测七　空间解析几何

专业____________班级____________ 姓名____________学号____________

一、填空题

1. 已知 $\boldsymbol{a}$ 与 $\boldsymbol{b}$ 垂直，且 $|\boldsymbol{a}|=5$，$|\boldsymbol{b}|=12$，则 $|\boldsymbol{a}+\boldsymbol{b}|=$ ____________，$|\boldsymbol{a}-\boldsymbol{b}|=$ ____________.

2. 设向量 $\overrightarrow{OA}=\{1,2,1\},\overrightarrow{OB}=\{-2,-1,1\}$，则 $\overrightarrow{OA}\cdot\overrightarrow{OB}=$ ____________，$\overrightarrow{OA}\times\overrightarrow{OB}=$ ____________，$\cos\angle AOB=$ ____________.

3. 已知点 $A(4,0,5),B(2,1,3)$，则与 $\overrightarrow{AB}$ 同向的单位向量为____________.

4. 若两平面 $kx+y+z-k=0$ 与 $kx+y-2z=0$ 互相垂直，则 $k=$ ____________.

5. 过点 $(3,-2,-1)$ 和点 $(5,4,5)$ 的直线方程为____________.

6. 点 $(1,3,2)$ 到平面 $x+2y-2z+3=0$ 的距离为____________.

7. 母线平行于 z 轴且通过曲线 $\begin{cases}x^2+y^2+4z^2=1,\\x^2=y^2+z^2\end{cases}$ 的柱面方程是____________.

8. 球面 $x^2+y^2+z^2-2x+4y=0$ 的球心为____________，半径为____________.

二、选择题

1. 若两直线 $\dfrac{x-3}{2}=\dfrac{y+1}{4}=\dfrac{z-3}{6}$ 与 $x-1=\dfrac{y+5}{2}=\dfrac{z+2}{k-2}$ 平行，则 $k=$（　　）.

(A) 2　　(B) 3　　(C) 4　　(D) 5

2. 设平面方程为 $Bx+Cz+D=0$，且 $BCD\neq 0$，则平面（　　）.

(A) 平行于 x 轴　　(B) 平行于 y 轴

(C) 经过 y 轴　　(D) 垂直于 y 轴

3. 过点 $(2,1,-1)$ 且与平面 $2x+3y-z+1=0$ 垂直的直线方程为（　　）.

(A) $\dfrac{x-2}{2}=\dfrac{y-3}{1}=\dfrac{z+1}{-1}$　　(B) $\dfrac{x+2}{2}=\dfrac{y+3}{1}=\dfrac{z-1}{-1}$

(C) $\dfrac{x-2}{2}=\dfrac{y-1}{3}=\dfrac{z+1}{-1}$　　(D) $\dfrac{x+2}{2}=\dfrac{y+1}{3}=\dfrac{z-1}{-1}$

4. 设三向量 $\boldsymbol{a},\boldsymbol{b},\boldsymbol{c}$ 的模分别为 3,6,7 且满足 $\boldsymbol{a}+\boldsymbol{b}+\boldsymbol{c}=0$，则 $\boldsymbol{a}\cdot\boldsymbol{b}+\boldsymbol{b}\cdot\boldsymbol{c}+$

$\boldsymbol{c}\cdot\boldsymbol{a}=($ $)$.

（A）45 （B）-47 （C）42 （D）-43

5. 方程$x^2+4y^2=16$所表示的空间曲面的名称为（ ）.

（A）椭球面 （B）球面 （C）椭圆抛物面 （D）柱面

三、解答题

1. 已知向量，$\boldsymbol{a}=\{1,0,-1\}$，$\boldsymbol{b}=\{2,2,-1\}$，求$(3\boldsymbol{a}-2\boldsymbol{b})\times(\boldsymbol{a}+\boldsymbol{b})$.

2. 设$\boldsymbol{m}=2\boldsymbol{a}+\boldsymbol{b}$，$\boldsymbol{n}=k\boldsymbol{a}+\boldsymbol{b}$，其中$|\boldsymbol{a}|=1$，$|\boldsymbol{b}|=2$，且$\boldsymbol{a}\perp\boldsymbol{b}$，求数$k$，使得$\boldsymbol{m}\perp\boldsymbol{n}$.

3. 设有点 $A(2,1,0)$ 和 $B(-2,3,2)$，求线段 AB 的垂直平分面方程.

4. 已知点 $A(2,3,1),B(-5,4,1),C(6,2,-3),D(5,-2,1)$，求通过点 A 且垂直于 B,C,D 所确定的平面的直线方程.

5. 用点向式方程和参数方程表示直线 $\begin{cases} x+y+z+1=0, \\ 2x-y+3z+4=0. \end{cases}$

6. 求直线 $\dfrac{x-1}{1}=\dfrac{y-12}{3}=\dfrac{z-9}{3}$ 内与平面 $x+3y-5z-2=0$ 的交点坐标.

单元自测八　多元函数微分学

专业__________班级__________ 姓名__________学号__________

一、填空题

1. 设 $z=3^{xy}$，则 $\dfrac{\partial z}{\partial x}=$__________.

2. 设 $f(x,y)=\dfrac{1}{x^2+y^2}$，则 $f_y(1,3)=$__________.

3. 方程式 $xy+yz+zx=1$ 确定 z 是 x,y 的函数，则 $\dfrac{\partial z}{\partial x}=$__________.

4. 设 $z=y\sin e^x$，则 $\dfrac{\partial^2 z}{\partial x\partial y}=$__________.

5. 设 $z=\dfrac{1}{2}\ln(1+x^2+y^2)$，则 $dz\big|_{(1,1)}=$__________.

6. 设函数 $z=f(x,y)$ 的全微分 $dz=2xy^3dx+ax^2y^2dy$，则常数 $a=$__________.

7. 函数 $z=3x^4+xy+y^3$ 在 $A(1,2)$ 处沿从 A 到 $B(2,1)$ 方向的方向导数等于__________.

8. 函数 $u=xy+yz+zx$ 在点 $(1,2,3)$ 处的梯度 $\mathbf{grad}u(1,2,3)=$__________.

二、选择题

1. 设 $f(x,y)=\begin{cases}\dfrac{xy}{x^2+y^2}, & x^2+y^2\neq 0,\\ 0, & x^2+y^2=0,\end{cases}$ 则 $f(x,y)$ 在点 $(0,0)$ 处(　　).

(A) 连续，但偏导数不存在　　(B) 不连续，但偏导数存在

(C) 连续，且偏导数存在　　(D) 不连续，且偏导数不存在

2. 设 $z=\ln(2e^x-e^y)$，则 $\dfrac{\partial^2 z}{\partial x^2}\Big|_{(0,0)}=$ (　　).

(A) 1　　(B) -1　　(C) 2　　(D) -2

3. 设方程 $F(x-y,y-z,z-x)=0$ 确定 z 是 x,y 的函数，则 $\dfrac{\partial z}{\partial x}=$ (　　).

(A) $\dfrac{F_1'-F_2'}{F_2'-F_3'}$　　(B) $\dfrac{F_2'-F_1'}{F_2'-F_3'}$　　(C) $\dfrac{F_1'-F_3'}{F_2'-F_3'}$　　(D) $\dfrac{F_3'-F_1'}{F_2'-F_3'}$

4. 函数 $z=\dfrac{x+y}{x-y}$ 的全微分 $\mathrm{d}z=$（　　）.

(A) $\dfrac{2(x\mathrm{d}x-y\mathrm{d}y)}{(x-y)^2}$　　(B) $\dfrac{2(y\mathrm{d}y-x\mathrm{d}x)}{(x-y)^2}$

(C) $\dfrac{2(y\mathrm{d}x-x\mathrm{d}y)}{(x-y)^2}$　　(D) $\dfrac{2(x\mathrm{d}y-y\mathrm{d}x)}{(x-y)^2}$

5. 函数 $z=3x^3-xy+xy^2$ 在点 $M(1,2)$ 处沿 $\boldsymbol{l}=\{11,3\}$ 方向的方向导数（　　）.

(A) 最大　(B) 最小　(C) 等于 1　(D) 等于 0

6. 在曲线 $x=t, y=t^2, z=t^3$ 的所有切线中与平面 $x+2y+z=0$ 平行的切线（　　）.

(A) 只有一条　(B) 只有两条

(C) 至少有三条　(D) 不存在

7. 函数 $f(x,y)=x^2-2xy-y^3+4y^2$ 有（　　）个驻点.

(A) 1　(B) 2　(C) 3　(D) 4

8. 对于函数 $z=x^2-y^2$，原点 $(0,0)$（　　）.

(A) 是驻点但不是极值点　(B) 不是驻点

(C) 是极大值点　(D) 是极小值点

三、解答题

1. 设 $z=\ln(x+\sqrt{x^2+y^2})$，求 $\dfrac{\partial z}{\partial x}$，$\dfrac{\partial z}{\partial y}$.

2. 求 $z=\arctan\dfrac{y}{x}$ 的二阶偏导数 $\dfrac{\partial^2 z}{\partial x^2}, \dfrac{\partial^2 z}{\partial x\partial y}$ 及 $\dfrac{\partial^2 z}{\partial y^2}$.

3. 设方程 $x^3+2y^2+z^2-z=0$ 确定 z 是 x,y 的函数，求 $\dfrac{\partial z}{\partial x}$.

4. 设 $z=\mathrm{e}^{u-2v}$，而 $u=y\sin x$, $v=x\cos y$，求 $\dfrac{\partial z}{\partial x},\dfrac{\partial z}{\partial y}$.

5. 设 $z=f\left(xy,\dfrac{y}{x}\right)$，$f$ 具有连续的二阶偏导数，求 $\dfrac{\partial z}{\partial x}$，$\dfrac{\partial^2 z}{\partial x\partial y}$.

6. 求函数 $f(x,y)=x^3-y^3+3x^2+3y^2-9x$ 的极值.

7. 求球面 $x^2+y^2+z^2=14$ 在点 $(1,2,3)$ 处的切平面和法线方程.

8. 要做一个容积为 2m^3 的无盖长方体水箱, 问怎样选取长, 宽, 高, 才能使用料最省.

单元自测九　重　积　分

专业____________班级____________ 姓名____________学号____________

一、填空题

1. 已知积分区域$D: 0 \leqslant x \leqslant 1, 0 \leqslant y \leqslant 1$，则二重积分$\iint\limits_D (x+y)\mathrm{d}\sigma =$__________.

2. 交换二次积分的积分次序$\int_0^2 \mathrm{d}y \int_{y^2}^{2y} f(x,y)\mathrm{d}x =$ __________.

3. 已知积分区域$D: a^2 \leqslant x^2+y^2 \leqslant b^2 (0<a<b)$，则将二重积分$\iint\limits_D f(x,y)\mathrm{d}x\mathrm{d}y$化为极坐标形式的二次积分为__________.

4. 已知区域$\Omega: 0 \leqslant x \leqslant 1, 0 \leqslant y \leqslant 1, 0 \leqslant z \leqslant 1$，则三重积分$\iiint\limits_\Omega (x+2y+3z)\mathrm{d}v =$

__________.

5. 由$z=4-x^2-y^2$与xOy坐标面所围成的立体Ω的体积$V=$__________.

二、选择题

1. 已知区域D是由直线$x+y=1$与x轴、y轴所围成的闭区域，则二重积分$\iint\limits_D \mathrm{d}x\mathrm{d}y =$(　　).

(A) $\frac{1}{4}$　　(B) $\frac{1}{2}$　　(C) 1　　(D) 2

2. 已知积分区域D是由$y=x, x=1$和x轴围成，则$\iint\limits_D f(x,y)\mathrm{d}\sigma =$(　　).

(A) $\int_0^1 \mathrm{d}x \int_0^1 f(x,y)\mathrm{d}y$　　(B) $\int_0^1 \mathrm{d}x \int_x^1 f(x,y)\mathrm{d}y$

(C) $\int_0^1 \mathrm{d}x \int_0^x f(x,y)\mathrm{d}y$　　(D) $\int_0^1 \mathrm{d}y \int_0^y f(x,y)\mathrm{d}x$

3. 已知$I=\iint\limits_D f(x^2+y^2)\mathrm{d}\sigma$，其中$D: x^2+y^2 \leqslant 1$，则$I=$(　　).

(A) $\int_0^1 rf(r^2)\mathrm{d}r$　　(B) $2\pi\int_0^1 rf(r^2)\mathrm{d}r$

(C) $\int_0^1 f(r^2)\mathrm{d}r$　　(D) $2\pi\int_0^1 f(r^2)\mathrm{d}r$

4. 设$f(x, y)$为连续函数, 则$\int_0^{\frac{\pi}{4}}\mathrm{d}\theta\int_0^1 f(r\cos\theta, r\sin\theta)r\mathrm{d}r=$（　　）.

(A) $\int_0^{\frac{\sqrt{2}}{2}}\mathrm{d}x\int_x^{\sqrt{1-x^2}} f(x,y)\mathrm{d}y$　　(B) $\int_0^{\frac{\sqrt{2}}{2}}\mathrm{d}x\int_0^{\sqrt{1-x^2}} f(x,y)\mathrm{d}y$

(C) $\int_0^{\frac{\sqrt{2}}{2}}\mathrm{d}y\int_y^{\sqrt{1-y^2}} f(x,y)\mathrm{d}x$　　(D) $\int_0^{\frac{\sqrt{2}}{2}}\mathrm{d}y\int_0^{\sqrt{1-y^2}} f(x,y)\mathrm{d}x$

5. 已知积分区域$\Omega: 1\leqslant x^2+y^2+z^2\leqslant 4$，则将三重积分$\iiint\limits_{\Omega} f(x^2+y^2+z^2)\mathrm{d}v$化为球坐标系下的累次积分为（　　）.

(A) $\int_0^{2\pi}\mathrm{d}\theta\int_0^{\pi}\mathrm{d}\varphi\int_1^2 f(r^2)\mathrm{d}r$　　(B) $\int_0^{2\pi}\mathrm{d}\theta\int_0^{\pi}\sin\varphi\mathrm{d}\varphi\int_1^2 f(r^2)\mathrm{d}r$

(C) $\int_0^{2\pi}\mathrm{d}\theta\int_0^{\pi}\sin\varphi\mathrm{d}\varphi\int_1^2 f(r^2)r\mathrm{d}r$　　(D) $\int_0^{2\pi}\mathrm{d}\theta\int_0^{\pi}\sin\varphi\mathrm{d}\varphi\int_1^2 f(r^2)r^2\mathrm{d}r$

三、计算下列二重积分

1. 计算$\iint\limits_D \frac{2x}{y^3}\mathrm{d}\sigma$，其中积分区域$D$是由曲线$y=\frac{1}{x}, y=\sqrt{x}$与直线$x=4$围成的闭区域.

2. 计算$\iint\limits_D \mathrm{e}^{y^2}\mathrm{d}x\mathrm{d}y$，其中积分区域$D$是由直线$y=x, y=1$及$y$轴所围成的闭区域.

3. 计算$\iint\limits_D \sqrt{x^2+y^2}\mathrm{d}x\mathrm{d}y$，其中积分区域$D$是由$1 \leqslant x^2+y^2 \leqslant 4$所确定的圆环域.

4. 计算$\iint\limits_D \mathrm{e}^{x^2+y^2}\mathrm{d}\sigma$，其中积分区域$D$是由$x^2+y^2 \leqslant 1$所确定的圆形域.

四、计算下列三重积分

1. 计算三重积分$\iiint\limits_\Omega x^2\mathrm{d}x\mathrm{d}y\mathrm{d}z$，其中$\Omega$为三个坐标面及平面$x+y+z=1$所围成的闭区域.

2. 计算三重积分 $\iiint\limits_{\Omega} z\mathrm{d}x\mathrm{d}y\mathrm{d}z$，其中 Ω 是由曲面 $z=x^2+y^2$ 与平面 $z=4$ 所围成的闭区域.

3. 计算三重积分 $\iiint\limits_{\Omega} z^2\mathrm{d}x\mathrm{d}y\mathrm{d}z$，其中 $\Omega=\left\{(x, y, z)\middle|x^2+y^2+z^2\leqslant 1\right\}$.

五、应用题

求锥面 $z=\sqrt{x^2+y^2}$ 介于平面 $z=0$ 与 $z=4$ 之间的那部分的面积.

单元自测十　曲线积分与曲面积分

专业____________班级____________ 姓名____________学号____________

一、计算下列曲线积分

1. 设L为单位圆周$x^2+y^2=1$的上半部分，求$\int_L e^{\sqrt{x^2+y^2}}\mathrm{d}s$.

2. 计算曲线积分$\int_L \sin 2x\mathrm{d}x+2(x^2-1)y\,\mathrm{d}y$，其中$L$是曲线$y=\sin x$上从点$(0,0)$到点$(\pi,0)$的一段.

3. 计算$\int_{\Gamma} x^2+y^2+z^2 \mathrm{d}s$，其中$\Gamma$为曲线$x=\mathrm{e}^t\cos t, y=\mathrm{e}^t\sin t, z=\mathrm{e}^t$上相应于$0$变到$1$这段弧.

4. 计算$\int_L (x+y)\mathrm{d}x+(y-x)\mathrm{d}y$，其中$L$为

(1) 抛物线$y^2=x$上从点$(1,1)$到点$(4,2)$的一段弧;

(2) 从点$(1,1)$到点$(4,2)$的直线段;

(3) 先沿直线从$(1,1)$到$(1,2)$再沿直线到$(4,2)$的折线.

5. 利用格林公式计算 $\oint_L (x^2-y)\mathrm{d}x+(x+y^2)\mathrm{d}y$，其中 L 是由曲线 $y=x^2$ 及 $y^2=x$ 所围成区域的边界，方向为逆时针方向.

6. 证明曲线积分 $\int_L (6xy^2-y^3)\mathrm{d}x+(6x^2y-3xy^2)\mathrm{d}y$ 在整个 xOy 平面上与路径无关，并计算 $\int_{(1,2)}^{(3,4)} (6xy^2-y^3)\mathrm{d}x+(6x^2y-3xy^2)\mathrm{d}y$ 的值.

二、计算下列曲面积分

1. 计算 $\iint\limits_{\Sigma}(x^2+y^2)\mathrm{d}S$，其中 Σ 是抛物面 $z=\dfrac{1}{2}(x^2+y^2)$ 及平面 $z=2$ 所围成的区域的整个边界曲面.

2. 计算 $\oiint\limits_{\Sigma} z\mathrm{d}x\mathrm{d}y+2x\mathrm{d}y\mathrm{d}z+3y\mathrm{d}z\mathrm{d}x$，其中 Σ 是长方体 $\Omega=\{(x,y,z)|0\leqslant x\leqslant 1,0\leqslant y\leqslant 1,0\leqslant z\leqslant 1\}$ 整个表面的外侧.

3. 计算 $\iint\limits_{\Sigma} x^3\mathrm{d}y\mathrm{d}z+y^3\mathrm{d}z\mathrm{d}x+z^3\mathrm{d}x\mathrm{d}y$，其中 Σ 为上半球面 $x^2+y^2+z^2=1$（$z\geqslant 0$）的外侧.

单元自测十一　无 穷 级 数

专业__________班级__________ 姓名__________学号__________

一、填空题

1. 函数 $\dfrac{1}{1+x^2}$ 的幂级数展开式是__________.

2. 幂级数 $\sum\limits_{n=1}^{\infty}(-1)^{n-1}\dfrac{x^n}{n}$ 在 $(-1,1]$ 上的和函数是__________.

3. 幂级数 $\sum\limits_{n=1}^{\infty}\dfrac{(x-3)^n}{n3^n}$ 的收敛域为__________.

4. 函数 $f(x)$ 是周期为 2π 的周期函数，它在 $[-\pi,\pi)$ 上的表达式为

$$f(x)=\begin{cases}0, -\pi\leqslant x<0,\\ k, 0\leqslant x<\pi\end{cases}\quad (k\neq 0),$$

则 $f(x)$ 的傅里叶级数的和函数在 $x=\pi$ 处的值为__________.

二、选择题

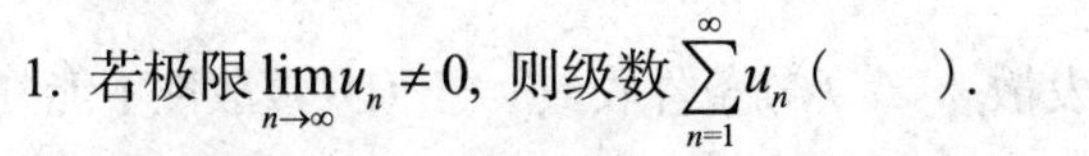

1. 若极限 $\lim\limits_{n\to\infty}u_n\neq 0$，则级数 $\sum\limits_{n=1}^{\infty}u_n$（　　）.

(A) 收敛　　(B) 发散　　(C) 条件收敛　　(D) 绝对收敛

2. 下列级数发散的是（　　）.

(A) $\sum\limits_{n=1}^{\infty}(-1)^{n-1}\dfrac{1}{n}$　　(B) $\sum\limits_{n=1}^{\infty}(-1)^{n-1}\left(\dfrac{1}{n}+\dfrac{1}{n+1}\right)$

(C) $\sum\limits_{n=1}^{\infty}(-1)^{n}\dfrac{1}{\sqrt{n}}$　　(D) $\sum\limits_{n=1}^{\infty}(-\dfrac{1}{n})$

3. 下列级数绝对收敛的是（　　）.

(A) $\sum\limits_{n=2}^{\infty}\dfrac{(-1)^n}{n\sqrt{n}}$　　(B) $\sum\limits_{n=2}^{\infty}(-1)^{n-1}\dfrac{1}{n}$

(C) $\sum\limits_{n=1}^{\infty}\dfrac{(-1)^n}{\ln n}$　　(D) $\sum\limits_{n=2}^{\infty}\dfrac{(-1)^{n-1}}{\sqrt[3]{n^2}}$

4. 下列级数收敛的是（　　）.

(A) $\sum_{n=1}^{\infty}\frac{1}{\ln(1+n)}$　　(B) $\sum_{n=1}^{\infty}\frac{(-1)^n}{\ln(1+n)}$

(C) $\sum_{n=1}^{\infty}(-1)^n\frac{n}{2n+1}$　　(D) $\sum_{n=1}^{\infty}\frac{n}{2n+1}$

5. 下列级数中条件收敛的是（　　）.

(A) $\sum_{n=1}^{\infty}(-1)^n\left(\frac{2}{3}\right)^n$　　(B) $\sum_{n=1}^{\infty}\frac{(-1)^{n-1}}{\sqrt{n}}$

(C) $\sum_{n=1}^{\infty}(-1)^{n-1}\frac{n}{2n+1}$　　(D) $\sum_{n=1}^{\infty}(-1)^{n-1}\frac{1}{\sqrt{5n^3}}$

6. 如果级数 $\sum_{n=1}^{\infty}u_n$ 收敛，则下列结论**不成立**的是（　　）.

(A) $\lim_{n\to\infty}u_n=0$　　(B) $\sum_{n=1}^{\infty}|u_n|$ 收敛

(C) $\sum_{n=1}^{\infty}ku_n$（k 为常数）收敛　　(D) $\sum_{n=1}^{\infty}(u_{2n-1}+u_{2n})$ 收敛

7. 交错级数 $\sum_{n=1}^{\infty}(-1)^{n-1}\left(\sqrt{n+1}-\sqrt{n}\right)$（　　）.

(A) 绝对收敛　　(B) 发散　　(C) 条件收敛　　(D) 敛散性不能判定

8. 设幂级数 $\sum_{n=1}^{\infty}a_nx^n$ 在 $x=2$ 处收敛，则在 $x=-1$ 处（　　）.

(A) 绝对收敛　　(B) 发散　　(C) 条件收敛　　(D) 敛散性不能判定

9. 函数 $f(x)=x^2e^{x^2}$ 在 $(-\infty,+\infty)$ 内展开成 x 的幂级数是（　　）.

(A) $\sum_{n=1}^{\infty}(-1)^n\frac{x^{2n-1}}{(2n-1)!}$　　(B) $\sum_{n=1}^{\infty}\frac{x^{n+2}}{n!}$

(C) $\sum_{n=1}^{\infty}\frac{x^{2(n+1)}}{n!}$　　(D) $\sum_{n=1}^{\infty}\frac{x^{2n}}{n!}$

三、判断以下正项级数的敛散性（要写出详细的判断过程）

1. $\sum_{n=1}^{\infty}\sqrt{\frac{n+1}{2n}}$.　　2. $\sum_{n=1}^{\infty}\frac{2n+3}{n(n+3)}$.

3. $\sum_{n=1}^{\infty}\left(\frac{n}{3n+1}\right)^n$.

4. $\sum_{n=1}^{\infty}\frac{n+(-1)^n}{2^n}$.

四、判断以下任意项级数的敛散性，收敛时要说明是条件收敛还是绝对收敛(要写出详细的判断过程)

1. $\sum_{n=1}^{\infty}(-1)^{n-1}\frac{n}{2^{n-1}}$.

2. $\frac{1}{2}-\frac{2}{2^2+1}+\frac{3}{3^2+1}-\frac{4}{4^2+1}+\cdots$.

五、求下列幂级数的收敛半径和收敛域

1. $\sum_{n=1}^{\infty}\frac{3^n}{\sqrt{n}}x^n$.

2. $\sum_{n=1}^{\infty}(-1)^n\frac{x^n}{n^n}$.

3. $\sum_{n=1}^{\infty} n!x^n$.

六、应用题

1. 设 $f(x)$ 是周期为 2π 的周期函数，且在 $[-\pi,\pi)$ 上表达式为 $f(x)=-2x$ ，将 $f(x)$ 展开成傅里叶级数.

2. 将函数 $f(x)=\begin{cases} x, & 0\leqslant x\leqslant \dfrac{\pi}{2}, \\ \pi-x, & \dfrac{\pi}{2}<x\leqslant \pi \end{cases}$ 分别展开成正弦级数和余弦级数.

综合训练一

专业__________班级__________ 姓名__________学号__________

一、填空题(本大题共 8 小题，每小题 3 分，共 24 分)

1. 设$\boldsymbol{a}=\{1,2,3\}$,$b=3\boldsymbol{i}+3\boldsymbol{j}-3\boldsymbol{k}$,则$\boldsymbol{a}\cdot\boldsymbol{b}=$__________.

2. 过点$M_0(1,2,3)$且与直线$\dfrac{x-1}{2}=\dfrac{y+3}{1}=\dfrac{z}{3}$垂直的平面方程是__________.

3. 函数$z=\mathrm{e}^{2x+y^2}$的全微分$\mathrm{d}z=$__________

4. 函数$z=x^3+2xy+y^2$在点$A(1,1)$处沿A到$B(3,3)$的方向导数是__________.

5. 交换二次积分次序$\int_0^1\mathrm{d}y\int_{y^2}^{\sqrt{y}}f(x,y)\mathrm{d}x=$____________________.

6. 设L是圆$x^2+y^2=1$的上半圆周,$\int_L 2\mathrm{d}s=$__________.

7. 设Ω是由圆柱面$x^2+y^2=1$及平面$z=0$，$z=1$所围成,将三重积分$\iiint\limits_{\Omega}f(x,y,z)\mathrm{d}x\mathrm{d}y\mathrm{d}z$化为柱坐标系下的三次积分是____________________.

8. 展开函数$f(x)=\mathrm{e}^{x^2}$展开成关于x的幂级数是____________________.

二、选择题(本大题共 4 小题，每小题 2 分，共 8 分)

1. 下列曲面中, 为旋转曲面是(   ).

(A) $x+y+z=1$

(B) $\dfrac{x^2}{a^2}+\dfrac{y^2}{b^2}+\dfrac{z^2}{c^2}=1$ (a,b,c 彼此不等)

(C) $z=\dfrac{1}{2}(x^2+y^2)$

(D) $y=x^2$

2. 已知区域D: $1\leqslant x^2+y^2\leqslant 4$, 则$\iint\limits_D \mathrm{e}^{x^2+y^2}\mathrm{d}x\mathrm{d}y$ (   ).

(A) $\dfrac{\pi}{2}(\mathrm{e}^4-\mathrm{e})$

(B) $\pi(\mathrm{e}^4-\mathrm{e})$

(C) $-\pi\mathrm{e}$

(D) $\pi\mathrm{e}^4$

3. 下列级数中收敛的是(   ).

(A) $\sum\limits_{n=1}^{\infty}\cos n$

(B) $\sum\limits_{n=1}^{\infty}(-1)^n$

(C) $\sum_{n=1}^{\infty}(-1)^n \frac{1}{n}$　　(D) $\sum_{n=1}^{\infty}\frac{1}{n}$

4. 幂级数 $\sum_{n=1}^{\infty}\frac{x^n}{n}$ 的收敛域是(　　).

(A) $[-1,1]$　　(B) $(-1,1)$　　(C) $[-1,1)$　　(D) $(-1,1]$

三、解答题(本大题共 6 小题，每小题 10 分，共 60 分)

1. 求曲面 $x^2+y^2-z=0$ 在点 $(1,1,2)$ 处的切平面方程和法线方程.

2. 设 $\mathrm{e}^z-x^2yz=0$,求 $\frac{\partial z}{\partial x},\frac{\partial z}{\partial y}$.

3. 设 $z=x\ln(xy)$,求 $\frac{\partial z}{\partial x},\frac{\partial^2 z}{\partial x\partial y}$.

4. 求函数 $f(x,y)=4(x-y)-x^2-y^2$ 的极值.

5. 应用格林公式计算曲线积分: $\oint_L (2xy-x^2)\mathrm{d}x+y^2\mathrm{d}y$, 其中 L 是由曲线 $y=x^2$ 及 $y^2=x$ 所围成的区域的边界(逆时针方向).

6. 利用高斯公式计算曲面积分：$\oiint\limits_{\Sigma} xz^2\mathrm{d}y\mathrm{d}z + x^2 y\mathrm{d}z\mathrm{d}x + y^2 z\mathrm{d}x\mathrm{d}y$，其中 Σ 是球体 $x^2 + y^2 + z^2 = 1$ 的表面的外侧.

四、证明题（8 分）

验证函数 $z = \ln\sqrt{x^2 + y^2}$ 满足方程 $\dfrac{\partial^2 z}{\partial x^2} + \dfrac{\partial^2 z}{\partial y^2} = 0$.

综合训练二

专业____________班级____________ 姓名____________学号____________

一、填空题(本大题共 10 小题，每小题 3 分，共 30 分)

1. 设 $\boldsymbol{a}=\{3,-1,-2\},\boldsymbol{b}=\boldsymbol{i}+\boldsymbol{j}-\boldsymbol{k}$，则 $\boldsymbol{a}\cdot\boldsymbol{b}=$__________________.

2. 过点 $M_0(1,2,3)$ 且与直线 $\dfrac{x-1}{1}=\dfrac{y+2}{2}=\dfrac{z}{3}$ 垂直的平面方程是_____________.

3. 函数 $z=\mathrm{e}^{xy}$ 在点(1,1)的全微分 $\mathrm{d}z=$__________________.

4. 函数 $f(x,y,z)=x^2-y^2+z$ 在点 $P_0(1,-1,0)$ 的梯度 $\mathbf{grad}\, f(1,-1,0)=$________.

5. 交换二次积分的积分次序 $\int_0^2 \mathrm{d}y\int_{y^2}^{2y} f(x,y)\mathrm{d}x=$__________________.

6. 将三重积分 $\iiint\limits_{\Omega} f(x,y,z)\mathrm{d}x\mathrm{d}y\mathrm{d}z$ 变换为柱坐标系下的三重积分为_________.

7. 设 L 是以 O 为圆心,R 为半径的上半圆周, 则 $\int_L (x^2+y^2)\mathrm{d}s=$_______________.

8. 曲线积分 $\int_L P\mathrm{d}x+Q\mathrm{d}y$ 在区域 G 内与路径无关的充分必要条件是__________.

9. 将函数 $f(x)=\dfrac{1}{2-x}$ 展开为关于$(x-1)$的幂级数是______________________.

10. 若 $f(x)$ 是以 2π 为周期的周期函数, 则 $f(x)$ 的傅里叶级数中的傅里叶系数 $a_2=$________________.

二、选择题(本大题共 5 小题，每小题 2 分，共 10 分)

1. 设 $z=f\left(\dfrac{y}{x}\right)$, 则下列等式正确的是(　　).

(A) $z_x=f'\left(\dfrac{y}{x}\right)\dfrac{y}{x^2}$　　(B) $z_x=-f'\left(\dfrac{y}{x}\right)\dfrac{y}{x^2}$

(C) $z_y=f'\left(\dfrac{y}{x}\right)\dfrac{1}{x^2}$　　(D) $z_y=-f'\left(\dfrac{y}{x}\right)\dfrac{1}{x^2}$

2. 下列级数中绝对收敛的是(　　).

(A) $\sum_{n=1}^{\infty}(-1)^n\frac{1}{n}$　　(B) $\sum_{n=1}^{\infty}(-1)^n$

(C) $\sum_{n=1}^{\infty}(-1)^n\frac{1}{\sqrt{n}}$　　(D) $\sum_{n=1}^{\infty}(-1)^n\frac{1}{n\sqrt{n}}$

3. 函数$u=xy^2+z^3-xyz$在(1, 1, 1)点处方向导数最大值是(　　).

(A) $\sqrt{5}$　　(B) 5　　(C) 25　　(D) $\frac{1}{5}$

4. 已知$I=\iint\limits_D f(x^2+y^2)\mathrm{d}x\mathrm{d}y$，其中$D: x^2+y^2\leqslant 1$，则$I=$(　　).

(A) $\int_0^1 f(r^2)r\mathrm{d}r$　　(B) $2\pi\int_0^1 f(r^2)r\mathrm{d}r$

(C) $\int_0^1 f(r^2)\mathrm{d}r$　　(D) $2\pi\int_0^1 f(r^2)\mathrm{d}r$

5. 幂级数$\sum_{n=1}^{\infty}\frac{x^n}{n}$的收敛域是(　　).

(A) $[-1,1]$　　(B) $(-1,1]$　　(C) $[-1,1)$　　(D) $(-1,1)$

三、解答题(本大题共 4 小题，每小题 10 分，共 40 分)

1. 设函数$z=z(x,y)$由方程$x^2+y^2+z^2-4z=0$所确定，求$\frac{\partial z}{\partial x},\frac{\partial z}{\partial y}$.

2. 设$z=f(xy,x+y)$,其中$f(u,v)$具有连续的二阶偏导数，求$\frac{\partial z}{\partial x},\frac{\partial^2 z}{\partial x\partial y}$.

3. 计算二重积分$\iint\limits_D \frac{x}{y^2}\mathrm{d}x\mathrm{d}y$，其中$D$是由曲线$y=\frac{1}{x}, y=\sqrt{x}$与直线$x=4$围成.

4. 计算曲面积分$\iint\limits_{\Sigma}(z+x+y)\mathrm{d}S$，其中$\Sigma$为平面$x+y+z=1$在第一卦限部分.

四、应用题(10 分)

求函数 $f(x,y)=x^2+y^2-2x-2y$ 的极值.

五、证明题(10 分)

证明曲线积分 $\int_L (\mathrm{e}^x+xy^2)\mathrm{d}x+x^2y\mathrm{d}y$ 在 xOy 平面上与路径无关，并计算 $\int_{(1,1)}^{(2,3)}(\mathrm{e}^x+xy^2)\mathrm{d}x+x^2y\mathrm{d}y$.

综合训练三

专业__________班级__________ 姓名__________学号__________

一、填空题(本大题共 7 小题，每小题 3 分，共 21 分)

1. 设向量$\boldsymbol{a},\boldsymbol{b}$互相垂直，且$|\boldsymbol{a}|=2,|\boldsymbol{b}|=4$，则$|(\boldsymbol{a}-2\boldsymbol{b})\times(\boldsymbol{a}-\boldsymbol{b})|=$ __________.

2. 设$z=f(x,y)$是由方程$x^2+y^2+z^2-2xyz=0$所确定的隐函数，则$\dfrac{\partial z}{\partial x}=$

________.

3. 函数$z=\ln(x^2+y^2)$在点$(1,1)$处方向导数的最大值为____________.

4. 旋转抛物面$z=x^2+y^2$在点$(1,1,2)$处的切平面方程为______________.

5. 设$I=\int_0^2\mathrm{d}x\int_x^2 f(x,y)\mathrm{d}y$，交换积分次序后，$I=$________________.

6. 设L是圆周$x^2+y^2=a^2$（$a>0$），则$\oint_L(x^2+y^2)\mathrm{d}s=$________________.

7. 设L是椭圆$\dfrac{x^2}{a^2}+\dfrac{y^2}{b^2}=1$（$a>0$，$b>0$）(逆时针方向)，则$\oint_L x\mathrm{d}y-y\mathrm{d}x=$

________.

二、选择题(本大题共 5 小题，每小题 2 分，共 10 分)

1. 设$z=\ln\sqrt{1+x^2+y^2}$，则$\mathrm{d}z|_{(1,1)}=$(　　).

(A) $\mathrm{d}x+\mathrm{d}y$　　(B) $\sqrt{3}(\mathrm{d}x+\mathrm{d}y)$　　(C) $\dfrac{1}{2}(\mathrm{d}x+\mathrm{d}y)$　　(D) $\dfrac{1}{3}(\mathrm{d}x+\mathrm{d}y)$

2. 设$z=f\left(x,\dfrac{x}{y}\right)$，其中$f$具有连续的偏导数，则$\dfrac{\partial z}{\partial x}=$(　　).

(A) $f_1'+xf_2'$　　(B) $f_1'+\dfrac{1}{y}f_2'$　　(C) $f_1'+\dfrac{x}{y}f_2'$　　(D) $f_1'-\dfrac{x}{y^2}f_2'$

3. 如果$\iint\limits_D f(x,y)\mathrm{d}x\mathrm{d}y=\int_{-\frac{\pi}{2}}^{\frac{\pi}{2}}\mathrm{d}\theta\int_0^{a\cos\theta}f(r\cos\theta,r\sin\theta)r\mathrm{d}r$，则积分区域$D$为

(　　).

(A) $x^2+y^2\leqslant ax$（$a>0$）　　(B) $x^2+y^2\leqslant ax$（$a<0$）

(C) $x^2+y^2\leqslant ay$（$a>0$）　　(D) $x^2+y^2\leqslant ay$（$a<0$）

4. 设 Ω 是上半球体 $x^2+y^2+z^2\leqslant a^2$（$z\geqslant 0$），则下列积分不为零的是（　　）.

(A) $\iiint\limits_{\Omega} x\mathrm{d}v$　　(B) $\iiint\limits_{\Omega} y\mathrm{d}v$

(C) $\iiint\limits_{\Omega} z\mathrm{d}v$　　(D) $\iiint\limits_{\Omega} xyz\mathrm{d}v$

5. 下列级数中条件收敛的是（　　）.

(A) $\sum\limits_{n=1}^{\infty}(-1)^{n-1}\dfrac{n}{n+1}$　　(B) $\sum\limits_{n=1}^{\infty}(-1)^{n-1}\dfrac{1}{n^2}$

(C) $\sum\limits_{n=1}^{\infty}(-1)^{n-1}\dfrac{1}{\sqrt{n^3}}$　　(D) $\sum\limits_{n=1}^{\infty}(-1)^{n-1}\dfrac{1}{\sqrt{n}}$

三、计算题（本大题共 5 小题，共 49 分）

1. 求函数 $f(x,y)=y^3-x^2-3y^2+4x$ 的极值.

2. 求二重积分 $\iint\limits_{D}\dfrac{\sin x}{x}\mathrm{d}\sigma$，其中 D 是由抛物线 $y=x^2$ 和直线 $y=x$ 所围成的闭区域.

3. 求对弧长的曲线积分 $I=\oint_L \mathrm{e}^{\sqrt{x^2+y^2}}\mathrm{d}s$，其中 L 是 $x^2+y^2=a^2$（$a>0$）在第一象限与 x 轴、y 轴所围的区域的整个边界.

4. 将函数 $f(x)=\dfrac{1}{x^2-5x+6}$ 展开成 x 的幂级数, 并指出其收敛域.

5. 求曲面 Σ： $z=\dfrac{1}{2}(x^2+y^2)$ 在 $z=0$ 与 $z=2$ 之间部分的面积.

四、证明题(本大题共 2 小题，每小题 10 分，共 20 分)

1. 设函数 $g(r)$ 有二阶导数，且 $f(x,y)=g(r)$ ， $r=\sqrt{x^2+y^2}$ ，证明：$\frac{\partial^2 f}{\partial x^2}+\frac{\partial^2 f}{\partial y^2}=\frac{1}{r}g'(r)+g''(r)$ (其中 $(x,y)\neq(0,0)$).

2. 设 $P(x,y)=1+xe^{2y}$ ， $Q(x,y)=x^2e^{2y}-y$ ，

(1) 证明曲线积分 $\int_L P(x,y)dx+Q(x,y)dy$ 与路径无关;

(2) 求沿上半圆 $(x-1)^2+y^2=1$ 从点 $O(0,0)$ 到点 $A(2,0)$ 的曲线积分 $\int_{(0,0)}^{(2,0)} P(x,y)dx+Q(x,y)dy$.